2016全国地市级环保局局长培训优秀论文集

环境保护部宣传教育中心　编

中国环境出版社·北京

图书在版编目（CIP）数据

2016全国地市级环保局局长培训优秀论文集/环境保护部宣传教育中心编. —北京：中国环境出版社，2016.4
ISBN 978-7-5111-2734-1

Ⅰ. ①2… Ⅱ. ①环… Ⅲ. ①环境保护—中国—文集 Ⅳ. ①X-12

中国版本图书馆CIP数据核字（2016）第050043号

出 版 人 王新程
责任编辑 韩 睿
责任校对 尹 芳
封面设计 彭 杉

出版发行 中国环境出版社
（100062 北京市东城区广渠门内大街16号）
网　　址：http://www.cesp.com.cn
电子邮箱：bjgl@cesp.com.cn
联系电话：010-67112765（编辑管理部）
发行热线：010-67125803，010-67113405（传真）
印　　刷 北京中科印刷有限公司
经　　销 各地新华书店
版　　次 2016年4月第1版
印　　次 2016年4月第1次印刷
开　　本 787×960 1/16
印　　张 21
字　　数 340千字
定　　价 50.00元

《2016 全国地市级环保局局长培训优秀论文集》

前　言

党的十八大以来，党中央、国务院把生态文明建设和环境保护摆上更加重要的战略位置。习近平总书记对生态文明建设和环境保护提出一系列新理念新思想新战略，涵盖重大理念、方针原则、目标任务、重点举措、制度保障等诸多领域和方面，其中“两山论”和绿色发展理念打破了简单把发展与保护对立起来的思维束缚，指明了实现发展和保护内在统一、相互促进和协调共生的方法论。党的十八届五中全会强调牢固树立并切实贯彻创新、协调、绿色、开放、共享五大发展理念，将生态环境质量总体改善列为全面建成小康社会目标。中央还相继出台了《生态文明体制改革总体方案》等 1+N 文件，完成了重大、系统、全面的制度架构，绘就了当前和今后一个时期生态文明建设的顶层设计图，具有重要的引领和指导作用。

“十二五”以来，在党中央、国务院的坚强领导下，全国环保系统坚持把环境保护作为转方式调结构的重要抓手，作为惠民生促和谐的重要任务，作为推进生态文明建设的根本措施，着力解决突出环境问题，环境质量改善取得积极进展。

2015 年是“十二五”规划的收官之年，是全面深化改革的关键之年，也是新《中华人民共和国环境保护法》（以下简称《环境保护法》）的实施之年。全国环保系统认真贯彻落实党中央、国务院决策部署，围绕稳增长调结构促改革惠民生防风险，平衡和处理好发展与保护的关系，以改善环境质量为核心，用“最严环保法规组合拳”加强环境执法监管力度，取得了显著成效。

2015年，环境保护部对15个市级政府主要负责同志进行了公开约谈，有力地推动了地方政府落实环境保护责任，推动解决了一批突出环境问题。全国实施按日连续处罚715件，罚款数额达5.69亿元；实施查封扣押4 191件、限产停产3 106件。各级环境保护部门下达行政处罚决定9.7万余份，罚款42.5亿元，比2014年增长了34%。环境保护部还加强行政执法和刑事执法联动，首次联合公安部、最高检对两起污染案件进行挂牌督办。全国移送行政拘留案件2 079件，移送涉嫌环境污染犯罪案件1 685件。

在全国各级环境保护部门的共同努力下，环境守法情况开始发生积极的变化，但要做到企业全部守法还有很长的路。党的十八届五中全会提出“省级以下环保机构监测和监察队伍垂直管理”，旨在解决政府干预和分块式管理问题。因此，基层环境保护部门需要建立环境监测监管的统一性、权威性和有效性。相信通过我们的不断努力，法治环境会不断完善，真正做到企业守法，地方政府履行环保责任。

2015年，也是环保干部教育培训工作成绩突出的一年。受环境保护部行政体制与人事司委托，环境保护部宣传教育中心承办了4期全国地市级环保局局长培训班，其中2期专题培训班，2期岗位培训班。培训旨在深入宣传贯彻党的十八大和十八届三中、四中、五中全会及环境保护部重要会议精神，进一步提高地市级环境保护部门领导干部的环境管理业务素质和能力，研究重点工作，破解工作难题。地市级环保局局长不仅是解决本地区环境问题的实际操作者，同时也是国家落实环境保护方针和环境政策的具体执行者。因此，提高地市级环保局局长的环境管理与环境监管执法水平，加强其参与综合决策和履行岗位职责的能力尤为重要。

培训内容紧紧围绕新《环境保护法》的实施与基层环保工作的重点难点设计，两期专题班的主题分别是“新《环境保护法》与环境治理”和“新《环境保护法》与环境监管”。培训邀请国内知名专家学者开展丰富多彩的课堂教学，组织局长们结合本地区工作实际开展充分交流、深入思考，总结基层工作中好的经验和做法，深刻剖析遇到的突出问题和困难，建设性地提出解决方案，提炼撰写成论文，为全面深化生态文明体制改革、积极探索新《环境保护法》的贯彻落实、改革创新环境保护管理制度，着力解决影响科学发展和损害群众健康突出环境问题，努力改善生态环境质量建言献策。

为了深入剖析中央环保政策在基层的落实情况，总结探索环境治理和环境管理制度改革等方面的经验，也为了更好地宣传培训成果，自2008年开始，环境保护部宣传教育中心每年组织专家对局长们提交的论文中精选优秀论文，汇编出版。本册论文集是该系列优秀论文集的第八册，精选论文45篇，案例分析5篇。根据论文的内容分为“新《环境保护法》实施”、“环境监管”、“环境污染治理”、“生态文明建设探索与实践”、“环境管理制度改革与创新”和“环境执法案例剖析”等六大主题。作为“十二五”环保干部教育培训的收官之作，本册论文集既是对“十二五”期间中国环保新路探索与实践的总结和归纳，也是对“十三五”环保规划的期待与展望。

“十三五”时期是全面建成小康社会、实现第一个百年奋斗目标的决胜阶段。环境保护既处于大有作为的重要战略机遇期，又处于负重前行的关键期；既是实现环境质量总体改善的窗口期、转折期，也是攻坚期。“十三五”环境保护工作要紧紧围绕“五位一体”总体布局和“四个全面”战略布局，牢固树立和贯彻落实五大发展理念，必须以环境质量改善为核心，坚持绿色发展，实行最严格的环境保护制度，提高环境管理系统化、科学化、法治化、精细化和信息化水平。

面对新形势新挑战新任务，基层环保干部必须头脑清醒、意志坚定、定位准确，紧紧抓住改善生态环境质量这个核心，打好补齐短板攻坚战，着力提高环境治理水平，持续提升素质能力和改进工作作风，打造一支忠诚干净担当，政治强、业务精、敢作为、作风正的环保干部队伍。

希望本册论文集的出版能够为基层环境保护部门更好地完成“十三五”环保规划任务提供基层案例和实践探索经验，能够为基层环境管理者和决策者提供参考，全面开创环境保护工作的新局面！

本册论文集的评选和汇编得到了中国环境管理干部学院的老师们和参加 2015 年全国地市级环保局局长培训班的学员们的大力支持和协助，在此表示衷心感谢！

环境保护部宣传教育中心

2016 年 2 月 29 日

目 录

专题一 新《环境保护法》实施

专题二 环境监管

专题三 环境污染治理

专题四 生态文明建设探索与实践

专题五　环境管理制度改革与创新

专题六　环境执法案例剖析

专题一　新《环境保护法》实施

全面贯彻落实新《环境保护法》着力破解建设项目未批先建环境违法问题

吉林省辽源市环境保护局　刘建军

摘　要：辽源市现已成为全国资源型枯竭城市之一，且面临着节能降耗与产业结构发展不平衡的问题。因此，把好项目审批关，从源头上控制污染已成为当前辽源环境保护工作的重中之重。由于历史原因，辽源地区建设项目环境影响评价执行率只有50%左右，建设项目未批先建的环境违法问题较为突出。辽源市环境保护局坚持"五个凡是"，为转型项目争取上级环保政策支持做加法；坚持"七个坚决不批"，做好项目建设的减法；加大惩治力度，淘汰关闭一批，坚决落实整改，依法依规理顺一批，抓大不放小，规范取缔一批，来破解建设项目未批先建环境违法问题，取得了显著成效。

关键词：落实　新《环境保护法》　未批先建　环境违法　破解

面对环境领域的新形势和新问题，党的十八大报告提出大力推进生态文明建设，并提出把生态文明建设放在突出地位，融入经济建设、政治建设、文化建设、社会建设各方面和全过程，努力建设美丽中国，实现中华民族永续发展。完善环境影响评价制度，加大未批先建的违法责任，是一项重要的环境基本制度，同时也是从源头控制污染，实现生态文明建设的重要保障。修订前的《环境保护法》虽然对建设项目的环境影响评价作了规定，但由于实施不力，大量的建设项目没有经过环境影响评价就开工建设，甚至有的项目已运行多年，建设项目未批先建环境违法问题较为突出。

辽源市位于吉林省中南部，为长白山脉向松辽平原的过渡地带，因处于东辽河源头而得名。历史上，辽源因煤而立、因煤而兴，煤炭资源丰富，但由于日伪时期的掠夺式开采和计划经济时期的超强度开采，辽源现已成为全国资源型枯竭城市之一。辽源经济增长长期以投资拉动为主，经济增长的动力主要来源于工业尤其是重化工业，特别是近年来，全市经济正处于工业化加速发展阶段，单位能耗最高的第二产业在国民经济中的比重逐年提高，能耗较小的第三产业发展相对滞后、比重过低。2009年以来，全市第三产业增加值占GDP的比重一直在33%左右徘徊，2013年为32.5%，比2009年下降0.7个百分点，低于全省平均水平3个百分点。产业结构调整进展缓慢，第三产业发展滞后，比重偏低且不升反降，决定了全市能源消费总量较高，决定了单位GDP能耗居高不下，也使得节能降耗与产业结构发展不平衡的矛盾更加凸显。因此，把好项目审批关，从源头上控制污染已成为当前辽源环境保护工作的重中之重。

一、建设项目审批取得的成效

辽源作为资源型枯竭转型城市，做好项目建设审批工作的加减法，是推进辽源经济结构调整，实现健康发展的必然要求。

坚持“五个凡是”为转型项目争取上级环保政策支持做加法：凡是上报省级审批的转型项目，只要符合国家产业政策，争取省厅简化审批手续、减少审批程序、快捷办理；凡是上报省级审批的转型项目，属城市基础设施、文教、公共事业类及轻度污染的转型项目，争取省厅减少审批环节、缩短审批时限、快速办结；凡是上报省级审批的转型项目，涉及固体废物转移（出省）批准的争取省厅下放一级审批权；凡是上报国家级立项及金融支持的转型项目，在未编制环境影响评价报告情况下，为确保项目尽快立项，争取省厅先出项目建设的环保预审意见；凡是上报国家级审批的转型项目，争取省厅给予急事急办、特事特办、全程帮办支持。“十二五”期间辽源累计审批建设项目433件。

坚持“七个坚决不批”做好项目建设的减法：不符合国家产业政策和相关规定的项目坚决不批；不满足污染减排要求的项目坚决不批；厂址选择不合理的项目坚决不批；环境污染防治措施达不到环保要求的项目坚决不批；无环境风险评价专章或环境风险评价内容、环境应急预案不完善的环境敏感项目坚决不批；未进园区的石化、化工项目坚决不批；群众不满意不答应的项目坚决不批。“十二五”期间辽源累计拒批建设项目 57 件，涉及投资金额 16.3 亿元。

二、建设项目环境违法问题

对建设项目的环境管理是基于我国的“预防为主”的方针，从建设项目未开始之前的谋划，到建设项目的竣工投产，整个过程都要对该项目可能造成的环境影响进行预防。我国的《环境影响评价法》和《建设项目环境保护管理条例》中对此作了具体规定，主要是执行建设项目环境影响评价制度和建设项目“三同时”制度。建设项目如果不加强环境管理，大多数会形成新的污染源。经过环境影响评价，对它的污染物的形成和排放规律有了分析和确定，针对性地加以预防和治理，一般来说可以做到符合污染物排放标准和满足当地环境保护要求。这个过程控制了新污染源的产生，促进了老污染源的治理，不增加新的污染物排放量，“不欠新账”，而且通过“以新带老”减少了原有污染物的排放，“还了老账”。

加强建设项目环境管理的主要着力点是杜绝对项目的漏项、漏批和漏管。防止建设单位对环境保护法律法规置之不理，擅自开工建设。事实证明，由于老环保法违法成本低、守法成本高的问题较为突出。建设项目不履行环境保护手续，开工建设甚至建成投产的未批先建环境违法问题大量存在。“先上车、后买票，上了车、不买票”的现象非常严重。通过此次贯彻落实《国务院办公厅关于加强环境监管执法的通知》（国办发[2014]56 号）文件精神，全国环保系统展开了为期一年的环境保护大检查专项行动。由于历史原因，据初步统计辽源地区建设项目环境影响评价执行率只有 50%左右，建设项目未批先建的环境违法问题较为突出。

三、问题形成原因

修订前的《环境保护法》较多地侧重于污染防治，主要制度都是围绕工业污染防治设计的，涉及生态保护的内容相对较少，或者多为与自然资源保护法律的衔接性规定。这种立法思路，不符合环境保护的长远需要和“尊重自然、顺应自然、保护自然”的生态文明理念。经过 30 多年快速发展，现在我国面临的不仅仅是环境污染问题，由于资源过度开发利用和大规模的建设活动，生态破坏也非常严重。从辽源建设项目未批先建环境违法问题来看，成因主要有如下几方面：

（一）以 GDP 为上，重经济发展、轻环境保护

离开经济发展讲环境保护，无异于缘木求鱼；离开环境保护谈经济发展，无异于竭泽而渔。环境问题产生于经济活动索取资源的速度超过了资源本身及其替代品的再生速度，产生于向环境排放废物的数量超过了环境的自净能力。为了加快推进地方经济发展，完成地方政府经济考核指标，提升地方财政支撑能力，粗放型发展、违规发展。

（二）地方环境保护部门受属地干扰严重

环境保护部门的资金保障、职工收入、人员编制、人事升迁等利益掌握在地方政府手中。其从属地位和行政价值观的偏离导致独立性和权威性的丧失，在地方权力系统中逐渐边缘化。不时的行政干预、“土政策”为环境保护设下障碍在一定程度上还影响环境保护的健康发展，部分环境保护部门的领导还面临着“挨板子、挪位子、丢帽子”的现实问题。

（三）地方环境保护部门有责无权

修订前的环保法将环境质量责任和污染危害处理权赋予地方各级政府，剥夺了环境保护部门“统一监督管理”的权力。地方环境保护部门执法权力小，手段软，只有限期治理，停产治理建议权，没有责令停业权力。行政处罚手段仅有罚款，而罚款数额远低于守法成本，对污染企业威慑力不足。

（四）现行环境保护部门行政体制缺乏协调

环保工作考核主体是地方政府，就现行的当地环保行政体制讲，虽然地市对区级环境保护部门实现了垂直管理，但县级环境保护部门和省对地市级环境保护部门还未实现垂直的行政管理体制，市、县级政府作为独立的利益主体，在经济发展的大前提下，往往忽视污染治理方面的合作，缺乏沟通和协同行政机制，易造成对同一对象建设项目管理的割裂。目前，辽源在大气治理和东辽河水质改善

上环境压力还非常大。

（五）基层环境保护部门力量薄弱

近年来，行政事权不断下放，而财权却向上收缩，且人员编制严重不足，造成了基层环境保护工作职责和能力严重不符。以辽源市环保局为例，2014 年，市本级各类污染源单位 1 000 余家，而从事环境执法工作的一线人员仅有 43 人，监管力量严重不足。若再向基层延伸，情况则更为严重。各乡镇、社区均没有专门的环保机构和工作人员，在建设项目环境管理上疲于应对。

四、对策与措施

按照新《环境保护法》和《国务院办公厅关于加强环境监管执法的通知》（国办发[2014]56 号）文件精神，为贯彻落实省环保厅《吉林省落实中央巡视组反馈意见中环评有关问题整改工作方案》要求，结合辽源实际，着力从两个层面来破解建设项目未批先建环境违法问题。

（一）从新《环境保护法》层面

（1）为了与环境影响评价法相衔接，新《环境保护法》第十九条规定编制开发利用规划应当依法进行环境影响评价，未依法进行环境影响评价的开发利用规划，不得组织实施；明确未依法进行环境影响评价的建设项目，不得开工建设。

（2）新《环境保护法》第六十一条规定建设单位未依法提交建设项目环境影响评价文件或者环境影响评价文件未经批准，擅自开工建设的，由负有环境保护监督管理职责的部门责令停止建设，处以罚款，并可以责令恢复原状。

（3）新《环境保护法》第六十三条第一款规定对建设项目未依法进行环境影响评价的，被责令停止建设，拒不执行的，可以行政拘留。因此，在新《环境保护法》实行后，建设项目未批先建问题，可依据上述条款和《中华人民共和国环境影响评价法》《中华人民共和国治安管理处罚法》《建设项目环境保护管理条例》的规定予以处罚。

（二）从老环保法层面

根据《中华人民共和国立法法》所体现的“法不溯及既往”的原则。对新《环境保护法》实行前，建设项目未批先建问题进行查处，应按照全国人民代表大会常务委员会法制工作委员会《关于建设项目环境管理如何适用法律的答复》（法工委复[2007]2号）文件精神和行政处罚法“同时处罚、分别处罚、相应处罚”三原则，对于未依法报批环评文件却已建成，同时环保设施未经验收，而主体工程已经投入生产或者使用的建设项目，应分别制作两份处罚决定书。一是针对建设单位未报批环评文件的行为，依据《中华人民共和国环境影响评价法》第三十一条责令“限期补办手续”；二是针对建设单位未经环保验收即擅自投产的行为，依据《建设项目环境保护管理条例》第二十八条责令“停止生产或使用”，可以并处10万元以下罚款。

针对辽源建设项目未批先建环境违法问题的实际，经过梳理和归类，应考虑从如下三个方面进行查处。

1. 加大惩治力度，淘汰关闭一批

对不符合国家产业政策和环保要求的，“两高一资”和列入淘汰落后产能的未批先建的建设项目，要责令停止生产，并依据国务院《建设项目环境保护管理条例》第二十八条规定处以罚款。各级发改部门要牵头落实好高耗能企业的关闭工作；各级工信部门要牵头落实好列入淘汰落后产能企业的淘汰工作；各级环境保护部门要牵头落实好高污染企业的关闭工作。对构成行政拘留和违法犯罪的行为，应移送司法机关处理。

2. 坚决落实整改，依法依规理顺一批

对符合国家产业政策和环保要求的，能耗低、污染小、发展前景好的未批先建的建设项目，要责令停止生产，限期整改，并依据《中华人民共和国环境影响评价法》第三十一条规定补办环保审批手续，同时视建设项目具体情况依据国务院《建设项目环境保护管理条例》第二十八条规定处以罚款。各级发改、工信、规划和国土等部门要全力做好建设项目的预审和审批工作，确保不影响辽源市经

济发展总体形势。

3．抓大不放小，规范取缔一批

对符合环保要求的餐饮、娱乐、洗浴和汽修等小型三产的未批先建的建设项目，要责令限期整改，并依据《中华人民共和国环境影响评价法》第三十一条规定补办环保审批手续，同时视建设项目具体情况依据国务院《建设项目环境保护管理条例》第二十八条规定处以罚款。对不符合环保要求的，各级工商、食品卫生、交通、文化、住建和公安等部门，要依据国务院《无照经营查处取缔办法》和相关法律、法规的规定，依法查处取缔。

对环境保护部“2015年新《环境保护法》实施年”的建议

上海市浦东新区环境保护和市容卫生管理局　杨　新

摘　要：新修订的《环境保护法》是现阶段最有力度的环保法。以贯彻落实新《环境保护法》为契机，加强生态环保领域的制度建设，还需要从以下几个方面进行思考：大力推行排污权交易政策、完善资源环境价格形成机制、加快环保税立法工作、增强基层执法能力、深化环境监管体制改革、畅通环境保护监督管理机制。

关键词：新《环境保护法》　实施　建议

2015年1月1日，新修订的《环境保护法》正式实施。新法对1989年制定的《环境保护法》保留6条、删除5条、新增33条；对环保领域的一些基本制度给予了规定；根据公众意见，规定了环境公益诉讼；针对违法成本低、守法成本高的问题，设计了按日计罚。新法充分体现了十八大、十八届三中全会提出的建设生态文明的精神，最大限度地凝聚和吸纳了各方面共识，是现阶段最有力度的《环境保护法》。

为配合新《环境保护法》的实施，环境保护部连续出台了《环保主管部门实施按日连续处罚办法》《环境保护主管部门实施查封、扣押办法》《环境保护主管部门实施限制生产、停产整治办法》及《企业事业等单位环境信息公开办法》等配套措施，并在全国范围内认真贯彻实施新《环境保护法》，推进环保依法行政，取得了相当的成效。而如何以更加开阔的视野和改革创新的精神，以贯彻落实新《环境保护法》为契机，不断加强生态环保领域的制度建设，笔者认为还需要从以下几个方面进行思考。

一、对于新《环境保护法》本身存在的欠缺，应当通过环境经济政策予以弥补

新《环境保护法》针对过去环境行政执法疲软的顽症，在一定程度上加强了环保行政执法权，并加大了对环境行政违法行为的处罚力度。同时也规定了一系列环境经济政策，包括财政、税收、价格、绿色采购，环境污染责任保险，作为绿色信贷基础的企业环境信用信息，重污染企业退出激励机制、环保产业等。但通篇仍是以加强环境行政执法解决环境问题作为导向，对环境治理的市场化手段，例如自然资源的产权界定、排污权交易规则等，几乎完全没有涉及，因此只能依赖环境经济政策的制定和落实，以弥补立法的此等不足。通过深入探索建立环境容量资源有偿使用政策，将环境成本内部化，利用市场这只无形的手，形成有效的环境资源价格机制，真正激发市场活力，并通过财政奖惩措施，鼓励和引导企业进行污染治理。

（一）大力推行排污权交易政策

深入研究环境容量资源有偿使用机制和模式，基于各地区经济发展与环境容量现状，加强排污权交易分区试点工作，以试点规范其他地区制定适应区域现状的交易体系；培育排污权交易市场，提供市场服务信息，调节不合理的价格交易制度，维护市场秩序。同时政府部门应建立相应的激励机制，对积极减少排放、积极出售排污权的企业从资金、税收、技术等方面予以扶持；完善排污权交易立法，通过法律明确排污权、保障排污权市场主体、规定排污权的交易规则、规范交易管理。

（二）完善资源环境价格形成机制

利用市场机制，在环保相关领域，采取建立价格动态调整或开展试点的方法，继续发挥价格杠杆作用，推动节能减排工作；继续完善落实水、电、气的阶梯价格机制，实现企业用水、电、气的差别价格政策；提高排污费、污水处理费征收

标准，实行差别化收费政策，加大征收力度，提高收缴率，建立有效的约束和激励机制，促进企业主动治污减排。

（三）加快环保税立法工作

环保税立法可以释放更多的治理手段和清洁技术的红利，促使环保政策与经济政策和发展政策深度融合。2015 年政府工作报告中已明确了做好环保税立法工作的内容，日前《环境保护税法（征求意见稿）》也已公布。根据该意见稿，超标、超总量排放污染物，应加倍征收环保税；对依照环境保护税法规定征收环保税的，不再征收排污费。环保税的目标是“环保”，而不仅仅是解决“费改税”的问题。与征收排污费相比，环保税更能够调节人们的行为，调控刚性更大，可以倒逼我国经济结构和产业升级换代，同时环保的透明度、约束性也相应大大增强。

二、新《环境保护法》实施过程中给环境保护部门带来的超出职权范围之外的压力要通过合适的途径进行缓解

基层环境执法队伍数量和规模与需要执法的企业数量和规模处于较为严重的失衡状态。因为新《环境保护法》强化了环境执法手段，因此各种期待和考核指标水涨船高，但环境保护部门的实际执法能力提升并不多。面临的环境问责压力太大，需要有合适的途径反映困难，上传下达。环境问题本身是结构性问题，到了环境执法阶段大多行为都已经是末端治理。因此，要通过合适的途径强化经济立项、规划、审计、税务登记等多个部门的配合义务。

（一）切实增强基层执法能力

基层执法队伍所面临的问题，恰恰是地方政府长期以来对环境保护部门不够重视的恶果，是历史原因造成的。党的十八大将生态文明建设纳入“五位一体”中国特色社会主义总体布局，要求“把生态文明建设放在突出地位”，政府部门应当转变对环保工作的认识，为环境保护部门做好输血工作：比如实施罚款比例返还政策，作为环保执法部门的活动经费和队伍建设资金，尽可能避免因完全依赖财政拨款而受政府行政干预。赋予市级以上环保执法部门行政强制的权力，或建

立联合行动机制，使公安、城管和环境保护部门可以联合执法，增强执法威慑力。同时完善和配套相关法规和制度，使执法效果再上一个台阶。

（二）深化环境监管体制改革

首先，应该确定新《环境保护法》作为环境保护法的基本地位。以新《环境保护法》的基本原则和理念为基础，加快和推动其他相关单行法律的修订和完善。强化环境保护部门的主体地位和权威，及时消除因为法条冲突导致的部门沟通不畅和执行乏力。其次，推动环境保护部大部制改革。自 2013 年 3 月推动的大部制改革，现在唯独环境保护部门缺位。笔者认为，还应当坚持大部制改革的方向，将目前分散在 10 多个部门的污染防治、生态保护、自然资源管理等职能整合到几个部门中，从而减少职能交叉，提高环保机制运行效率，有利于落实环保责任的问责制。最后，加强政府各部门执法合作。以践行环境“综合治理”为宗旨，出台相应的政府部门环境执法协作工作规范，建立各部门稳定、持续的联动协作机制，避免环境监管中的“权力打架”或“推诿扯皮”现象，并在不断实践中上升为国家法律法规。

三、以《生态环境损害责任追究办法》制定实施为契机，畅通环保监管机制

随着党政领导干部环境行政问责办法的制定和实施，环境保护的重任首先应由政府的党政领导干部承担责任，这样有利于其统筹调配各种资源。环境保护部门应当抓住此契机，畅通环境保护监督管理机制。

新《环境保护法》第 26 条规定，国家实行环境保护目标责任制和考核评价制度。县级以上人民政府应当将环境保护目标完成情况纳入对本级人民政府负有环境保护监督管理职责的部门及其负责人和下级人民政府及其负责人的考核内容，作为对其考核评价的重要依据，考核结果应当向社会公开。第 27 条要求，县级以上人民政府应当每年向本级人民代表大会或者人民代表大会常务委员会报告环境状况和环境保护目标完成情况，对发生的重大环境事件应当及时向本级人民代表大会常务委员会报告，依法接受监督。

当前环境问题日趋恶化的一个重大原因就是一些地方政府和干部没有把党中央、国务院有关环境保护的要求落实到位，环境保护部门在各级政府综合发展决策中处于从属和被动地位，无法在重大项目立项早期阶段参与决策，执法过程中又受到来自各种外来因素的人为干预。因而全面落实政府环境责任将面临诸多障碍：首先，新《环境保护法》着重问责环保主管部门，但其他环境审批与执法部门的主要负责人能否同样受到“引咎辞职”等制度约束没有体现；其次，未理顺的环境综合监管体制反映在实践中，会出现各监管主体权力交叉、重叠或空白的情形，既影响环境监管效力的发挥，也会因权力界限模糊，难以依照“权责一致”的原则追究各监管部门负责人责任，使得政府环境责任落实难免流于形式。

因此，要彻底治理环境污染，从根本上讲，必须通过党政领导干部环境行政问责制度的实施，扭转各级领导干部的思想认识。2015年5月，中共中央、国务院印发的《关于加快推进生态文明建设的意见》指出，要把制度建设作为推进生态文明建设的重中之重，按照国家治理体系和治理能力现代化的要求，着力破解制约生态文明建设的体制机制障碍。作为《关于加快推进生态文明建设的意见》的6个专项配套政策文件之一，由中组部牵头各相关部委起草的《生态环境损害责任追究办法》将着力打破“书记拍板造成污染，出事市（县）长受处理”、“出了成绩党委的，出了问题政府的”这一不对等局面，实现各级党委的环保责任“由虚到实”，充分实现各级党委对环保的政治、思想、组织领导。环境保护部门也应该以此为契机，主动沟通环境执法过程中遇到的困难，积极发挥在综合发展决策中的作用，力求在环境保护问题上实现“良法善治”、“源头治理”。

新《环境保护法》实施机遇与挑战分析

河南省南阳市环境保护局 韩 沛

摘 要：新《环境保护法》规定的按日计罚、查封扣押、限制生产、停产整治、行政拘留等多项措施为环境监管提供了更有力的手段。突出了政府主体责任，改变了环保部门单打独斗的问题。大气污染区域联防联控的规定有望推动大气雾霾治理。南阳市环保局积极贯彻落实新《环境保护法》取得了显著成效，但在执法贯彻中也遇到了涉嫌环境污染罪的司法移交程序太复杂，可操作性不强等问题。建议国家层面出台尽职免责、失职问责的具体配套办法，明确环保部门执法人员的职责边界和尽责标准，对部分法律条文规定不够明确的出台相关规范性文件，对查封扣押实施难的问题出台实施细则，进一步规范。

关键词：新《环境保护法》 实施 挑战 分析

新《环境保护法》实施至今已近半年，作为环境领域的基础性、综合性法律，新《环境保护法》为新时期的环境保护工作，特别是向环境污染宣战，提供了强有力的法律武器。作为地市级环保执法工作，新《环境保护法》的贯彻实施为环保执法提供了机遇，但实践中也存在多种挑战或不足。

一、新《环境保护法》的“三大亮点”

（一）按日计罚、查封扣押、限制生产、停产整治、行政拘留等多项措施为环境监管提供更有力的手段

新《环境保护法》规定，“企事业单位和其他生产经营者违法排放污染物，受

到罚款处罚，被责令改正，拒不改正的，可以按照原处罚数额按日连续处罚”。另外，“企事业单位和其他生产经营者违法排放污染物，造成或者可能造成严重污染的，县级以上人民政府环境保护主管部门和其他负有环境保护监督管理职责的部门，可以查封、扣押造成污染物排放的设施、设备”。除此之外，“建设项目未批先建，被责令停止建设，拒不执行的；无证排污，被责令停止排污，拒不执行的；通过暗管、渗井、渗坑、灌注或者篡改、伪造监测数据，或者不正常运行防治污染设施等逃避监管的方式违法排放污染物的；违规生产、使用农药，拒不改正的，可以移交公安机关实施行政拘留”。新《环境保护法》赋予环保部门的这些新手段将大大改善以往环保部门执法难的困境。以前环保部门的处罚力度、执法手段相当有限，难以威慑日益猖獗的环境违法行为。按日计罚，上不封顶，加大对环境违法行为的惩治力度，可以有效解决“守法成本高、违法成本低”的问题；赋予环保执法人员行政强制的权力，环境执法人员就可以查封、扣押违法企业的生产设备，能更及时、有效地制止违法排污行为、杜绝污染企业恢复生产；而引入公安机关对环境违法进行行政拘留，是环保执法的重大突破，在以往工作中，众多企业负责人或法人代表或其他生产经营管理人员并不害怕罚款，但却害怕行政拘留，对违法公民短期内限制人身自由的处罚措施，大大加强了对违法行为的威慑力。

（二）突出政府主体责任，改变环保部门单打独斗的问题

国外环境保护在法律上特别强调“公共治理”，即环境保护至少有三方面的主体——政府、企业、公众，都要参与，都要承担法律赋予的权利和责任，而在我国始终是环保部门在单打独斗。针对这一点，新《环境保护法》改变了以往主要依靠环保部门单打独斗的传统方式，体现了多元共治、社会参与的现代环境治理理念。新《环境保护法》增设“监督管理”一章，进一步强化地方各级人民政府对环境质量的责任。企事业单位和其他生产经营者是环境主要的污染者，因而也是环境保护法重点规范的对象。新《环境保护法》规定企事业单位和其他生产经营者应当防止、减少环境污染和生态破坏，对所造成的损害依法承担责任。另外，新《环境保护法》明确一切单位和个人都有保护环境的义务。增加了要求公民采用低碳、节俭的生活方式的规定，此外还规定了公民对环境保护的知情权、参与

权和监督权。政府、企业、公众要形成良性互动，加强全社会共同治理的理念。新《环境保护法》致力于形成一个政府、企业、公民三者间相互监督的合理制衡法律体系，各司其职。

（三）新《环境保护法》中大气污染区域联防联控的规定有望推动大气雾霾治理

当前，我国大气污染呈现明显的区域性特征。大气污染不再局限于单个城市内，城市间大气污染变化过程呈现明显的同步性，区域性污染特征十分显著。而大气污染防治法缺乏大气污染防治的区域协作机制，只提到城市空气污染的防治，未涉及如何解决区域性大气污染问题，导致行政辖区“各自为政”，难以形成治污合力。为此，新《环境保护法》增加了大气污染特别是雾霾治理和应对的规定。一是在跨行政区域的重点区域、流域联合防治中实行统一标准；二是国家促进清洁生产和资源循环利用；三是县级以上人民政府建立环境污染公共预警机制，监测预警机制的责任主体根据法律规定属于各级人民政府。

具体包括四方面的要求：一是各级人民政府及其有关的部门、企业事业单位都应当依照国家突发事件应对新《环境保护法》的规定，做好突发事件的风险控制、应急准备、应急的处置和事后恢复的工作。二是要求各级政府、企业事业单位应当建立环境污染的公共监测预警预案。三是在环境受到污染，可能影响到公共健康和环境安全的时候，应当及时公布预警信息。四是应当及时启动应急措施，并组织实施，推动环境公共污染危险的减缓。另外，新《环境保护法》还提出了区域联防联控，这是目前我国应对环境污染，尤其是大气污染防治方面非常重要的措施。

二、新《环境保护法》的实施情况

为全面贯彻落实新《环境保护法》及其配套办法，我们在全市范围开展了“环保新法新规新标贯彻执行年”的活动，以期在全市广泛形成遵法学法守法用法的浓厚氛围、严惩环境违法行为的高压态势。

（一）开展环保新法新规新标宣传贯彻活动

加强与各新闻媒体的沟通配合，充分利用报纸、广播、电视、网络、微信等媒体大力宣传环保新法新规新标；利用各级党校、行政学院等平台，开展面向党政领导干部的新法新规新标知识培训；成立宣讲团，开展巡回宣讲活动，增强全民环境法治观念，收到前所未有的效果。

（二）依据新法新规新标开展集中查处环境违法行为活动

按照新《环境保护法》及其配套办法，印发《全市环保新法新规新标贯彻执行年活动实施方案》，在全市范围组织开展大气污染防治专项执法检查、水污染防治专项执法检查、涉重金属企业污染专项执法检查、产业聚集区（工业园区）建设项目专项执法检查、农村和生态环境监察专项执法检查、排污收费新标准实施专项检查活动，针对需要依法采取按日连续处罚、查封扣押、限产停产、行政拘留、移送司法等措施的环境违法行为，集中依法做出处理决定，严厉查处环境违法行为。对超标排污、恶意破坏污染环境、违法建设等环境违法行为，坚持做到不查不放过、不查清不放过、不处理不放过、不整改不放过。

（三）加强环境监管网格化管理

按照“属地管理、分级负责”的原则，确定重点监管对象，划分监管等级，将全市管辖区域按网格划分，市支队内部、市支队与县区各大队、县区各大队内部都层层签订了环境监察责任书，共签订主体网格63份、单元网格164份，明确主体网格和单元网格内119个重点排污企业的管理责任人员，实现了全覆盖、无遗漏的管理格局和责任机制。

（四）推进重点排污单位环境信息和监管执法信息公开

指导、监督本行政区域内重点排污单位通过网站、广播、电视、报刊等多种方式，公开其外排污染物的名称、排放方式、排放浓度、超标排放情况，防治污染设施建设运行情况等信息，接受社会监督。各级环保部门及时公开监管执法检查的依据、内容、标准、程序和结果，畅通“12369”举报电话，开通微信举报平台。

三、新《环境保护法》实施以来的案例分析

新《环境保护法》实施以来，我市环保部门充分运用按日连续处罚、查封扣押、限产停产以及移送行政拘留等手段，执法力度日益加大，同时加强与司法机关联动，积极推进两法衔接。1—6 月份，全市共查处纠正各类环境违法行为 174 起，实施查封扣押 4 起，实施按日连续处罚 1 起，实施停产限产 9 件，涉嫌环境污染犯罪移送公安部门 5 起，罚款金额 400 多万元。

2015 年 1 月 15 日，环保执法人员现场检查时发现，南阳市蒲山镇祁寨村张运立电镀厂在未取得环境保护主管部门批准的环境影响评价文件的情况下，擅自建成一条电镀生产线并违法投入生产，生产废水直接排出厂外无防渗措施的渗坑内，经南阳市环境监测站监测，外排废水中重金属铬、锌、铜等污染物超标。根据新《环境保护法》及“两高”司法解释第一条第五款“私设暗管或者利用渗井、渗坑、裂隙、溶洞等排放、倾倒、处置有放射性的废物、含传染病病原体的废物、有毒物质的”规定，涉嫌环境污染犯罪。2015 年 3 月 10 日，南阳市环保局将案件移交南阳市公安局。该案从环保部门查处到移交公安机关，用了将近 2 个月时间，因为检察院、法院要求提供具有司法鉴定资格的监测机构出具的监测报告，我省只有省级监测机构具备该资格，还有其他很多手续也必须通过省级环保部门认可，省环保厅根本忙不过来，等待结果的时间很漫长。移交过程也有很多问题，证据不足可以不接，数据不清楚也可以不接。就污染物指标浓度来说，县级环保部门出具的监测数据不能作为证据，只能委托省里有司法鉴定资质的单位出具证明，从该案例可以看出，涉嫌环境污染罪的司法移交程序太复杂，可操作性不强。

2015 年 3 月 16 日，环保执法人员在对南阳亿瑞陶瓷有限公司现场检查取样监测时发现，该厂年产 1 500 万 m^2 抛光砖生产线喷雾干燥塔烟尘排放口和厂区北侧监测点烟尘污染物浓度均超标，执法人员责令其立即纠正违法行为，并处罚款 8 万元人民币。2015 年 4 月 4 日，执法人员对该厂改正情况实施复查，结果发现烟尘依然超标。依据《按日连续处罚办法》第五条第一款“超过国家或者地方规定的污染物排放标准，或者超过重点污染物排放总量控制指标排放污染物的，受到罚款处罚，被责令改正，拒不改正的，依法作出罚款处罚决定的环境保护主管

部门可以实施按日连续处罚”的规定，对该厂启动按日连续处罚程序，处罚金额为152万元。按照老的环保法，如果该企业未按要求改正环境违法行为，又拒绝缴纳罚款，只能在规定的缴款期限到后，由环保部门依法提请县人民法院强制执行。新《环境保护法》实施后，环保部门可对其超标排污拒不改正的行为实施“按日计罚”，还可以采取限制生产、查封扣押等强制手段，还可以提请县政府对该企业责令停产治理。

四、新《环境保护法》实施的难点和解决建议

（一）现有环境管理体制尚未理顺，环保部门监管面临尴尬局面

当前生态环境保护职能仍然存在分散交叉现象，没有做到对环境问题进行源头共同把关、过程共同监管、污染共同惩处，部门协作、区域联动、一体防治的环保工作机制尚不完善，造成环保部门在环境监管中困难重重。新《环境保护法》实施后，仅对失职问责情况进行了具体规定，却没有明确尽职免责相关规定，一旦污染事故发生，环保部门总是首当其冲，成为最大或唯一的被问责部门，给基层执法人员带来极大的工作压力。建议国家层面出台尽职免责、失职问责的具体配套办法，从制度上明确环保部门执法人员的职责边界和尽责标准。

（二）部分法律条文规定不够明确、造成实际执法中难以执行

例如在施工噪声查处中，《中华人民共和国环境噪声污染防治法》未对夜间违法施工的处罚数额做出明确规定，环保行政处罚下达后，主动缴纳罚款的工地只是少数，多数不缴罚款，要靠环保部门申请人民法院强制执行来实施行政处罚，但由于法律未做具体罚款数额的规定，造成处罚案件不能很好执行。再如规模化以下养殖企业污染查处中，现行法律中此块的执法监管尚处于空白，而近年来此类污染事件投诉量呈逐年上升趋势，监察部门缺乏查处依据，一定程度上影响了污染事件的处理。因此建议国家尽快出台相关规范性文件，便于基层单位在实际执法中更加高效、更有针对性地开展环境保护工作。

（三）查封扣押实施难的问题

新《环境保护法》第十六条第二款规定，“对扣押的设施、设备，环境保护主管部门应当妥善保管，也可以委托第三人保管。扣押期间设施、设备的保管费用由环境保护主管部门承担。”第十七条规定，“扣押的设施、设备造成损失的，由环境保护主管部门承担；因受委托第三人原因造成损失的，委托的环境保护主管部门先行赔付后，可以向受委托第三人追偿。”根据以上规定，实施查封、扣押的环境执法部门和人员需承担企业被查封、扣押的设施、设备的保管责任，如在查封、扣押期间发生损毁，还需承担赔偿责任。这显然是不现实的。环保部门查封、扣押的污染物排放设施、设备，基本上都在企业的厂区内，不具有可移动性，环保部门显然不可能派人或委托第三方派人 24 小时蹲在被查封、扣押的污染物排放设施旁日夜看守。从现实看，实施查封、扣押的环保部门无法承担这一法律责任。如果企业人员故意损毁被查封、扣押的设施、设备，反而要环境执法部门承担赔偿责任，显然于情于理都说不通。如果这一法律责任得不到合理规范，对于环保部门来说，查封、扣押权就只是一项看起来很美，但永远不能施行的权力，反而还容易让行使查封、扣押权的环境执法人员陷入不利的境地，甚至可能受到法律的制裁。所以，建议对实施细则做出进一步规范。否则，查封、扣押的法律规定只能是一纸空文。

浅议曲靖市贯彻落实新《环境保护法》的对策措施

云南省曲靖市环境保护局　杨庆东

摘　要：新《环境保护法》正式实施以来，曲靖市环保局在贯彻落实新《环境保护法》过程中，取得了显著成效，也找出了在执法过程中存在的基层环保能力建设不足、负有环境监管职能的政府各部门间职责交叉、分工不明、多头监管或管理缺位等问题，根据执法实践，结合实际提出了加大基层执法能力建设、加快推进生态文明制度体系建设、建立保护环保干部职工的相关制度、建立自上而下的环境保护部门职责清单制度等进一步落实环境保护法的对策与措施。

关键词：曲靖市　落实　新《环境保护法》　对策　措施

曲靖市位于云南省东部、珠江源头，是全国113个环境保护重点城市之一，18个清洁能源行动试点示范城市，也是全省重要的能源、汽车、化工、建材和工业原料基地。全市有国家级重点防控区2个（会泽县者海工业片区、陆良县西桥工业片区），省级重点防控区1个（罗平常家湾工业片区）。2014年，全市环境空气质量优良率为97%，曲靖市PM_{10}浓度均值与2012年同期相比下降11.8%。全市12个国控、省控监测断面中，断面达标率83.3%。

一、新《环境保护法》实施情况

曲靖市以实施《环境保护法》为新的起点，一方面加大新法的宣传教育培训力度，另一方面全面加强环境监管执法，将新法的实施贯穿于环境影响评价、行政许可、项目监督管理、竣工验收、行政处罚、打击环境刑事犯罪、突发环境事件处置等各项工作，有效保障了全市环境安全。

（一）加强宣传培训，提高从业人员的法治意识和责任意识

新《环境保护法》公布后，先后通过广播、电视、网络、报刊等渠道，向社会公众积极宣传新《环境保护法》的新理念、新制度、新举措，激发公众参与环境保护的热情。在全市范围内组织开展了送书活动，印制环境保护法律汇编手册13 000多本分送市、县、乡三级党政领导和全市100多所绿色学校、绿色社区，订购了10套新修订的《中华人民共和国环境保护法学习读本》，分别送给市委、市政府主要领导、分管领导阅读；部分县（市、区）还开展了环保法律知识竞赛，组织学校、企业、社区、党政机关积极参与竞赛活动。通过宣传，增强了各级政府领导、负有环境监管部门负责人和企业管理人员的法治意识和责任意识，提高了环境执法人员使用新法依法行政的能力和素质，促使了企业在生产经营中自觉遵守法律、履行环境保护的义务。

（二）建立健全实施新《环境保护法》的工作制度

曲靖市环境保护局和曲靖市公安局结合新《环境保护法》的实施和“两高”司法解释的适用，研究建立了环境执法衔接配合机制，明确了涉嫌环境刑事污染犯罪案件查办、移送及证据提供相关责任，确保行政执法和刑事司法的有机统一、治理污染与打击犯罪的有机统一，形成了严厉打击环境污染犯罪活动的执法合力。同时，根据新《环境保护法》及4个配套措施的精神，研究制作了环境保护部3个配套办法的按日连续处罚、查封扣押、限制生产和停产整治的法律文书样本，成立了环境保护行政处罚案件审查委员会，进一步规范了环境行政处罚案件的执法行为和执法程序。

（三）进一步加强环境监管能力建设

为确保新《环境保护法》的实施效果，曲靖市加强环境执法监管能力建设，成立了危险废物监督管理中心、环境应急处置中心、环境工程评估中心3个全额拨款事业单位，新增加人员编制25人，6个县级环境监测站和市环境监测站通过国家标准化验收，环境监测、监察、应急能力有了大幅提高，环境监管水平不断提升。同时，积极推进“数字环保”建设，投入资金500多万元，建成集污染源

在线监控系统、环境地理信息系统、移动执法系统、OA 办公系统、应急指挥系统等为一体的“数字环保”体系，接入 3 个空气自动站、1 个河流水质自动站、27 户视频监控、26 套水污染源、52 套气污染源在线监测数据，废水在线监测数据联网率 93%，废气在线监测数据联网率 88%，初步实现了对重点污染源的远程监控。

（四）重拳打击环境违法行为

按照云南省人民政府的要求，曲靖市在全市范围内组织开展环境安全隐患大排查、大整治活动，排查工业园区 10 个，建设项目 1 028 个，重点企业 274 户，核辐射企业 267 户，查出环境问题 94 个，查出的问题全部督促落实整改。组织开展了建设项目“未批先建”清理，清理出环评“未批先建”建设项目 189 个，督促企业制定整改措施，明确了整改时限，逾期未完成的项目，市人民政府依法取缔关停。2015 年前三季度，曲靖市共查处环境违法案件 98 件，罚款 143 万元。其中，停产整治 8 户，责令改正 17 户，查封扣押设备 3 台（套），移送适用行政拘留和涉嫌环境污染犯罪案件 2 起，公安部门行政拘留 1 人、网上追逃 1 人、移送检察机关审查起诉案件 1 件。从整体情况看，大部分县级环境保护部门执行新《环境保护法》的情况较好，力度较大。同时，加大环境信息公开力度，改版升级了环保局官方网站，开通了官方微博、官方微信，同时通过政府信息公开网站、政府门户网等媒介适时公开环境信息，及时回应公众关切问题。

二、实施新《环境保护法》取得的成效

（一）执法过程中力度得到强化

新《环境保护法》实施以来，曲靖市切实把新《环境保护法》的实施作为全面加强环境管理的重要契机，对环境管理全过程的监管更加严格，特别是环境保护部一系列配套措施出台后，让在基层一线的环境执法人员有法可依、执法有据，从根本上改变了过去环保法处罚了事和违法成本低、守法成本高的状况。

（二）地方政府保护环境、治理环境的主体责任得到强化

新《环境保护法》被称为“史上最严格的环保法”，在过去新上项目时，环境保护部门经常被下令帮助项目建设业主规避法律法规，环评、规划为项目“让路”，新《环境保护法》实施后，环境保护部门对不符合环评要求的项目说“不”底气更足，新上项目在选址、规划时环境保护部门提前介入，政府在招商引资过程中由原来的“招商引资”变成现在的“招商选资”，政府在保护环境、治理环境中的主体责任得到强化。

（三）企业对环境保护的重视程度得到强化

通过今年以来对一些环境违法案件的查办可以看出，新《环境保护法》实施以后，大多数企业对自身存在的环境问题都能够主动开展治理，履行企业责任，积极配合环境保护部门查处违法行为，从过去找关系、托人情转变为主动治理、正视自身问题，躲避处罚、偷排偷放的现象明显减少，企业对环境保护的认识有了较大的提高。

三、存在的问题

曲靖市在新《环境保护法》的实施过程中，做了一些探索和研究，但也还有许多地方需要向先进发达地区学习借鉴宝贵的经验。今年以来，我局通过对一些案件的查办，发现主要存在以下几个方面的问题：

（1）曲靖市经济发展对资源的依赖程度较高，在经济发展新常态下，由于生产企业数量和产品生产量的减少，资源消耗和污染物排放量减少，环境压力有所减缓。但受经济下行压力的影响，地方政府平衡稳增长、保就业和经济结构转型之间的矛盾突出、困难重重，不同程度上影响制约了地方政府实施生态优先发展战略的决心和力度。

（2）企业生产效益下滑，融资困难，融资成本增高，导致转型升级困难，对环保投入力不从心，为节约经营成本，有的企业因经营管理不善，造成突发环境事件发生。部分企业停产、限产，污染治理设施不正常运行，停产企业在产期间

产生的污染物得不到及时治理，加大了监管难度和环境风险。

（3）基层环保能力建设与日益繁重的环境监管任务不相适应，环境执法人员数量少、任务重的情况在地方短时间内难以改变，执法装备落后，执法人员素质不高，不能及时发现问题，发现问题查处不及时，与新《环境保护法》的要求不相适应。

（4）由于负有环境监管职能的政府各部门间职责交叉、分工不明，导致多头监管与管理缺位、交叉重复与盲区并存，环保实施统一监管的难度大，负有环境监管的政府各部门间难以形成合力。

（5）新法与部分下位法存在矛盾。如新《环境保护法》第六十一条规定：“建设单位未依法提交建设项目环境影响评价文件或者环境影响评价文件未经批准，擅自开工建设的，由负有环境保护监督管理职责的部门责令停止建设，处以罚款，并可以责令恢复原状。”而《环境影响评价法》第三十一条规定：“建设单位未依法报批建设项目环境影响评价文件，擅自开工建设的，由有权审批该项目环境影响评价文件的环境保护行政主管部门责令停止建设，限期补办手续。”另外，新《环境保护法》多处提到责令改正，在实施过程中的期限难以确定。

四、下一步工作对策

（一）加大基层执法能力建设

环境保护部先后下发了环境监察、环境监测、环境宣教、环境应急等能力标准化建设的标准，但在具体实施过程中，机构编制、财政、人力资源和社会保障部门不以环境保护部下发的标准设立机构、安排编制和经费，人员得不到保障。建议从国家层面制定相应的标准，按照环保优先的发展战略，保障基层环境执法队伍的人员需求。

（二）加快推进生态文明制度体系建设

在深化生态文明体制改革工作中，部分改革事项推进缓慢，在生态补偿、红线划定、环保资金整合等方面，需要国家和省的相关政策支持，如生态补偿机制的建立，涉及珠江流域、牛栏江流域等跨区域的协作，县（市、区）之间生态建设投入及生态破坏评价难以确定补偿标准，市级操作困难。在生态文明体制改革过程中需要对原有的监管方式及审批制度进行重新设计，与现行的法律法规不相适应。

（三）建立保护环保干部职工的相关制度

国家安全监管总局在《进一步深化安全生产行政执法工作的意见》中提出，科学合理追究行政执法责任，坚持“权责一致、有错必究”和“依法履职、尽职免责”的责任追究原则，而在国务院办公厅《关于加强环境监管执法的通知》中没有列出尽职免责的情形，发生突发环境事件后即追究监管人员责任，往往因为一般性突发环境事件而处理一批环保干部职工，一定程度上束缚了环保执法人员的手脚，而导致不敢执法、不会执法的情况。

（四）建议建立自上而下的环境保护部门职责清单制度

《环境保护法》规定环境保护主管部门对环境保护实施统一监督管理，但在实际操作中，在大气、水体、噪声、固体废物等领域的污染防治工作中，涉及多个部门，职责交叉。如在噪声污染方面，涉及公安、环保、文化、交通等部门，在水环境治理方面涉及水利、农业、环保等部门，环境保护部门职责繁杂，尤其是近年来群众对环境的诉求越来越高，环境污染投诉案件呈几何式增长，在具体办理过程中推诿扯皮现象屡见不鲜。建议环境保护部将部门职责再做具体细化，建立为基层履行职责依责行事、依规办事的职责清单制度，真正形成法无授权不可为、法律授权必须为的环保格局。

浅谈普洱市新《环境保护法》实施

云南省普洱市环境保护局　李　勇

摘　要： 普洱市生态环境质量总体良好，在云南省各州市中处于领先地位。但是，由于部分领导干部和群众对绿色经济、绿色产业认识不清，当前普洱市经济社会发展面临着资源消耗不断加剧、生态环境退化、局部区域环境污染严重等巨大的环境压力；在新《环境保护法》实施过程中存在着环保系统自身能力建设不足、执法人员素质不足、环境保护资金投入不足、环保监督管理未形成合力等困难。破解困境，就要实行党政同责、改革管理体制、完善部门联动机制、强化企业守法的自觉性、加大环保资金投入力度。

关键词： 普洱市　新《环境保护法》　实施

2015 年新《环境保护法》的实施，进一步增强了政府的环保主体责任、环保部门的统一监管责任、企业的治污责任、公众的监督责任，有力地保障环保事业的健康发展。具体到普洱市，新《环境保护法》的实施仍然存在一些难点和瓶颈，需要加以思考和解决。

一、普洱市生态环境基本情况

（1）环境质量优良。2014 年，全市重要生态功能区得到有效保护；主城区空气环境质量优良率达 100%，负氧离子指标优异；纳入国家、省级地表水功能控制的 11 个断面水质达标率 100%，辖区内共设饮用水水源监测点 16 个，水质达标率 100%；主城区噪声环境质量达到功能区划要求。

（2）生物多样性丰富。全市森林覆盖率 68.7%，有高等植物 352 科，1 688 属，

5 600 多种，有野生动物近 2 000 种，分布有亚洲象、西黑冠长臂猿、爪哇野牛、印度野牛、红豆杉、长蕊木兰、篦齿苏铁等珍稀濒危动植物。全市共建立 15 个自然保护区，其中国家级 2 个，省级 5 个，县级 8 个，总面积达 12.91 万 hm^2，占国土面积的 2.84%。自然保护区、国家公园、饮用水源保护地、风景名胜区等受保护地区占国土面积比例达 20.1%。

二、普洱市生态环境保护面临的问题

普洱市生态环境质量总体良好，在云南省各州市中处于领先地位，森林生态系统功能良好，生物物种丰富，生物多样性得到了有效保护，大部分区域水土流失和地质灾害轻度敏感。普洱山高、水长、天蓝、林密、富庶的自然资源和“绿海明珠”等美誉使得许多干部群众普遍缺乏资源与生态环境之忧患意识和危机感，盲目乐观，过度、片面尊崇和奉行“靠山吃山、靠水吃水”的发展方式。部分领导干部和群众对绿色经济、绿色产业认识不清，仍保留传统经济发展方式的思维惯性，“唯 GDP 论”的政绩观仍然严重。

当前，普洱市经济社会发展面临着巨大的环境压力，主要体现在：资源消耗不断加剧，资源开发效率、效益低下，生物资源开发利用风险大，水资源开发利用不足，资源开发带来的环境问题日益显现，生态环境退化问题令人担忧，局部区域环境污染严重。转变经济发展方式，充分发挥普洱的区域特色和生态优势，促进资源环境协调可持续发展已成为一项十分紧迫而艰巨的重要任务。

三、新《环境保护法》实施过程中存在的问题

（一）环保系统自身能力建设不足

总体来看，环保部门在中央和省级力量较为强大，且专业化色彩比较突出，高级研究人才较多，但是市、县一级环保部门的力量却较为单薄。就普洱市而言，一是人员编制严重不足。目前市环保局由 4 科 1 室 3 个事业单位对应省环保厅 16 个处（室）10 个事业单位。按国家标准化建设要求，市环境监察支队应不少于 40

人（现有编制数12人），市环境监测站应不少于70人（现有编制数25人），目前人员紧缺，且技术、装备滞后，无法满足环境管理需求。二是环境监测监察能力建设滞后。10个县区都设有独立建制的环保局、环境监察大队及环境监测站，但县（区）环境监测站基本处于无实验场所，无仪器设备，无技术人员的“三无”状况，除澜沧县环境监测站已通过计量认证，具有工作能力外，其余县（区）环境监测站并不具备工作能力和从业资格，无法满足日常环境管理和应急工作需要。三是乡镇环保机构和人员严重缺乏。普洱市乡镇尚未设立由专人负责的基层环保机构，对于乡镇环境保护工作缺少专人负责，使得《环境保护法》的实施易出现虚化、缺位和不到位的现象。

（二）环境执法人员素质不高，难以胜任工作需要

由于环保执法工作面广，涉及多个领域和学科，所以执法人员不但要具备基本政治素质、道德素质，而且还应该具有比较广泛的科学知识和相应的业务专业技能。虽然，现在环保执法人员队伍的总体素质在不断提高，但环保执法工作的高要求和执法队伍素质偏低的矛盾仍然突出。

（三）环境保护投入不足

普洱地处边疆少数民族地区，社会经济发展落后，市、县两级财政十分困难，尚未建立城乡环境整治专项资金，环境整治主要依靠争取上级资金，城镇和农村环境基础设施欠账多。全市共103个乡镇，36个居民委员会、994个村委会，绝大多数乡镇和农村基本没有污染治理设施，农村地区饮用水源缺乏监管，饮用水安全得不到保障。

（四）有关部门环保监督管理未形成合力

新《环境保护法》第十条规定：县级以上人民政府有关部门和军队环境保护部门，依照有关法律的规定对资源保护和污染防治等环境保护工作实施监督管理。但在实际中各部门职能过于分散，难以形成合力。以农村环境保护为例，发改部门负责综合协调城乡环境保护工程建设规划编制、项目审批等工作。工信部门负责淘汰污染严重和落后的工业生产项目、工艺和设备。财政部门负责筹措环境保

护资金，加强对资金使用的监督管理。国土部门负责水土保持、国土整治、土壤保护。住建部门负责城镇和农村生活垃圾、生活污水收集处理设施建设。水务部门负责组织实施农村饮水安全工程，组织开展农村水系整治、水土保持、水生态保护与修复。农业部门负责指导农业面源污染防治，推广秸秆综合利用、测土配方施肥技术。畜牧部门负责指导规模化畜禽养殖污染防治工作。林业部门负责森林资源培育和保护管理工作。卫生部门负责农村环境卫生工作，开展农村饮用水卫生监测，对农村改厕予以技术指导。环保部门负责工业污染防治。多家部门各自为政，人员和资金分散，导致农村环境保护这一系统性很强的领域被割裂开来，极大地影响了农村环保效力。

（五）强制措施有难度

虽然此次《环境保护法》修订授予了环保部门及其他相关部门查封、扣押权，但可以预见的是该项权力的行使将会遇到越来越大的阻力。2008 年修订的《水污染防治法》规定了环保部门对违法排放水污染物设备的强制拆除权，但在实际执法过程中，难以实现。环保部门尤其是基层环保部门强制权的有效实施则需要地方政府给予支持，否则强制查封、扣押权在现实执法中往往很难实施。

（六）处罚权未能完全下放

此次修订中，部分严厉的处罚权并未完全下放，以对严重违法企业的关闭权为例，尽管新《环境保护法》第六十条规定了“企业事业单位和其他生产经营者超过污染物排放标准、超过重点污染物排放指标排放污染物的县级以上人民政府环保部门可以责令其采取限制生产、停产整治等措施”。要关闭这些企业，仍必须报请有批准权的人民政府批准。

（七）一些企事业单位守法自觉性不高

新《环境保护法》第六条规定：企业事业单位和其他生产经营者应当防止、减少环境污染和生态破坏，对所造成的损害依法承担责任。目前环境违法行为仍然多发，其根源是一些企事业单位守法的自觉性不高，主要表现在：一是不知而犯，尤其是小企业主的环境常识不足、环境意识低下，对环境违法浑然不觉，对违法排污行为司空见惯，不以为违法；二是明知故犯，不少企业仍抱有侥幸心理，尤其是企业在经济效益不好的情况下，为获得利润想方设法逃避监管；三是恶意违法，为追求效益，在环保设施上做文章，不上环保设施，或者上了设施也不能正常运行，运行起来又不能达标排放。对此，增强企事业单位守法的自觉性，无疑是当前最为迫切的任务之一。

四、对策建议

（一）要实行党政同责，督促地方政府切实落实环保主体责任

2015 年全国环境保护工作会议明确提出要着力推动“党政同责”、“一岗双责”，把生态文明建设作为地方党政领导班子和领导干部政绩考核评价的重要内容。当前，应凸显党委的环保领导责任。地方政府对辖区环境质量负有法定职责。党委在资源配置、发展导向、人事安排等方面具有决定性作用，在严峻的环境形势下，一旦党委领导责任虚化，将不可避免地导致政府环保工作出现不确定性。因此，完善党政领导干部考核和评价机制，建立健全党委环保工作领导机制已是当务之急。要不断深化督政工作，以环保综合督查为主要形式，推动地方政府切实承担起环保主体责任和发挥统领作用，使地方经济发展与环境保护得以协调推进，环境质量得以不断改善。

（二）改革生态环境保护管理体制

为解决当前环保部门监管的统筹性和权威性不足的问题，需要对现行环境管理体制进行改革。一是建议在政府层面成立环境保护委员会，探索和完善大环保体制，强化环境与发展的综合决策和协调机制，使环保工作由单一的污染源监管上升到对空间格局、产业结构、资源配置的调控和优化。二是适当归并环境监管职能，减少职能交叉，有序整合并明确分散在不同领域、不同部门、不同层次的监管职能，逐步建立统筹有力、运行高效的环保统一监管格局。三是授权环保部门按照环保责任目标，定期对各行业、各部门组织开展环保目标考核，强化环保约束机制。四是强化环保部门能力建设，明确将环境执法纳入行政执法序列，统

一服装，保障装备，增加编制，尽快改变现行委托执法地位，切实加大环境监管执法力度。

（三）科学合理划分职能职责，完善部门联动机制

一是建议尽快对相关法律法规进行修改完善，将分散在各部门的资源和环境保护管理职权统一归并到同一环境保护行政主管部门，解决政出多门、多头管理、利益互争、责任互推、重复执法、执法真空等问题。二是建立和完善生态环境保护部门联动长效机制。充分发挥发改、工信、住建、公安、国土、工商、安监和森林公安等部门职能作用，强化对生态环境违法行为打击的强制执法措施和手段，比如查封、扣押、冻结、没收、强制划拨权等。

（四）要落实企业治污责任，强化守法的自觉性

立法、执法、司法，最终还是要落到守法上来。从目前情况看，加大执法力度是一方面，更重要的是企业要自律守法。对此，要多措并举，综合施策。一是在思想上，使排污者不愿违法。要通过各种形式的宣传，强化企业的守法意识。二是在制度上，使排污者不能违法。按照新《环境保护法》的总体原则和要求，配套相应的制度规定，把制度笼子扎紧，不让违法者有机可乘。三是在执法上，使排污者不敢违法。要坚持铁腕执法，严厉处罚，加强与公安的合作，加大执法力度。四是在经济上，运用各种经济手段，利用经济杠杆激励和约束企业，对企业利益进行调节，促使企业守法自律。

（五）加大环境保护投入力度

一是加大政府投入。把生态环境保护列入财政年度预算，设立专项资金，并逐步增加投入。加大环保监察监测能力建设，乡镇设立专职环保人员，承担和履行农村环境保护职责和任务。加大对城镇和农村两污设施的投入力度。加大中央财政转移支付和生态补偿力度，建立自然保护区、重要生态功能区、水环境保护区、生物多样性保护、野生动物肇事补偿、水电和矿产资源开发区及生态移民区等重点领域生态补偿标准体系，扩大生态补偿范围。二是拓宽环保投入渠道。目前，仅靠政府投入无法保障生态建设和环境保护的需要，建议国家从法律和政策

上明确政府、企业和个人应承担的环保责任和义务，丰富环保投入机制，增加环保投入。如：建立污水、垃圾排放收费制度，企业和个人都应根据排放量支付污水、垃圾处置费。

专题二　环境监管

浅析按日计罚在执法实践中的应用

黑龙江省齐齐哈尔市环境保护局 曹国斌

摘 要：新《环境保护法》把按日计罚写入法律，这是我国法律理论的一大突破。按日计罚有利于打击环境违法行为、促进社会环境守法意识的形成、破解环境执法难的问题。但是，按日计罚在执行中也遇到了企业承受能力差、环境执法队伍能力不足、地方保护主义作祟的问题。因此，环境执法队伍不仅要严格执法，还要树立处罚不是目的的理念，并引导扶持企业走绿色发展之路。

关键词：按日计罚 执法实践 应用

按日计罚是保护环境的有力手段，为许多国家或地区的环境法律所采用。2014 年 4 月，我国将按日计罚制度写入新《环境保护法》。修订后的《环境保护法》第五十九条第一款规定：“企业事业单位和其他生产经营者违法排放污染物，受到罚款处罚，被责令改正，拒不改正的，依法作出处罚决定的行政机关可以自责令改正之日的次日起，按照原处罚数额按日连续处罚。”这一法律规定丰富了环境执法手段，对违法排污者起到了强大的威慑力。

一、按日计罚对环境治理的积极作用

在新《环境保护法》实施之前，我国环境保护法律和行政法规对环境违法行为的罚款处罚额度，严重低于生产经营者的防治污染成本和违法生产收益，“守法成本高，违法成本低”的现象普遍存在。这导致企业在利润最大化目标的引导下，宁可选择违法，承担相对轻微的法律责任，也不愿意履行防治污染的法定义务。

按日计罚制度打破了对环境违法行为罚款数额的限制，使“罚无上限”，对违法企业来说，无疑是一把高悬的利剑。超标即违法，违法即受处罚，按日计罚制度的设计核心就是责令排污者立即停止违法排放污染物的行为，而不是“限期改正”，就是不给排污者留有限期内“合法的”违法排污空间。

（一）按日计罚是打击环境违法行为的有力工具

我国现在的环境违法问题屡禁不止、屡查屡犯，有的企业长期违法排放污染物，其核心是利益的驱动，处罚金额与污染治理设施运行成本相比较后部分企业就会选择违法排污，有可能还靠着这种成本优势占领市场、发展壮大。实施按日计罚可以打破这种利益的不均衡，对拒不改正的违法行为每日进行罚款，累计金额很快就会超过污染治理设施运行成本，甚至建设成本，早达标排放一天就节约一天的成本，企业改正违法行为就会从被动转为主动。以重庆市按日计罚的情况为例，重庆川庆化工厂创建于1966年，是以生产染料、医药、农药、液晶、电子中间体为主的国有中型化工企业，拥有资产上亿元。因建厂较早，厂区布局不合理，地下管网混乱，生产设施陈旧，产品结构及其工艺设备落后，存在设备跑冒滴漏、污染治理设施达不到处理要求等诸多问题。环境保护部门先后对重庆川庆化工厂行政处罚40余次，罚款200多万元。但由于整改投入太大，重庆川庆化工厂拒不整改。自2009年5月起，重庆市环境监察总队根据《重庆市环境保护条例》的规定，先后对重庆川庆化工拒不改正的行为实施“按日计罚”8次，罚款金额共计1 606万元。在高额的处罚下，企业感受到前所未有的压力，决定投入大笔资金，开展了一系列环境整治、整改工作。重庆市自2007年将按日计罚写入地方性法规后，企业的违法排污行为主动改正率由实施前的4.8%提高到了95.9%就足以说明问题，在威慑的同时提高了自觉性，对打击违法排污行为有明显的效果。

（二）按日计罚促进社会环境守法意识的形成

一部好的法律在打击违法行为的同时，应该推进社会整体形成守法意识，处罚只是法律的手段，是让社会公众遵守规定，从而达到公平正义、和谐发展的目的。按日计罚可以消除违法排污带来的非法收益，让企业公平地承担环境污染成本，创造公平的市场竞争环境，维护法律的公平和正义，通过处罚的手段建立起学习环境法律法规的社会氛围，形成一种学习法律、遵守法律的激励导向，体现生态文明理念与经济建设、政治建设、文化建设、社会建设的统一，促进全社会环境守法氛围的形成。

（三）按日计罚推动环境执法由软向硬发展

环境执法是环境管理最重要的环节，是纠正违法排污行为、维护法律正义的手段。由于环境法律中罚则的偏“软”，我国目前环境执法形势不容乐观，处罚力度过小导致企业完全没有把环境保护法律放在眼中，同样对环境执法人员和执法行为也没有重视，社会上甚至出现了“企业无赖，环保无奈”的现象，环保执法人员面对“老面孔”排污企业“我交了罚款”的言辞束手无策。新《环境保护法》实施后，通过按日计罚手段，环境执法的脊梁也可以“硬”起来，环保执法人员面对拒不改正的企业，实施按日计罚，增加了环保执法系统的威慑力。

二、按日计罚在实际执法中遇到的问题

实施按日计罚，对违法排污者的威慑作用是显而易见的，但在实施过程中也会遇到一些问题：

（一）从被罚企业看，企业生存空间小，自身造血能力弱，按日计罚面临一些现实问题

以钢铁企业为例，2013 年，环境保护部对华北地区 298 家钢铁企业进行了全面排查，发现 70%以上的钢铁企业存在超标排污的问题，钢铁行业要达到全面符合排放标准及要求，对钢铁全流程全系统仅大气污染治理技改工程投资初步匡算总计就超过 700 亿元。企业在受到环境保护部门巨额处罚后，没有能力进行升级改造，继续发展面临重重困难。而有些规模企业因历史欠账，负债经营，若破产倒闭，会带来大量人员失业、再就业问题，以此向政府发难，给当地经济社会发展带来影响。

（二）从环境行政主管部门看，基层执法队伍老化、人员编制少、监测设备落后，按日计罚执行遇到许多困难

多数县（区）级环境监察队伍专业人员少、监测设备简陋，日常监管力不从心。还有的企业采取白天正常生产、晚上违规排放，与执法人员打“游击战”。新《环境保护法》虽被称为“长了牙齿的法律”，环境保护部门却普遍面临人手有限、业务素质偏低、执法装备差等难题，特别是县（区）环境保护部门，缺乏相关仪器设备，不能实现全天候监测，难以满足执法需求。

（三）从当地政府来看，地方保护主义作祟，按日计罚落实仍然存在一定阻力

一些地区财政收入低，中小企业税收在当地财政收入中占据相对较大的比例，尽管这些企业工艺设备落后，经常造成环境污染，但地方政府很难下决心彻底关停。面对按日计罚开出的巨额罚单，环保人事权在地方，在环保与地方经济发展冲突时，一些地方党委、政府往往要求环境保护部门服从“发展大局”，干预执法。有的地方环保局对开发区不敢查、对重点企业不敢进、领导不点头不敢处理，尤其是县（区）环境执法到位难度较大，即便对违法企业处罚，也存在“虚”多、“实”少，不能产生强有力的威慑，导致一些企业的违法行为痼疾难除。

三、按日计罚在实际应用中的一些建议及对策

新《环境保护法》将按日计罚写入法律是我国法律理论的一大突破，解决了“一事不二罚”方针和持续性违法定性之间的矛盾，在今后的环境管理执法中必将发挥重大的作用。

（一）树立处罚不是目的的理念

按日计罚写入法律，让环境执法人员为之一振，但一定要牢记不能因罚而罚，罚款的目的还是减少排污，杜绝违法排污行为，基层环境保护部门对当地可能存在环境污染的企业要加强事前指导、监督，及时发现并责令其淘汰有可能导致环境污染的落后生产设备和工艺，防微杜渐。对于按日计罚后依然拒不悔改的企业，

坚决按照《环境保护法》第六十条（企业事业单位和其他生产经营者超过污染物排放标准或者超过重点污染物排放总量控制指标排放污染物的，县级以上人民政府环境保护主管部门可以责令其采取限制生产、停产整治等措施；情节严重的，报经有批准权的人民政府批准，责令停业、关闭）要求排污单位进行限产或者停产。

（二）环境保护主管部门要在严格执法上狠下工夫

制度再好，关键还在执行，新《环境保护法》已经颁布，做到了有法可依，下一步就是有法必依和执法必严的落实，各级环境保护部门不能把制度挂在墙上、锁在柜里当成纸老虎，必须做到手段硬、执行强。一是要充分利用好按日计罚的法律手段，让违法企业付出代价。二是加强建立环保与公安机关联动机制，实施按日计罚的同时，对造成环境危害的，积极争取公安部门介入，强化法律的威慑。三是发挥公众和社会环保组织的参与和监督作用，可将本行政区域内重点排污单位名录，通过政府网站、报刊等媒体进行公布，设立环境污染举报电话，鼓励公众参与环境保护，对提供重要线索人员给予奖励。四是上级环境保护部门要做好对下级执法行为的监督和指导，有法可依、执法必严，使环境保护执法真正落到实处。五是加强环境保护部门能力建设，定期组织环保人员进行新《环境保护法》法律知识培训，强化素质，提高能力，增强依法行政水平。

（三）加强政策引导扶持企业走绿色发展之路，实现环境保护和经济效益双赢

按日计罚的实质在于督促企业强化环保意识，改正违法行为，各级政府应通过制定奖励政策（税费减免、环保专项资金），积极引导污染企业调整生产结构，转变生产方式，淘汰落后产能，促进转型升级；通过提高市场准入制度、加强监管等措施逐步淘汰污染大、耗能高、产量小、效率低的企业；通过建立以新《环境保护法》为核心的目标考核体系，不断增强企业环保责任意识。同时，应充分发挥人大监督、政协参政议政作用，积极倡导企业走绿色发展道路，通过专题调研、实地考察、企业家座谈等形式，全面了解当地企业生产状况，环保面临的困难和问题。召集各类专家进行集体会诊，出主意、想点子，帮助企业解决生产中的环保问题，逐步实现环境保护和经济效益双赢。

对“十二五”以来金山区环境信访问题的若干思考

上海市金山区环境保护局　沈　锋

摘　要：“十二五”以来，环境矛盾和纠纷日益尖锐，环境信访形势也发生了巨大变化。地方政府信访部门不能仅仅满足于表象问题的解决，更需要从深层次去思考环境信访背后的源点，为依法依规调处提供正确的决策依据。

关键词：金山区　环境信访　政府部门　民众

“十二五”以来，随着生活水平（意识）的进一步提高，人们对于生存环境的质量也愈加关注和重视，对于环境权益受损的敏感度也越来越高。随之而来，各类环境信访案件也呈现出明显的爆发态势，有些还会引发非理性群体事件，比如2015年6月发生在金山区的由上海化学工业区“炼化一体化”项目环评引发的“群众散步”事件。

环境信访是指公民、法人或者其他组织采用书信、电子邮件、传真、电话、走访等形式，向各级环境保护行政主管部门反映环境保护情况，提出建议、意见或者投诉请求，依法由环境保护行政主管部门处理的活动[①]。就金山区环境信访投诉受理情况（见表1）来说，自2011年以来，每年的投诉受理总量不断增加（如图1所示），2013年开始更是有明显的加速上升趋势，其中来电方式的增长尤其突出（如图2所示）。按照污染物类型分类（见表2）来看，自2011年以来，每年的废气类投诉要占到全部环境信访受理的六成以上，并且增长加速明显（如图3所示）；废水、噪声和畜牧养殖类投诉也一直居高不下（如图4所示）。此外，2014年以来，来自于12345市民服务热线的工单数量激增，并且重复投诉的数量

① 《环境信访办法》。

都有很大程度的增长。

表 1 2011—2015 年金山区环境信访受理情况

年份	市局转（件）	来电（件）	来信（件）	来访（件）	电子邮件（件）	总数（件）
2011	73	1 397	38	37	160	1 705
2012	44	1 336	26	45	160	1 611
2013	42	1 795	21	38	161	2 057
2014	43	2 550	20	36	156	2 805
2015*	45	2 429	21	23	148	2 608

*：2015 年 1—10 月数据。

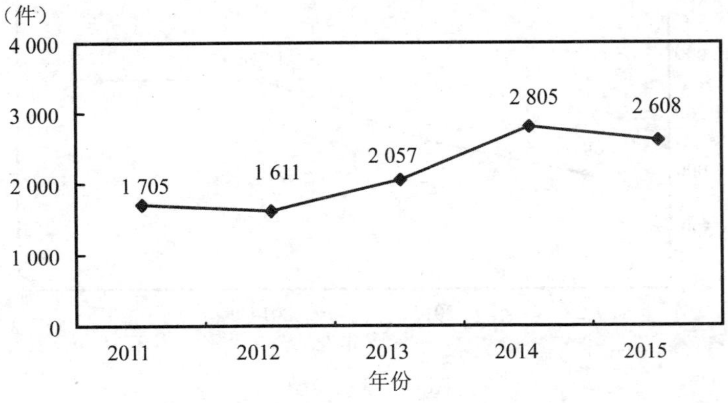

图 1 总量情况

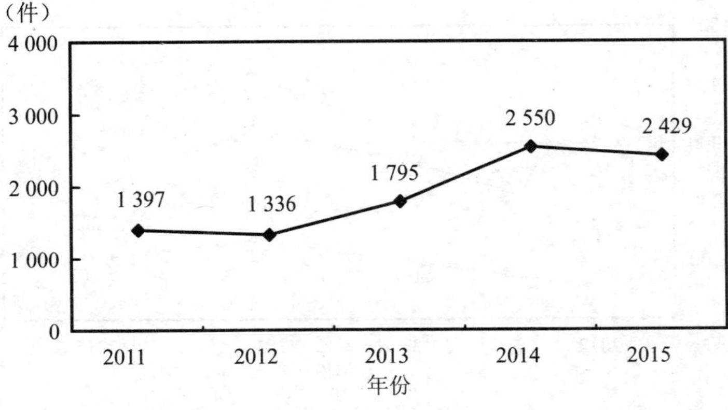

图 2 来电方式

表2 2012—2015年金山区环境信访（按污染物类型分类）受理情况

年份	废气（件）	废水（件）	噪声（件）	畜牧养殖（件）	油烟气（件）	固废（件）	新建项目（件）	电磁辐射（件）	其他**（件）
2012	964	299	174	54	34	47	9	12	18
2013	1 272	305	264	94	55	23	10	7	27
2014	1 776	417	326	137	69	33	20	1	26
2015*	1 783	359	223	102	59	24	22	4	32

*：2015年1—10月数据。

**：包含政风行风类和非环保类投诉。

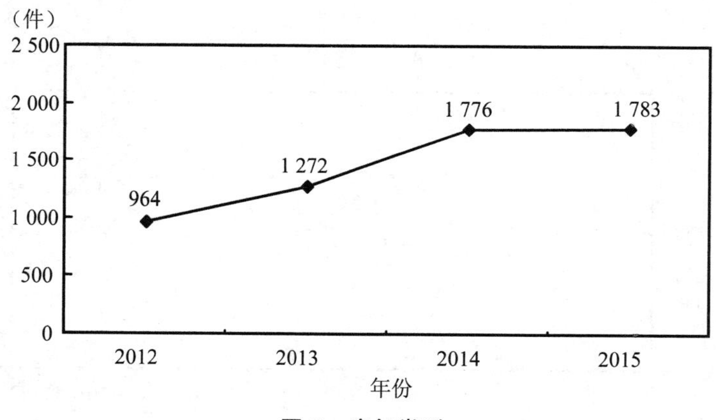

图3 废气类型

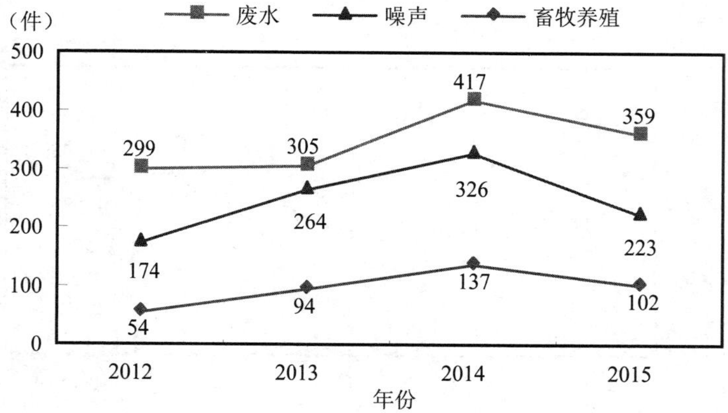

图4 废水、噪声、畜牧养殖类型

一、当前难点

（一）出现越来越多带有明显个人目的性的环境信访，不仅会成为重复投诉，而且依法依规调处很难获得满意评价

在此类环境信访中，由于投诉人本身的合理诉求（如拆迁、补偿等）是需要政府其他部门进行协调解决的，而投诉人往往利用环境问题作为要求满足其诉求的借口，因此，环境保护部门依法依规对涉事企业进行的调处常常不能获得应有的满意度。

（二）废气类投诉的占比目前已经超过总投诉量的 60%，并且趋势还在进一步扩大，废气污染取证难导致信访处理难度加大

废气，尤其是臭气投诉，闻得到但看不见，目前尚没有专门的仪器可追踪气味来源，仅凭环境保护部门执法人员的嗅觉感知很难做到快速科学取证。一些投诉区域性的废气污染问题往往较难查出污染源头，并且废气监测存在滞后性及复杂性，监测数据与企业工况和气候条件密切相关，监测结果有时无法反映实际情况。

（三）12345 市民服务热线工单占受理总量已经超过 30%，规定时间内处理化解的难度很大

目前，热线工单只有 15 个工作日的处理时限，热线回访复核单仅有 4 个工作日的处理时限，这给环境保护部门信访调处工作带来不小的压力。对于部分历史遗留问题以及疑难信访问题，只能做到提供初步化解方案，企业落实整改仍需要时间。而投诉人对于无法立即见到整改效果表示不满而进行重复投诉，又从一定程度上增加了信访矛盾化解的难度。

二、原因探究

（一）从宏观层面来说，环境规制存在的问题不容易马上解决，需要在理性权衡基础上创造出好的契机

当前国内所处的产业经济发展阶段、全球环境保护理念和民众在环保理念下对政府规制政策的质疑很难取得共同点，需要较长的时间和较大的空间去弥补这种规制背景上的先天不足。由于生态环境保护是典型的公共产品，因逐利被无限放大或者滥用的“先污染、后治理”模式导致了当下“众口难调”的积累困境，进一步加剧了规制手段上的后天失调，而“大环保”理念与“小环保”机构的不均衡以及“强政府”与“弱社会”之间的不协调，也进一步加剧了规制结构上的倾斜失衡①。

（二）从微观层面来说，必须放弃那种“空中楼阁式”的无节制承诺或者过度要求，实现政府目标、民众需求和社会市场收益的多方认可的利益均衡

基层地方政府不允许以降低环保门槛、挂牌保护等手段为排污企业撑开保护伞，牺牲了环境并且损害了人民群众的利益；企业经营者不允许把违法排污当做降低成本、追求利益的“捷径”。透过不断完善各种城市规划和基础建设方面的历史遗留问题，不断完善各行政执法部门之间的环保执法配合机制，把各项可实现的环保生态建设举措做好做到位。

---

① 王勇．政府规制视角下我国环境信访成因解析．中国环境管理干部学院学报，2014，24（6）．

三、若干思考

（一）要充分发挥政府环境保护部门在环境执法过程中的指导、引导、疏导作用[①]

一是指导企业与公众的互动沟通，推动多方对话，使得企业理解公众，公众谅解企业；逐步淡化政府执法权力色彩，以行政指导等新的方式实现执法，由强制性向弱强制性直至说服性转变。二是引导公众适时适度参与执法，对企业形成有效监督；同时引导企业从被动受罚到主动守法，在社会良知中和谐发展。三是疏导公众信任危机，促使公众依法合理维权，提升参与水平；避免公众由于信息不对称，利益不均衡，水平参差不齐而在参与环境执法过程中出现对企业、对政府缺乏信任甚至敌对态势的情况。

（二）要充分把握环境信访工作的基本点、关键点、核心点和立足点[②]

环保信访工作是环保工作中各种矛盾的客观反映，必须要抓思想认识，践行群众利益无小事原则；抓责任落实，把环境信访工作纳入整体工作之中；抓关心支持，充分调动环境信访工作人员的积极性。始终本着立案快、查处快、结案快、反馈快的工作原则，切实落实对投诉的环境违法行为查处“到位”、对群众投诉进行答复“到位”的制度。务必要做到行政依法、管理规范，坚持一条标准，不论何人，只要违反政策和法律，坚决查办，从严惩处。在严查环境违法行为的同时，必须努力堵住发案的源头，截住越级上访和重复上访的支流，做好疏导工作，注重加强与投诉群众的沟通与交流，将环境信访的查处及整改的详细情况反馈给投诉人，形成环境保护部门与群众互动的良好氛围，从而降低发案率，提高结案率。

---

① 刘永鑫，等. 公众参与环境执法的掣肘与突破. 环境保护，2013，41（1）.

② 杨建军. 做好新形势下环境信访工作需把握“四点”. 青年时代，2015（4）.

浅谈信息公开形势下的环境信访处置

江苏省南京市环境保护局　李　刚

摘　要： 2015 年 1 月 1 日开始实施的新《环境保护法》首次设立“信息公开和公众参与”专章，将环境信息公开、环境信访举报投诉，作为“公民、法人和其他组织依法获取环境信息、参与和监督环境保护的权利。”而作为环境信访处置的责任主体的各级环保行政主管部门及相关部门，工作方式应当顺应变化，环境管理及其信访管理的机制、体制应当进一步理顺，环境信访处置的责任主体需要更加明确，以利于联合各方力量解决或化解信息透明后日益增多的环境矛盾。

关键词： 环境信息公开　信访　成因　建议

环境信息公开是近几年推行的举措，信访处置则是新中国成立以来政府的一项重要职能。2014 年，新颁布的《环境保护法》，在环保领域，将这两项工作赋予了新的要求和定义。在新《环境保护法》中，首次设立“信息公开和公众参与”专章，将环境信息公开、环境信访举报投诉，作为“公民、法人和其他组织依法获取环境信息、参与和监督环境保护的权利。”这也为他们参与和监督环境保护提供了便利。新法一方面明确了政府职能，强化了环境保护部门监管职责，赋予了前所未有的权力，同时也追加了九条问责，打出了“双刃剑”。按照目前环保机构、人员力量、业务能力、综合性多重交叉的职能分工，很难按新法规定的任务和职责履行到位，处理不好，躺着也会中枪；另一方面，新法扩大了社会监督，实行公众参与、信息公开、公益诉讼组织的监督，保护群众举报投诉，这也解决了部分环境保护部门单打独斗、人手不足的问题，同时也促使环境问题更易被及时发现，暴露在光天化日之下，环境保护部门因履职不到位也会被追责。

现在，信息公开透明度加大了，群众的知情面更广了，投诉举报的命中率也高了，而作为环境信访处置责任主体的各级环保行政主管部门及相关部门，他们的工作方式是否顺应变化；管事的机构有没有，是否适应；环保法规定发现或接到举报未及时查处的要问责，谁是被问责的主体，等等。带着这些问题，结合我市实际并以餐饮油烟、高架噪声等污染扰民为例进行初步探讨，与大家分享。

一、当前存在的薄弱环节

（一）环境投诉面广量大，诉求成因复杂，有些问题久拖难决

仅以餐饮油烟、高架桥投诉为例，随着城市的快速发展和群众生活水平的提高，群众对环境要素的关注也越来越高，人民生活、出行等需求与生活环境的提高成为了一对矛盾体，突出表现在群众对餐饮业和高架等投诉越来越多。所反映的废气、噪声等污染扰民问题，往往会拿环评、防护距离等说事。如果仅仅解决环境达标，环境保护部门还力所能及，但诉求往往是要求关停、搬迁或换房。我们市、区级环境保护部门分别投入很大一部分力量，但往往杯水车薪。

（二）信访投诉日益增加，信息透明后需要不断沟通的信访投诉增多，环境信访人员力量明显不足

以南京为例，最近五年（2011—2015 年），信访机构平均每天接投诉约 75 件（不包含不属市、区环境保护部门管辖的），年均约 3 万件。信访部门职能由市环境监察总队相关部门代为履行，具体负责全市环境信访投诉的接诉、分转、回访、复查复核和重要信访件督办工作；负责“12369”接诉人员的招聘、培训和日常管理；尤其是一些投诉件要不断地接待、做大量的疏导解释工作。由于政府职能综合改革后大部分职权下放至区或园区，当市里从各个渠道接到的环境投诉件，按规定分转到区级，他们专门从事这项工作的人员更少，力量严重不足，难以满足群众的需求，也不同程度地影响了信访处理效果和群众满意度。

（三）环境矛盾日益凸显，信访体制、机制明显不顺，重点、难点信访问题推进举步维艰

由于环境问题的产生涉及方方面面，既有政府职能，又有法律调整和市场调节范畴的问题，解决或化解这些污染投诉和矛盾，自然离不开环境的审批、管理和执法。在环境信访案件办理过程当中，大部分市、区承办部门情况是好的，但也有不尽如人意的地方。一些环境保护部门内部职责不清，导致推诿扯皮，工作很难到位，疑难杂症更是久拖不决。另外，有些投诉到环境保护部门，虽涉及环境问题，但这些大环境问题，从法律职能上区分应属于政府其他部门的职责，还有一些属于职能交叉或存在职能不清的情况，如机场噪声、河流污染、产业结构不合理等，这方面环境问题就更难处理，有些即使按规定移交，也会出现石沉大海。

二、主要成因分析

上述问题产生的原因是多方面的，主要原因分析如下。

（一）公众参与不到位

一方面，新法规定了在建设项目时要实行公众参与，但对公众参与的范围以及公众意见如何取舍等并没有具体规定，如果公众参与中产生弄虚作假行为，环境保护部门依法审批后周边居民发现并要求撤销环评审批，生米煮成熟饭，进退两难，这就会导致公众对环境保护部门按照规定审批的项目不服，引起强烈投诉。特别是对于高架等城市基础设施建设滞后于居民点的建设，先进入的居民对在自家附近建设高架相当排斥，公众参与不可能做到每户都参与，也不可能因为小部分居民的不同意而停止或者取消该项目。高架等基础设施建设项目的决策过程中，环境保护部门在前期决策中并不能起到决定性的作用，对于道路的走向、群众是否拆迁等现实问题无法制约，仅对项目建设中和建成后期环境污染防治提出要求，一旦项目建成，矛盾无法避免。项目决策阶段的公众参与往往被忽视，作用不大。

（二）多头管理，各自为政

对于餐饮店的开设，目前环保无前置审批，工商、食药监、环保等行政部门之间在餐饮点设置审批上各自为政，工商、食药监发证照也并不参考群众和环境保护部门的意见，一旦餐饮店开业，往往引起群众反对引起投诉。餐饮业的公众参与问题则更为突出。虽然法律上明确规定餐饮店也必须实行环评制度，但是在实际操作中，大部分的餐饮店均无视环保审批，先斩后奏，更谈不上公众参与。群众对餐饮店建设往往并不知道，等发现有环境污染问题的时候已经为时已晚，所产生的诉求难以解决。

（三）污染防控难以到位

对于高架桥来说，“先有房后有桥”的情况下，高架桥在项目环评中必然会对周边居民的情况进行考虑，或是安装隔声屏或是对居民家进行隔声门窗的安装。由于工艺的限制，隔声屏往往对底层建筑防护有明显效果，对高层建设不但没有防护效果，甚至会因为噪声反射导致噪声问题更为严重。安装隔声措施的责任主体是住建部门，一旦发生矛盾纠纷，市民第一反应是找环境保护部门，往往忽视住建部门的主体责任；若是“先有桥后有房”的情况下，污染防控措施安装的主体是开发商，由于建桥速度远落后于住宅建设，实际操作中，开发商往往会隐瞒周边有高架污染源的状况，对隔声门窗等措施落实不到位也会引起入住居民对建成后的高架污染源的投诉和不满。

（四）布局选址不当

高架项目和餐饮店选址问题造成的污染扰民情况屡见不鲜，特别是餐饮店，店家为了保证客源，往往将餐饮店开设在居民楼下或者紧挨居民楼的位置，而这些位置并不适合开设餐饮店，许多楼房没有内置烟道，一旦营业，即使污染治理达标，由于污染源离住户过近，污染矛盾无法得到彻底解决。

（五）管理体制、机制不顺，职能定位不清

在审批、执法管理中产生的问题和群众的不理解，有的承办部门在处理环境

信访件以及解决或化解环境问题时，责任心不强，往往一糊了事，由于管辖权和体制问题，市级污染举报部门既无法做到对每一件环境信访投诉进行督办，无法保证办理质量及回复内容的真实性，又对其没有约束力。如企业关停、限产、搬迁、机场噪声、河流污染等，有关法律或职能划分上有明晰规定，但老百姓不清楚，只要是环境问题，就投诉到环境保护部门，按照首问负责制，又不能一推了之，同有关部门联系有时得不到支撑，例如南京铁路噪声投诉，我们多次函商铁路部门无回音，实在无法向投诉者解释。经常不能按期按时按质办结，很多难题久拖未决。

三、解决这些问题的一些做法和设想

由于环境问题具有很强的公共性质，事关特定区域内每位公民的切身利益，因此，必须确立法治思维，善用法治方式，不断提升依法化解社会矛盾维护社会稳定的能力。提出如下几点建议：

（一）建立社会稳定风险评估和环评有机结合的机制

将可能带来环境污染的工程项目等涉及群众切身利益的重大事项列入评估范围，评估内容应包括：是否符合法律、法规、规章和国家方针政策的规定；是否符合大多数群众的利益，出台时机和条件是否成熟；是否可能引发不良连锁反应或对相关利益群体造成影响；是否存在可能引发群体性事件的不稳定因素；是否制订了风险化解措施和应急处置预案等。最终形成的报告应当做出无风险、有较小风险、有较大风险和有重大风险的评价，提出可实施、可部分实施、暂缓实施、不实施的建议，作为重大事项责任主体做出决定的重要依据。

（二）在公共决策过程中扩大公众知情权和参与度

各级政府应强化规划及规划执行，对城市基础设施建设规划应有超前意识并预留用地。如果在公共决策过程中，政府官员习惯于在“长官意志”支配下“拍脑袋”定项目，就会为群众的“不明真相”、“不了解、不理解、不支持”埋下隐患，误解和不信任就有可能成为群体性事件的“发动机”。因此，关系到环境问题的重大项目除应严格履行审批程序外，还应通过大众传播工具广而告之，环境信息进行公开，澄清认识、消除疑虑。必要时，通过发放调查问卷、举行座谈会和听证会等方式，广泛征求群众的意见和建议；在项目建设过程中，还应吸收群众代表对污染情况进行全程监督，并发挥舆论监督的建设性作用。

（三）合法合理引导群众诉求

党的十八届三中、四中全会，我国改革了信访制度，对公众的诉求，要求积极引导投诉人逐级上访，如果对基层处理结果不满，可以依法向上一级申请复核、复议；对涉法、涉诉信访件，应当引导投诉人走法律渠道，运用法律手段解决环境问题。这种改革和转变，有一个适应过程，需要各级环境保护部门加强宣传，做大量的疏导、引导工作；要告知投诉人，对于要求搬迁、拆迁、补偿、关闭等并非环境保护部门能够解决，一味来环境保护部门投诉并不能解决其根本诉求。对于这类问题不能掉以轻心，应当引起高度关注，一旦引起大规模群体性事件或者媒体炒作，环境保护部门将十分被动，应该合理引导其向有管理权的单位和部门反映，或者引导其走司法途径。

（四）实施部门联动、联合执法

各部门严格执行项目审批制度。尤其是对餐饮业污染扰民问题，要通过源头规范和控制，必要时应建立联合审批或联席会议制度，进行综合协调。

对于涉及多部门的问题，应该建立统一应对机制，各部门之间统一口径，统一办理。一旦出现 A 部门推 B 部门，B 部门推 C 部门，C 部门又推 A 部门的情况，不仅严重影响办理效率，还严重影响政府形象。对于需要多部门执法的，可以建立联合执法机制，切实解决群众诉求。

环保职能之外的环境信访，要做好疏导和引导，及时移交。对非环境保护部门职能类事项，如机场和铁路噪声、企业搬迁、河流污染、淘汰落后产能、垃圾场污染等，要正确依法引导投诉人向当地主管部门、政府信访机构反映，并说明理由。如果其中一部分属于环境保护部门职能内容的，负有直接监督管理职责的环境保护部门应当首先受理该部分内容，并妥善处理。

（五）理顺体制、机制，强化责任意识

按照《信访条例》“属地管理、分级负责，谁主管、谁负责”的原则及《南京市环保系统环境信访工作规范》的相关规定，以及国家关于创新信访工作机制和关于进一步规范信访事项受理办理程序，进一步明确责任主体。“法无授权不可为，法有规定必须为”，涉及环境保护部门主管的环境问题，直接交由有权处理的区（园区）环境保护部门依法处置；涉及环保人员违纪的，应交由有管辖权的纪检部门处理。建议转交之前，接件部门最好先进行初步核实基本事实成立，再转交纪检部门处理为宜。因为区级有权处理的纪检部门隶属区委，若事实有误，会对环保人员造成误伤或不良影响。对于所反映的环境诉求，属于环境保护部门之外的政府其他相关部门，应当依法转交这些部门处理。

最近，环境保护部出台了关于改革信访工作制度依照法定途径分类处理信访的意见，这个规定对促进环境信访的有效处置将起到很好的作用。但各地情况千差万别，需因地制宜，区别对待。转入其他部门信访件，如果得不到回应和处理，投诉人找的是环境保护部门。对诸如此类的问题，建议进一步细化、制定相关部门受理、处理的具体规定。近期，党的十八届五中全会，确定了省以下环境监测、监察实行垂直管理的机制，需要进一步深化研究环境信访处置属地管理与监察垂直之间的关系，做好各方面衔接，以利于各部门合力解决或化解污染纠纷和环境问题。

关于提升环境管理现代化能力有效防范环境监察执法失职渎职探究

浙江省杭州市环境保护局 曹建松 潘 革 朱文阳

摘 要：环境监察执法是生态文明建设的重要法治保障。2015 年新《环境保护法》的实施使得环境监察执法失职渎职风险陡然增高，成为当前环保系统严格环境执法和深化防腐倡廉亟待破解的问题。杭州市环保局面对法律地位偏低、管理体制运行仍显不畅、执法队伍执法能力欠佳、任务繁重而保障薄弱、执法权力不足、免责机制缺乏等问题，摸索出了运用“五种思维”构筑“五道防线”的道路，破解环境监察执法失职渎职高风险困局，助力推进杭州生态文明建设，有效促进为民务实清廉环保队伍建设。

关键词：环境监察 失职渎职 风险防范

2015 年实施新《环境保护法》之后，社会热切期盼新《环境保护法》亮出“钢牙利齿”，有效遏制环境违法，维护群众环境权益。但是，由于诸多执法要素制约，环境执法失职渎职风险陡然增高，迫切需要把环保执法失职渎职问题放在生态文明建设的时代大背景下，多维度地审视和破解环境执法失职渎职问题，努力引领严格环境执法、全民遵法守法的新时期环境保护新常态。

一、杭州环境监察执法的基本背景

杭州作为中国东部经济快速增长和高度发达的城市之一，近年来以现代化方式创新城市环境治理，不遗余力加速转型发展，竭尽全力缩短“环境阵痛期”，但是目前尚不能完全摆脱环境压力羁绊，总体呈现出“转型发展与环境阵痛相互交织”的环保总格局，具体表现为“三个并存”。

（一）强势推进治污与转型发展压力同时并存

杭州市竭力探索具有杭州特色的“美丽中国先行区”，积极践行生产美、生活美、生态美、心灵美融合共生“美美与共”的“美丽杭州”，近年来杭州的生态环境质量逐年趋好、稳步提升，“美丽杭州”渐行渐近。据 2015 年 8 月发布的《杭州市环境质量分析报告》显示，杭州市生态环境状况指数为优，位列全省第二，全国前列，市区空气质量总体好转，“西湖蓝”正在成为“美丽杭州”一张生动而亮丽的名片。但杭州的经济社会发展正处于重大转型期，增长方式还未得到根本改变，资源环境约束等难题依然存在。

（二）严格刚性执法与企业生存羁绊同时并存

杭州始终保持严厉打击环境违法的高压态势，打造环境监管最严格城市，实行“五个最严格”。2015 年以实施新《环境保护法》为契机，依法严格实施“按日计罚”和“查封扣押”等“新法利器”，2015 年 1 至 7 月，全市立案查处违法案件 620 件，移送公安案件 46 件，刑事拘留 44 人，行政拘留 44 人，“按日计罚案件”1 件，查封扣押 20 件，限产停产 5 件。仅 2015 年 7 月 13 日至 8 月 12 日一个月内，全市“五水共治”执法共立案查处 111 件。在倒逼企业转型的同时，也在严峻考验着环境保护部门的环境治理现代化能力。一是需要合理平衡好严格执法与企业转型两者关系，防止触及更为敏感的社会维稳问题。二是需要依法兼顾到部分企业的合法利益。三是需要明辨部分企业确实存在谋取非法利益冲动。

（三）热心参与环保与自律意识欠缺同时并存

在“美丽杭州”的探索和实践过程中，全民协同参与，实现“美美与共”是杭州一大特色。越来越多的人加入到“美丽杭州”建设中，主城区鞭炮垃圾同比减少 1/3 等都是市民参与环保的真实写照，市民环境维权意识强烈，2014 年全市共接触各类环境维权信访 23 313 件，同比上升 62%。但是杭州市民较高的环保参与程度与偏低的环境道德水准形成较大落差，部分市民环保自律程度较差，环保道德较弱，呈现出十分明显的“重他律轻自律”现象，新《环境保护法》的规定还没有深入人心，没有让人们真正敬畏起来。

二、当前执法失职渎职风险增高的主要成因

杭州环保系统与全国环境保护部门一样，在实施“史上最严”的环保法时，却承受着史上“执法最难”的现实压力。主要存在“三个短板”和“三重压力”，是构成失职渎职风险的主要成因。

（一）法律地位总体仍显不够的短板

新《环境保护法》仍然不是我国的环境基本法，只是环境保护综合法、基础法和基干法。由于新《环境保护法》权威性不够，在实施过程中，特别是基层环境保护部门在落实有关规定时，会因法律地位偏低而削弱法律的执行力。

（二）管理体制运行仍显不畅的短板

新《环境保护法》规定，环境保护部门对环境保护工作实施统一监督管理，其他负有环境保护监督管理职责的部门对资源保护、污染防治等环境保护工作实施监督管理。但“统一监督管理”和“监督管理”缺乏操作性，没有明确规定各级政府应采用何种有效的组织形式。职责不清晰，履职边界不明确，是导致环保工作人员被问责的重要原因之一。

（三）执法队伍执法能力欠佳的短板

目前，全市环保监察执法队伍的基本专业素养总体较好，但是执法能力离现实执法需要有一定差距。一是执法人员的执法资质有待提升。全市环保系统执法人员持证率为73%。二是执法人员的基本实务能力有待提升。执法人员特别是基层执法人员的专业化、标准化、规范化程度亟待提高。三是执法人员的规避失职渎职能力有待提升。执法人员甚至管理干部对如何有效防范规避失职渎职都是“心中无底”，显然没有完全达到职业化应有的水准。

（四）日常任务繁重与相应保障薄弱构成极大工作压力

目前杭州环保执法系统的环境监察执法队伍和审批人员，日常承担着十分繁重的任务，而人员、装备、培训等保障相对薄弱，两者形成明显落差。执法队伍和审批部门都承受着十分繁重的压力。随意抽取三组常规工作数据，就能充分说明问题，一线执法人员平均每人要监管 201 家企业，平均每个审批人员每年要审结 167 个项目，每个信访干部每年要平均办理 1 362 件信访件，“5+2”和“白加黑”成为工作新常态（如图 1 所示）。

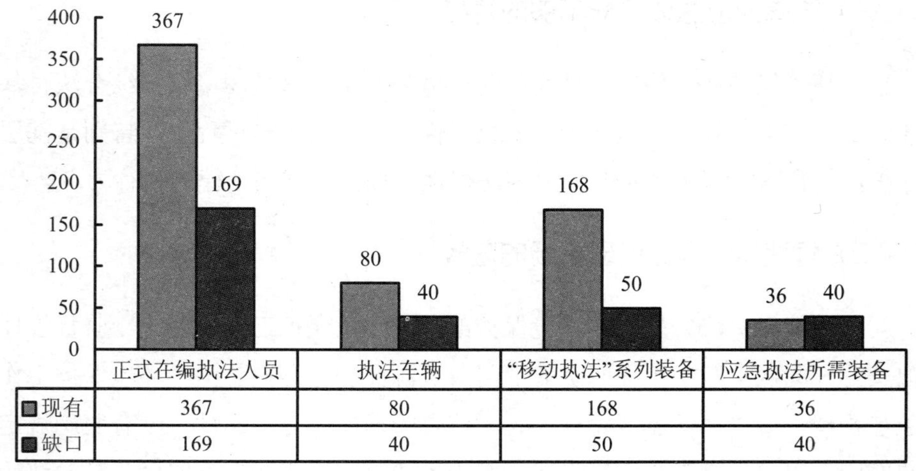

图 1　人员、装备缺口

（五）执法权力不足与执法对象抗法构成较大执法压力

目前执法权力缺乏足够刚性，断电、断水、断气等强制执法权缺失，关闭污染企业等处罚权难以实施，违法企业受巨大的非法利益驱动，违法采取“明暗结合”的抗法策略，既有越来越隐秘的“猫鼠游戏”，也有明目张胆的人身威胁，两种不利因素叠加，使得环境执法普遍面临调查取证难、现场处置难、强制执行难的困境，现有执法权力难以完全制衡违法行为。

（六）追责机制严厉与免责机制缺乏构成较大追责压力

新《环境保护法》严厉追究失职渎职行为追责情形较多，且都是日常出现概率较高的追责情形，但是“尽责免责”机制尚未出台，现有环保领域的法律法规中，没有一个法律甚至办法明确规定了环保执法人员的“失职渎职边界”，追责情形与免责条款不够对称，环保执法人员的失职渎职客观风险成倍增加，环保执法人员的失职渎职风险呈现“基本失范状态”，长此以往，可能将会滑向“基本失控状态”。调查表明，执法人员根据日常执法感受，认为一定会追究失职渎职责任的占 19%，失职渎职风险极高的占 69%，失职渎职风险较高的占 12%。

三、积极防范执法失职渎职风险的对策建议

要破解环境监察执法失职渎职高风险困局，关键是要从思想认识和执法实践两大层面统筹解难破题。

（一）运用辩证思维端正思想认识，构筑起失职渎职的思想防线

确立起正确的环境法制观，排除错误思想干扰，为破解失职渎职难题奠定坚实的思想基础。一是必须澄清模糊片面认识。正确理解发展经济与环境保护的辩证关系，坚决克服“环保速胜论”、“环保低成本论”等片面认识和无知论断，中国的现代化是一个赶超型的时空压缩历程，出现环境承载力接近临界状态在所难免，要实现环境拐点到来，需弛而不息地推进生态文明建设，坚持不懈地加强环境监察执法。二是必须谨防混淆问题实质。防止“失渎职不可控论”、“失渎职无危害论”等偏激错误观念的负面干扰和影响。明辨主观故意的失职渎职和非主观故意的失职渎职的本质区别，进而起到精准防控的目的和效果。三是必须树立环境法治信心。抓住环境法治前所未有的大好机遇，始终用科学的方法论指导实践。

（二）运用系统思维调动公众互动，构筑起失职渎职的社会防线

把防范失职渎职作为环境法治的社会系统工程来抓。一是要全面加强环保民主监督。落实信息公开，切实做到“法定公开的全部公开，可以公开的如实公开”；

切实加强舆论监督，强力助推政府加大环境执法力度；大力鼓励公益诉讼，利用公众的力量迫使企业遵守环境法规，改善环境质量。二是要加快完善社会参与制度。积极规避“邻避效应”，鼓励各利益相关方参与生态环境保护，完善第三方评估制度，对各类涉及环境公共利益的政策法规、规划方案、工程项目等进行科学评估，为环境监察执法提供更加坚实的社会协同。三是积极培育公民环境道德。把环境道德建设作为环境法治的重要内容，大力宣教“新《环境保护法》不仅是用来执行的，更重要是被遵守的”守法理念，引导公众做“正确合法的事”，营造“污染环境是不道德行为”的舆论导向。

（三）运用底线思维强化德治纪治，构筑起失职渎职的廉政防线

防范失职渎职要站在从严治党的高度，设置失职渎职前置防线，牢固坚守住“廉洁自律”底线。一是落实党纪严于国法，强化对党员干部的严格监督。防范失职渎职应抓住领导干部这个“关键少数”，通过“关口前移”构建起“双重防护墙”。二是落实“党政同责”制度，强化对政府和企业的严格监管。深化推进环保督察工作机制，加大对城建、城管、农业等政府相关职能部门的履职督察，推动环境监管实现从“督企”向“督政”与“督企”并重的转变，为环境法治和防范是失职渎职提供强大的顶层制度保障。

（四）运用法治思维完善执法保障构筑起失职渎职的制度防线

既要强化严格执法的综合保障，也要建立规范执法的制约机制，确保新《环境保护法》能够依法高效规范运行。一是优化配套法律保障。完善相关法律法规，对现行的环保法律法规进行系统整理，消除现行各单行法之间的重叠、矛盾和冲突问题；赋予环境保护部门断电、断水、断气等强制执法权，明确供水、供电、供气部门的配合责任；以法律法规明确环境保护部门“统一监督管理”的方式和程序，核心是明确相关部门在其职责领域环保工作的主体责任；探索构建独立的执法体制，加快实施省以下环保机构监测监察执法垂直管理，配套试行直辖市、副省级城市环保局建立环保监察局、县级环保局实行“双重管理”；确立生态环境部门独立开展生态环境监管执法的法律地位，探索设立环保警察专职化制度；完善区域和流域生态环境监管体制机制；完善地方环境立法，进一步做到立法立规

与时俱进、切合市情、保障民生。二是建立尽责免责机制。环境保护部门要会同纪检监察等部门出台《环境保护部门职责履行及履职免责办法》，对环境保护部门的主要职责进行界定，做到免责和追责都有据可依、权责对称。三是强化执法基本保障。落实执法人员装备保障、加强执法人员岗位培训，建立省级统一培训考核制度，实行考核合格上岗制度。四是规范执法权力运行。加快修订《环境影响评价法》和《建设项目环境保护管理条例》等新《环境保护法》的配套制度和法律，建立起精细化、可操作的权力约束机制。

（五）运用科学思维优化操作办法，构筑起失职渎职的技术防线

按照“模糊规定明确化、宽泛幅度具体化、执法标准客观化、同案同罚统一化”的要求，规范日常执法的操作流程和处罚标准。一是规范执法流程。按照执法工作的派发、受理、办理等基本环节，明确横向任务分配和纵向任务办理的相关节点，形成规范的、最优化的执法工作主流程和子流程。二是实施格式管理。根据国家、省环境法律法规、规章制度、技术指南的规定，把现场执法检查的内容形成相对固定、统一标准、操作性强的执法监察模板。三是推行分类管理。建立“一企一档”执法数据库，针对不同类型、不同企业的污染防控特性，制定相应执法表单，确定相应的检查项目。四是压减自由裁量。按照一个违法行为对应一项行政处罚权力、一项行政处罚权力对应一条或多条相关法律法规的原则，编制好“权力清单”；严格按照量罚办法细则实施行政处罚，减少自由裁量空间，约束自由裁量权。五是实行留痕监管。执法过程、处罚决定的每一个细节都要在移动执法系统和其他书面执法表单中留有痕迹，为执法人员的“尽职免责”或“失职渎职追责”提供具有法律效力的依据。

以新《环境保护法》实施为契机 切实提高环境执法监管水平

浙江省金华市环境保护局　石骁敏

摘　要：环境执法监管是环境保护部门的基本职责。金华市环境保护局从实践中总结出了从高从严“十条”措施，环境监管执法“五书一谈”制度，健全联动机制，建立重大案件会商督办制度，规范完善行政执法程序，依法、规范、合理用行政处罚权等有效可行的经验，提出了加强重点污染源日常监管、环境违法行为严打、环境安全维稳、部门区域联查联动、监察能力建设，推进建立四级环境监管网格的工作目标，为其他地市环境执法监管工作提供了有益的借鉴。

关键词：环境执法　监管　措施

作为政府专司环境管理的职能部门，执法监管是环境保护部门的基本职责，也是环境保护部门进行环境管理的主要手段之一。随着生态文明体制改革的不断推进，环境整治的不断深入，新《环境保护法》等一系列环保法律法规的出台，执法监管的重要性日益凸显。如何立足基层实际，推进执法监管制度改革，提高环境执法监管效能，提升执法监管水平，是环境保护部门需要积极做好的一篇文章。

一、要定好基调，从高从严立规矩

当前形势下，要抓好一个地区的环境安全，首先必须从高从严立好规矩，真正做到执法必严、违法必究，营造打击环境违法的高压态势，只有这样，才能有效遏制环境问题的发生。为此，早在新《环境保护法》实施之前，2014 年 7 月金华市环保局就联合经信、公安等 9 部门出台了《金华市环境执法监管从高从严“十条”措施》，旨在以这十条“最高最严”的措施，来打造全省执法监管最严地区。这些措施包括依法从高从严处罚、依法责令停止生产、依法实行停产整治、依法予以关停取缔、依法实施查封扣押、从严从重依法追责、强制落实工业断电、实施“荣誉摘帽”、实施“金融黑名单”制度、实行媒体曝光、公开道歉等。去年以来，已提请法院强制执行 306 家，责令停产企业 1 491 家，实行停产整治企业 145 家，强制断电企业 556 家，实施“荣誉摘帽”企业 29 家，向人民银行抄告违法企业 639 家，实行公开曝光、道歉企业共 453 家次。自新《环境保护法》实施以来，金华市环保局积极实施其赋予的“查封扣押”、“限产停产”、“按日计罚”、“行政拘留”等新手段、新措施。截至目前，已依法实施查封扣押 69 件，启动按日计罚 1 件，实施限产、停产 5 件，行政拘留 127 人，刑事拘留 185 人。

二、要分类治理，对症下药抓整改

查处环境问题并不是环境执法工作的终点，更重要的是切实解决突出环境问题，落实好环境问题的整改。对于监管对象而言，行政处罚既不应是进行环境监管的主要目的，更不应是进行环境监管的唯一手段；对于群众而言，解决环境问题必须真正回应群众环境诉求，维护群众环境利益。为此，2014 年以来，金华市环保局探索实行了环境监管执法“五书一谈”制度，旨在将问题整改贯穿环境监管的全过程，实现对症下药、分类治理，对企业处于不同阶段的环境问题进行指导整改，而对拒不整改的企业从严处理。具体即：对企业存在的环保管理问题及环境安全隐患苗头以《环保建议书》的形式督促指导企业整改；对企业轻微的环境违法行为或轻微的环境安全隐患，且对周边环境未造成危害后果的，以《限期改正通知书》的形式责令限期整改；对依法应立案查处的违法行为，下达《处罚决定书》实施处罚，同时对存在的违法行为同时提出《整改建议书》，帮助企业整改到位；对涉嫌犯罪和适用行政拘留的，制定《案件移送书》，依法向司法部门移交案件相关证据材料；对存在重大环境违法行为或引起社会高度关注的企业进行行政约谈。制度执行后，全市已发放环保建议书（告知书）263 件、限期改正通知书3 198件、处罚决定（告知）书1 798件、指导整改意见书393件、案件移送书269份，行政约谈193人，环境问题限时整改完成率大幅提高。

为提高环境信访件办理水平，金华市环保局制定了《金华市环境保护局8890等环境信访件办理工作细则》，规范化信访办理流程，严格信访办理要求，对信访件办理提出了“第一时间分解转办、第一时间调查核实、第一时间沟通协调、第一时间回复反馈”的“四个一”的标准；为争取群众对环境信访工作的理解和支持，保障环境矛盾纠纷妥善解决，金华市环保局建立了信访约访联查制度，对重难点复杂信访案件实行局领导领办，邀请信访人员、新闻媒体等参与联查，让第三方有效参与到信访处理过程中，自觉接受社会监督；为拓展信访渠道，引导公众积极举报环境问题，金华市环保局先后创建了环保有奖举报平台和微信信访举报平台，对8类环境违法行为实行举报奖励。去年以来全市共受理环境信访件21 000余件，信访办结率、满意率均达99%以上。

三、要抓住关键，强化联动严打击

新《环境保护法》虽然发起了向环境违法行为宣战的冲锋号，但由于一些体制机制配套还没有跟上，目前环境保护部门在环境执法遇到的困难不少。实践证明，环境执法如果仅靠环境保护部门来单打独斗，就难免使新《环境保护法》实施的效果大打折扣。因此，健全联动机制，加强联动执法，是必然之选，有利于突破当前环境执法中存在的体制机制瓶颈，有效解决执法领域打击不力、违法轻罚、以罚代刑、有罪难究等问题。近年来，金华市不断加强环保行政执法与刑事司法的衔接，建立了联动执法、常设联络员和重大案件会商督办等制度，完善了案件移送、联合调查、信息共享和奖惩机制。特别是针对环保在刑事犯罪案件取证弱势，金华市环保局加大了线索移交力度，提请公安部门提早介入，避免证据灭失和取证不到位的问题。

按照“哪个部门处理快就叫哪个部门上，哪条法规最给力就用哪条法规套，哪种处罚手段重就用哪种手段来”的理念，不断完善环保与公安、行政执法、市场监管、农业等部门联动机制，借势借力，联防联控，想方设法为环境监管配上“钢牙利齿”。如针对“低小散”行业整治，金华市环保局加强与经信、行政执法等部门合作；针对扬尘治理，金华市环保局加强与建设、交通等部门联动；针对畜禽养殖行业整治，金华市环保局加强与农业部门配合，等等。2014 年以来，金华市先后实施了“铁腕执法行动”、“亮剑斩污”、“环保风暴”、“督查+执法”等一系列专项联合执法行动，针对“五水共治”、“气尘合治”、建设项目“三同时”清理、重污染行业整治、畜禽养殖污染、低小散企业污染等方面，不断掀起联合执法运动式的高潮，营造合力围剿环境违法行为的氛围，保持打击环境违法的高压态势。2014 年以来，金华市共执行行政处罚案件 2 119 件，向公安机关移送涉嫌环境污染犯罪案 252 件，处罚款超过 1 亿元。

四、要依法监管，规范程序提水平

环境监管必须依法依规办事，规范执法是公正执法、阳光执法、防止执法腐败、确保履职尽责的保障，同时也是环境监管水平的直接体现。2015 年以来，金华市环保局先后制订印发了《金华市环保局行政处罚程序》《金华市环境保护局行政处罚自由裁量标准》等相关制度规定，制作了《现场监督检查流程图》《常见违法行为及处罚适用条款》等便携式工作卡片，规范完善了行政执法程序，并将执法程序、自由裁量标准固化进环境执法电子处罚平台，所有案件均通过电子处罚平台操作，每个案件从立案到执行在系统中有迹可查，最大限度地压缩了自由裁量空间，确保了行政处罚权依法、规范、合理地使用。

为保障监管到位，防范监管缺失，2014 年以来，金华市全面梳理出了环境执法监管方面八大类 106 个责任点、三大敏感区域 7 个敏感点和 7 个风险点，制定了《关于全面履行环境监管职责有效防范环境风险的实施意见》，针对规范履行环境监管责任、有效防控环境风险点位、全力维护环境敏感区域的要求，提出了重点污染源日常监管、环境违法行为严打、环境安全维稳、部门区域联查联动、监察能力建设“五大体系”建设的目标。在此基础上，推进建立网格化环保监管体系，计划建立以社会管理综合治理网格划分为基础的四级环境监管网格，实现环境监管关口前移，触角向下延伸。

以实施新《环境保护法》为契机进一步推进环保执法工作改革

浙江省温州市环境保护局　刘建农

摘　要：新《环境保护法》的实施使环保执法工作进入了一个新的阶段。然而，在具体实施过程中却遇到了执法能力不足、环保统一监督体制实现难、执法阻力大、部门协作机制未健全、新法配套措施滞后等问题。建议全面改革环保执法监管体制、全面改革执法队伍体制、全面理顺环境法律制度、部门联动执法机制规范化、用市场和社会手段促进执法。

关键词：新《环境保护法》　环保执法　改革　对策

一、前　言

2015年1月1日新修改的《环境保护法》正式实施，环保执法工作进入新的阶段。然而，在具体实施过程中，行政审批、污染管理、环境监管等岗位的工作人员普遍反映不会用、不敢用，面对这些现象，笔者在学习和贯彻新《环境保护法》的过程中，一直在思考这样的问题：新《环境保护法》修改前，我们在执法中遇到些什么问题？新《环境保护法》又解决了多少问题？面对新的执法风险和挑战，环保执法工作如何突破？答案只有一个，那就是改革！

二、环境执法工作的现状

（一）执法能力不足

（1）基层环境监察机构执法主体尴尬。基层环境监察机构在行政序列中并不属于基层环保局的内设机构，而是其下属事业单位，其执法权限来源于基层环境保护部门的委托，导致查封、扣押等行政权很难实施，执法的“合法性”处处受制。

（2）基层执法人员业务水平提高难。总体而言，环境监察人员得到的培训机会少且效果差，一般的培训缺乏模块化、案例化的针对性训练，特别是新《环境保护法》实施后，对执法的要求更高，由于法律知识培训的滞后和不足，很多执法人员不清楚执法边际，执法很茫然。

（3）执法权威性不高。违法企业不配合调查，法律文书履行不及时，且行政处罚手段有限，大部分企业的行政措施都以责令改正、限期改正为主，而责令停业、关闭决定权在人民政府，环境保护部门无法行使。

（4）执法标准不统一。各地经济发展程度不同，对环保的要求也不同，同一行业不同区县执行标准不一，与执法对象难以达成共识。

（5）多元共治的监管机制未形成。新《环境保护法》提出了政府、企业和公众的多元共治机制，但是目前企业的守法性不高，公众参与不足，同时以市场机制为调节的模式没有真正形成。环境执法无法借力经济、政治、文化等手段来推进，相关制度的设置没有发挥出应有的合力。

（二）环保统一监督体制实现难

（1）行使环境保护统一监督管理难。《环境保护法》第十条规定：国务院环境保护主管部门，对全国环境保护工作实施统一监督管理；县级以上地方人民政府环境保护主管部门，对本行政区域环境保护工作实施统一监督管理。统一监督管理包括环境保护部门内部的统一规划、部署与协调，还包括环境保护部门对其他部门进行统一指导。在政府部门中，经济主管部门、水利部门、住建部门等同样承担着一定程度的环境监管职能，而环境保护部门无法对其他部门进行统一指导，现状仍是单兵作战，唱独角戏，上级政府对下级政府的环保工作考核最后变成上级环境保护部门考核下级环境保护部门。

（2）落实环境保护监督管理难。我国的环保职能重叠交叉，环保法律又把污染管理权限分散于各个部门，但各个部门各自为政，环保考核机制分散，大大影响执法效果。比如群众投诉垃圾焚烧，该管的部门不管，最后变成环保局去灭火；社会商业噪声影响本地公安局上班，公安局局长居然打电话给环保局局长去“越位”处理；建筑垃圾倾倒河道，水利不管，住建不理，让环境保护部门收拾“烂摊子”，可见环境保护监督管理制度落实也尚不到位。

（三）执法阻力大

（1）GDP至上的理念削弱了环保执法。在保增长、促转型时期，政府往往考虑的是GDP的增长，面对财政困境，鲜有地方领导领悟并实践“绿水青山就是金山银山”的宗旨，环保执法阻力大。

（2）环境质量改善慢，执法压力日益增加。几十年的环境污染历史欠债使得环境质量始终处于低水平阶段，而环境质量的改善往往不是一个环境保护部门能够实现的，更不是短期可以实现的，群众日渐觉醒的环境诉求与环境执法现实成效存在较大的落差，矛盾面日益扩大。

（3）法律赋权未到底，司法执行难。由于环境保护部门的行政行为在强制执行时要申请人民法院执行，这种制度设计模式，在加重法院负担的同时也极大地影响了环保执法效能，使企业的违法行为得不到有效制止，环保局成了舆论的“冤大头”。

（四）部门协作机制未健全

（1）新的工商注册制改革带来新的问题。随着全国简政放权，工商注册时，环保不再是前置条件，违法建设项目大量增加，特别是温州这种以“低小散”为特征的产业结构，尤为突出。

（2）环保公安联动机制未健全。“两高”司法解释出台后，建立了环保公安联动执法机制，但是在运行过程中出现不少问题，原因在于两个部门的办案标准不同，如现场取证，公安要求必须有见证人、必须全程录像，行政拘留案件所有证据和法律文书都必须符合公安要求，由于环境保护部门的执法能力建设滞后，造成双方都不愿意办理环境案件的尴尬局面。

（五）新法配套措施滞后

新《环境保护法》实施后，很多法律法规没有及时修改，主要表现为：一是重审批轻监管的问题仍然存在。执法人员更侧重审批来解决污染源头问题，但监管往往很不及时。二是行政处罚权限的独立不足。现行环保法律法规为环境保护部门提供大量的行政措施和处罚手段，而“责令停业、关闭”等强硬的处罚手段的决定权仍由各级人民政府行使。导致环境执法效率不高且极大浪费执法成本。三是法律制度间有“打架”严重。比如限期治理和限制生产、停产整治的矛盾，违反环评审批制度要不要限期补办手续，无环评审批手续且无排污许可证排放污染物的企业，在按违反“三同时”制度处罚同时是否可按违法排污进行按日处罚等，仍存在较多制度空白的现象，干扰了执法人员的法律适用。

三、对策和改革建议

面对新《环境保护法》的规定，面对环保执法的问题，要按依法行政的要求，彻底进行改革，全面打造良好的环保执法环境。

（一）全面改革环保执法监管体制

改革环境保护统一监督管理体制，把环保执法权统一集中于环境保护部门行使。一是整合环保执法权。“九龙治水”的监管体制是执法难、效率低下的重要原因，因而必须按污染的产生、过程发展和最终去向的三个阶段，将环境执法权集中在一个部门执法。二是削离部分执法权。环境污染面源广，环境保护部门人手少，环境执法力不从心，比如机动车的污染防治，由公安一个部门管理即可，通过行驶证的许可，就可以进行全程管理；比如夜间建筑的执法，完全可以由住建部门通过工程的监理施工全程管理就可以达到；商业过程中的污染监管职权整合给城市综合执法管理部门。通过体制改革，建立以生态宏观管理、工业污染微观管理的环境保护监管执法体制。三是要全面整理行政执法处置措施种类。根据《环境行政处罚办法》规定，结合环境执法实践，应该废除限期治理、限期补办手续、责令停止试生产、责令停止生产或者使用；将责令停止试生产、责令停止生产或者使用、责令限期建设配套设施、责令重新安装使用、责令限期拆除、责令停止违法行为的措施整合为一种措施责令限期改正，保留责令停止建设。尽快修改相关污染防治法律法规，按照污染的特征、过程和处置等因素，设置责令停止建设、责令改正、责令停止排污、限制生产、停产整治等相关行政措施。设法争取获得行政强制执行权，整合《环境行政处罚办法》和相关配套制度，统一制定一部环保执法程序法，行政措施的执行标准、法律文书范本等进行细化规定。

（二）全面改革执法队伍体制

以打造法治环保为目标，全面改革现行执法队伍体制。一是建立与环保执法相适应的执法人员编制体系。环境监察机构和人员的编制不改革的话，那么环保法的很多措施必将无法实施。环境监察机构要实行环保局内设科室，执法人员按公务员管理的制度模式，或者制定行政法规，把环境监察机构变为授权组织，独立行使执法权，切实确立环境监察制度。二是建立与环境执法相适应的队伍分工体系。基层环境保护部门的机构设置应有别于国家、省、市的三级环境保护部门设置，它主要承担执法工作职能，因而队伍的设置应该与执法的职能相适应。整合相关许可职能为单一科室，强化执法的指导审查职能，细化环境监察的内部设置，让执法向专业化发展，如按网格化要求设置监察中队，按行政处罚要求设置执法中队，按应急的要求设置应急中队，按信访要求设置信访处置中队，按需设岗，突出术业专功，协同执法的机制。三是建立全新的督察制度。现行的环境稽查和纪检监察两项工作要整合为环境督察制度，既要督察党风廉政，又要督察环保业务，同时引进社会公众参与执法的模式，让公众近距离参与执法、了解执法、理解执法，消除公众不必要的误解。四是建立队伍学习培训制度。国家、省、市三级的学习不应按条块状的形式进行规划，而是要紧贴基层执法需求制定学习培训计划，将污染管理、行政审批等内容分解于执法培训内容中，着重强化事中、事后监管内容，以模块、案例为主，贴近实战，针对问题，解决问题。同时，组建一支精英的培训师资队伍，大量吸收理论素质高、实践经验好的基层执法人员进入师资队伍。

（三）全面理顺环境法律制度

由于新《环境保护法》做了修改，因而必须对涉及环境的法律法规进行全面梳理整合。一是加速启动相关法律法规的修改。《水污染防治法》《固体废物污染环境防治法》《噪声污染防治法》《环境影响评价法》《建设项目环境保护管理条例》和《排污许可证条例》等法律法规的制定和修改，应当与环保法在法理上保持一致。二是清理和整合相关的法律制度。废除限期治理和“三同时”制度，整合环评和排污许可证制度，清理不必要的环评门槛，强化排污许可证制度，积极推进建立“一证式”排污许可贯穿执法监管全过程的制度，理顺排污许可证与环境影响评价、“三同时”制度、总量控制、排污申报、排污收费等管理制度的关系，使排污许可证成为政府的执法依据、企业的守法文书、公众的参与平台。

（四）部门联动执法机制规范化

现行的环保公安联动执法机制开启了环保执法新模式。一是环保公安执法联动同步。破解当前环保发现违法行为后就移送的单线办案的模式，实现真正联合办案，在犯罪调查过程中，双方就要建立紧密的办案模式，公安和环境保护部门应该制定联合办案的具体规则，细化调查的程序和职责，实现信息共享，无缝对接。二是建立环境警察队伍。“两高”司法解释出台后，各地公安都成立了环境犯罪侦查警察队伍，对办理环境刑事和行政案件起到了很好作用，然而随着案件数量的增加，亟须完善队伍建设，参照海关缉私警察的机制，在环境保护部门中设立环境警察队伍，使环保执法具有刑事侦查权、人身检查权，提升执法力度，也符合环保执法权由一个部门行使的做法，消除案件办理过程中的推诿。三是推进法院的环保执行协作。完善法院推行的“裁执分离”工作制度，在实际工作中，当地法院可在环保局成立环保执行站，解决法院无人、环保无权的现象，这种模式有别于执行权委托给环境保护部门执行的模式，能将法院和环境保护部门的执行力量进行有效整合，快速对环保行政处罚案件的强制执行，实行对违法排污单位的查封、断电等措施，能及时有力地打击环境违法行为，使法律的权威性在执行过程中得到完整体现。

（五）用市场和社会手段促进执法

一是制定全国或者全省统一的政务信息平台。这个平台的内容可涵盖全部环境管理内容，优势在于统一执法标准，信息数据准确，执法痕迹清晰。2009 年，温州市环保系统实行了行政处罚客观化平台，很好地约束了行政处罚自由裁量权的行使。二是全面进行执法信息公开制度。利用“三单一网”，全面进行执法公开，把行政许可、行政管理、行政监察和行政处罚等环境执法的内容向社会公开，公众参与监督执法效能。三是建立环保诚信制度。整合多项制度为环保诚信制度，去掉不合理的制度障碍，设置制度的进口和出口，充分体现处罚和教育相结合的原则，让违法者真正树立起“尊法”的理念，做到自觉守法。

丽水区域环境监管风险与对策

浙江省丽水市环境保护局 雷金松

摘 要： 丽水市环保局面对本地区污水处理设施供需脱节、重点区域行业整治进度缓慢、危险废物处置不及时、建设项目“三同时”验收率低、企业内部环保管理混乱等问题，经认真分析，提出了专业监管、社会监管、设施监管、技术监管、制度监管的对策，科学的环境监管实践取得了可喜的成效。

关键词： 丽水 区域 环境监管 风险 对策

丽水生态环境质量居浙江首位、全国前列。生态环境脆弱，监管压力巨大。

一、丽水区域环境监管风险

（一）污水处理设施建设运行问题突出

一是污水处理厂设计性质和实际现状有出入。大部分污水处理厂按城镇生活污水处理厂设计，但实际上要同时处理生活污水和工业废水，由于工业废水占比重过大，导致进水浓度远超设计要求，处理工艺无法满足处理工业废水的要求，造成出水排放超标。二是超规模运行。大部分污水处理厂实际运行已远超设计规模，无法满足废水处理要求。三是不能稳定达标排放。四是部分工业园区管网建设滞后。污水管网老化、破损，雨污窜管，雨污混排。有的园区甚至没有污水管网，造成企业废水直排。

（二）重点区域行业整治进度缓慢

丽水各县都有当地特色产业，这些企业都存在一定程度的环境污染问题，需要集中污染整治。虽然很多县已经下大力气整治，要求企业整改，落实配套污染防治设施，但进度缓慢，效果与要求差距较大。

（三）危险废物得不到及时处置

部分危险废物无法找到出路，难以得到有效处置，形成很大环境安全隐患。有些企业将危险废物交由无资质的单位违法处置，环境污染非常严重。

（四）建设项目环保“三同时”验收率低

“未批先建”、“久试不验”、“批建不符”等问题普遍存在。有的建设单位不经环保审批就投入生产。有的建设单位只是把环评当做前期批准建设的一道门槛，通过环评后就束之高阁，不履行“三同时”验收程序就擅自投产。有的项目因行业特殊性，长期达不到运行负荷，无法进行验收。有的没有按照环评的工艺、规模等要求进行生产，擅自改变工艺、产能，造成项目实际建设情况与环评文件内容不一致而无法验收。据统计，2001 年以来市级审批的建设项目 2 905 个，已验收的项目仅 411 个。

（五）企业内部环保管理混乱

一是企业内部必须配套的污染防治设施建设不到位。生产场区跑冒滴漏严重。二是污染防治设施不正常运行。三是台账记录不规范，无法反映日常运行情况，有的企业甚至没有台账。四是大部分企业未申领排污许可证。

二、原因分析

（一）发展观念落后

近年来，丽水市委、市政府做出了坚定不移走“绿水青山就是金山银山”的绿色生态发展之路的决定，各地各部门努力推动该战略指导思想真正“落地”，但还有部分地区的绿色生态发展理念没有真正树立，环保意识淡薄，重眼前轻长远、重发展轻环保、重审批轻监管，对一些重污染高耗能项目整治提升、“低小散”企业淘汰的力度还不够。

（二）建设现状与规划不相符

规划缺乏前瞻性、系统性、科学性。部分地区、园区规划不合理或建设现状与规划不符，厂群混杂问题突出。有的虽然是企业先于居民居住点建成，但居民宅基地建房在此情况下能够得到批准，从一定程度上反映了相关部门没有事前调查清楚就乱批。部分地方为了尽快使企业落地，向企业事先承诺拆迁时间，让企业先入住生产，再和周边居民谈拆迁事项。后因种种原因导致居民无法搬迁，而企业已经投入大量资金进行生产，周边居民投诉不断，企业也有意见。

（三）环保基础设施配套不到位

（1）污水管网建设滞后。全市工业园区污水管网建设进度缓慢，污水收集率低，企业污水直排现象普遍。一旦企业自身污染治理达不到要求，超标污染物只能直排环境。并且，日常维护不到位，污水管网破损，修复不及时。

（2）工业园区大部分未建有配套污水处理厂，城镇虽已基本建有污水处理厂，但处理工艺落后，无法满足目前污水处理需求。且污水处理厂运行疏于管理，大部分污水处理厂（站）缺少专业技术人员，日常运行维护管理不到位，自行监测能力不足，台账不完整，造成污水处理不能稳定达标排放。

（3）缺少危险废物综合处置中心和危险废物填埋场，导致大量危险废物得不到及时有效处置。

（四）部门之间职能未理顺

城管、工商、水利、农业、建设、卫生等行政部门，都具有一定环境管理职权，执法主体之间关系没有理顺，以致各个执法机关之间缺乏协调配合。统一监管和监管部门关系不明确，管理职能重叠交叉，执法职责范围划分不够明确，难以建立联合执法长效机制，给一些企业以可乘之机。一个企业最后出现的问题，往往表现在环境问题上，其前置问题体现在规划不符、经营范围不符、土地性质不符等方面，环境保护部门在最后就充当“消防队”的角色。

（五）企业主体责任落实不到位

（1）企业环保意识淡薄，重经营轻环保。环保管理制度不完善，有的连基本的环保制度都未建立。污染治理投入也是能省一点是一点。部分企业主存在侥幸心理，趁着雨天、夜晚和节假日偷排废水。

（2）企业环保专业人员严重缺乏。很多企业没有专职环保管理人员，有些污水站管理人员连基本环保知识都不掌握，对企业的环保问题不能正确的认识和解决，不能适应环保工作的需要。大部分环保管理员只有初中文化水平，要想管理好污水站和废气治理设施，难度太大。

（六）环保监管队伍能力建设严重不足

（1）人员严重不足。全市环境监察人员只有80人左右，但需要监管的企业却多达2万多家，以现有的监察力量根本无法完成环境监察任务。并且，随着法律、政府等层面对环境监管要求一再提高，追责压力一再增大，导致监察人员心态不稳定，工作不安心。

（2）监测力量支撑不足。市监测中心站人员定编只有43人，承担了全市重点企业环境监测和莲都区、开发区区域内环境监测任务。监测数据从撤地设市前不到1万增加到14万，而人员力量只增加了2人，以目前的监测力量无法承担任务，也直接造成环境监察工作的被动。

（3）车辆缺少。基本上各县只有1辆执法车，且服务年限已久，性能落后，丽水区域面积大，企业又较分散，如果同一时间有多个监管任务，则车辆难以兼顾。

三、监管对策

（一）专业监管

（1）开展分类监管。要根据企业环境影响评价类别、排污总量、污染程度等情况进行分类，并实施分类管理，进一步提高环境污染源监管的有效性和针对性。

（2）实行网格化监管。各县（市、区）、开发区按要求对区域企业进行网格划分，分片区进行监管，建立“属地管理、分级负责、全面覆盖、责任到人”的网格化环保监管体系，使环保管理触角进一步向基层延伸，以更快更好地处理各类环境问题。

（3）加强部门协作。经信、环保、安监、执法等部门要加强协作，共享企业信息。不定期组织开展联合巡查行动，增强执法力度和刚性。要密切与司法部门的联动执法，推进环保、公安联合执法行动，加强行政执法与刑事司法衔接，对发现的严重污染环境违法行为，符合移送条件的，坚决移送司法处理。

（4）提升监管能力。要按照《全国环境监察标准化建设标准》要求充实人员力量，保证环境监察人员能基本满足监管需求。车辆配备要按“一人一座”执行，能满足日常监管需求。

（二）社会监管

（1）注重舆情收集和信访投诉处理。通过市长信箱、网络论坛、咨询投诉等形式，广泛收集信息来源，做到早发现，早介入。集中力量化解处置重点信访纠纷，推动信访积案的解决。

（2）开展公众参与环境监督。建立环境保护义务监督员队伍，充分发挥社会舆论监督作用。按照“自愿参与、统一管理”的原则，在社会公众中征聘一批环境监督员。安排环境监督员随时随地监督检查企业环保行为，参与环境执法，提出环境保护建议、意见，宣传环保政策、法律、法规。

（3）发挥媒体监督作用。对省《今日聚焦》、市《每周聚焦》、《电视问政》等栏目曝光的环境问题及时跟踪处理。借媒体的力量督促企业规范排污行为，督促地方政府和环境保护部门加强监管。

（三）设施监管

（1）加强污水处理厂建设和运行。要新建、改建、扩建一批城镇污水处理厂，对全市现有的污水处理厂（站）进行提标改造，淘汰落后处理工艺，加强日常管理，使其正常运行、达标排放。

（2）全面实施管网改造。结合“五水共治”，新建、完善污水收集管网、乡镇微动力污水处理站等基础设施，努力提高污水处理率、达标率及负荷率。引进机器人等技术，对园区、重点区域的排水管网进行全面体检，对“问题管道”进行分类修复，并逐步建立地下排水管网健康查询系统，实现排水管网、排水口的智能化管理。排污企业要实行明沟明渠，重点企业建立雨水收集池，实现雨污分流。

（3）加快固体废物处置场所建设。加快推进全市危险废物综合处置中心和危险废物填埋场建设，鼓励各县（市、区）根据自身实际，引进规范的危险废物综合利用处置企业。

（四）技术监管

（1）发挥企业污染源在线监控作用。加强对在线系统日常运行的监督，加强对日常维护比对记录、在线监控系统故障排除响应能力等的核查，保障系统的运行质量和数据质量；探索第三方运营管理模式，完善监督和制约机制，加强对企业运营资质、硬件设施、管理制度的检查，提高第三方的运营能力；充分发挥市监控中心在污染源自动监控系统运行管理中的核心作用，实现对系统运行及时有效的监管。

（2）探索引入第三方监测。以政府购买服务形式，引进中介监测机构力量缓解政府环境监测能力不足问题。

（3）加强技术指导。加强对企业的污染防治技术培训，减少因企业污染处理设施操作人员素质不高、操作不到位、治理技术有限等因素造成的超标排放问题。

（五）制度监管

（1）深化行政审批制度改革，对新上项目严格落实 “三位一体”环境准入制度。大力推进政策环评、规划环评。

（2）落实总量控制制度。一是全面建立排污权指标基本账户。确保建设项目新增排污权控制在年度收入项指标额度内，并落实总量削减替代来源和获得排污权。对新增排污权超过年度收入项指标的建设项目，不予准入。二是狠抓刷卡排污系统建设和管理应用。对市控排污企业实现全覆盖。切实加强刷卡排污系统运行维护，确保系统联网和数据传输及时、准确，保障刷卡排污系统正常运行。规范刷卡系统运行管理，强化刷卡排污系统在总量控制和执法监管中的应用，对超总量排污的企业，严格依法查处。三是深化排污权交易试点。全面完成现有排污单位的初始排污权分配和有偿使用，实现分权到户，壮大交易主体；积极推进排污权市场建设，规范一级市场，激活二级市场，实现交易常态化；完善和规范富余排污权核定，鼓励企业出让或租赁富余排污权，促进富余排污权流动，带动二级市场交易。四是充分发挥总量激励约束倒逼作用。对造纸、印染、制革、合成革、化工等主要污染行业进行“三三制”排序，落实总量激励约束政策，切实发挥总量倒逼转型升级作用。五是大力推进排污许可证制度改革。开展污染源“一证式”管理的排污许可证制度改革工作，探索排污许可证“一证式”管理。加大现有企业排污许可证发放力度，做到应发尽发。

（3）建立环境信用评价制度。对企业环境信用行为进行评分。按照“守信激励、失信惩戒”的原则，充分应用企业环境信用评价结果。对“绿牌”企业在行政许可、政府采购、评先创优、金融支持、资质等级评定、安排和拨付有关财政补贴专项资金等方面给予支持。对“红牌”企业，列入企业黑名单，采取加大执法监察频次、从严审批各类专项资金补助申请、暂停评优评奖。与金融机构建立合作，落实“红牌”企业贷款约束性措施。

（4）落实企业环境信息公开制度。对重点排污单位，落实环境信息公开，内容包括主要污染物及特征污染物的种类、名称、排放方式、排放口数量和分布情况、执行的污染物排放标准和核定的排放总量、排放浓度；污染防治设施的建设和运行情况；建设项目环境影响评价制度执行情况及其他环境行政许可情况；危险废物防治情况；突发环境事件应急预案等。信息通过其生产经营场所醒目位置设置电子信息屏、信息公告栏、媒体、互联网等方式向社会公开，或以企业年度环境报告的形式向社会公开。

基层环境执法存在的问题分析与对策措施

湖北省咸宁市环境保护局 游大龙

摘 要：环境执法难，主要源于不科学的政绩考核以及国家环保法律法规制定中的缺憾、环保体制机制不顺、环保执法以及监测队伍能力不足以及缺乏公众参与等问题。应科学制定绿色GDP考核体系，改革现有环保体制，修订完善环保系列法律法规，完善环保统一监管机制，加强环保执法以及监测队伍能力建设，开展全方位的环保宣传教育。

关键词：环境执法 问题分析 对策措施

环境执法关系到我国环保方针政策能否贯彻，关系到环保监管职能能否履行，同时也是能否落实环保基本国策和做好各项环保工作的重要措施和手段。然而一些地方以发展经济、追求GDP为首要任务的指导思想仍根深蒂固，加之现有环境管理体制机制以及环保系统能力建设等多种因素的影响，环境执法面临的问题已经迫在眉睫。

一、基层环境执法存在的问题

（一）不科学的政绩考核，导致行政干预执法

一些地方领导的政绩考核仍唯GDP，而把环境看作软指标。因而无视国家环保法律法规和国家产业政策，出台所谓的优惠政策招商，注重招商引资而无视对环境的负面效应，甚至强制职能部门违规审批。建成以后，借助所谓的专门机构、出台地方土政策、为企业挂上所谓重点保护对象等各种名目不让有关职能部门去

检查。这也就导致环境保护部门无法正常行使监管职能，谈何执法？

（二）体制不顺，执法人员畏于执法

目前环境保护部门受同级政府领导，人力、财力、物力由地方掌控，尤其是环保局局长的任免在地方组织部门。而一些地方政府把经济发展当成硬指标。比如有的地方建设项目环保第一审批权形同虚设，“先上车后买票”，甚至“先上车不买票”的现象，屡屡发生。环保局局长顾虑重重，顶得住的站不住，站得住的顶不住，执法人员更不能为局长“捅娄子”，于是在执法中就自然听之任之，畏缩不前。

（三）环境执法及监测能力不足，执法难以到位

基层环境保护部门执法队伍一直薄弱，人员素质良莠不齐，真正既懂环保专业又懂法律的人员更少。很多环保专业人才因编制限制无法进入环保执法队伍。而且执法交通工具、取证设备、执法经费等投入不足，很难做到规范执法，监管难以到位。这几年，国家、省两级财政在监测仪器设备购置资金方面给予各地基层监测站较大投入，基层监测站目前的仪器设备基本能适应当前执法工作的需要。然而，地方监测队伍存在人员数量和业务素质以及经费等问题，导致很多仪器闲置不用，很难为环境执法及时提供全面准确而有效的监测数据，使得环境执法工作失去方向。

（四）执法机制不健全，环保统一监管职能难以实现

我国在环保领域实现的是统管与分管相结合的多部门执法，在这种多层次执法体制下，无论是1989年《环境保护法》还是《噪声污染防治法》中规定的环境保护主管部门实施的统一监管，因执法主体多、执法权力和责任分散、部门职责不明及无隶属关系等原因而无法真正实现。新《环境保护法》在环境保护部门统一监管和各职能部门结合各自职能实施分头监管上仍无新内容，统管和分管的关系仍不明确。

（五）处罚周期长，环境监察部门又无强制执行权

目前，我国环境案件的处理，从立案、询问笔录、现场勘察、责令改正、事先告知或听证告知到行政处罚等要花费很长时间，而从下达行政处罚决定到申请法院强制执行，按照国家《行政复议法》的有关规定，如行政行为相对人申请复议，又需要两个月时间。这样，环保执法不但不能遏制违法行为，还付出了很大的行政成本。新《环境保护法》第二十五条，虽然将查封、扣押两种形式的行政强制措施赋予了县级以上环保行政主管部门以及其他负有环境监督管理职责的部门。而在我国的环境执法队伍中，事实上是各级环境保护行政主管部门的下属环境监察队伍承担着环境执法的任务。但目前这个机构在很多地方是参公管理单位。由于环境监察队伍不是行政机关，如果让环境监察机构承担查封、扣押任务显然与《环境保护法》相悖，显然是违法执法。所以要环保行政主管部门实施强制执行权，显然不现实。如果国家不制定相应实施细则[①]，那么国家赋予环境保护部门仅有的强制执行权也是纸上谈兵。

二、对策与措施

（一）制定科学的政绩考核办法

制定科学的发展观和政绩观，要实行环保目标责任制和考核评价制度。改革现有的国民经济核算体系，建立一套以绿色 GDP 为核心的核算机制，即从现行 GDP 中扣除环境资源成本和对环境资源的保护服务等费用，真正把环境保护纳入政府政绩考核。主要干部离任要实行环境保护审计，实行环境责任追究制，重大项目规划决策实行领导终身责任追究制，重大环境问题实行一票否决制，真正将环境保护指标与经济发展指标并重，作为衡量地方各级领导干部的政绩之一。

① 《环境保护主管部门实施查封、扣押办法》已于 2014 年 12 月 19 日公布并施行。因此，本段落提及的问题已经解决。

（二）改革现有环保体制、增强环境执法综合效能

首先，在省级以下实行环保系统垂直管理，避免地方保护主义对环境执法的不当干预。这样，环境执法人员就会大胆执法，严格执法，执法效果就会明显得到增强，从另外一个层面来看，也可逐步解决守法成本高、违法成本低的顽疾。

其次，有利于环保执法人员、专业技术人员在系统内合理流动，避免环保执法人员、专业技术人员扎堆，便于执法专业队伍的合理统一调配，有利于发挥环境执法队伍的整体作用。

最后，要重新建立起乡镇环保队伍，在过去全国乡镇机构改革中，好多地方撤销了职能部门在乡镇设立的派出机构，通常所说的七站八所，包括乡镇环保站（所）。但随着乡镇企业的发展，尤其是城市土地日益紧张带来的城市大量工业企业的转移，目前很多乡镇的工业企业星罗棋布，给环境监管增加了难度。因此，从国家层面要考虑切实加强乡镇环保机构和队伍建设。同时地方环境保护部门要把懂业务、有责任心、事业心强、政治素质高的环保人员充实到乡镇环保队伍中，保障足够经费，配备交通工具，执法器材，切实解决“天高皇帝远”的问题，减少环境执法盲区。

（三）修订完善环保系列法律法规

国家新颁布的《环境保护法》被称为史上最严厉的环保法，但是目前已在实施的《水污染防治法》《大气污染防治法》《噪声污染防治法》《建设项目环境保护条例》等单项法律法规，大都原则性的内容多，可操作性的太少，甚至有的法律条款在现实工作中无法操作。因此要抓紧修改完善过去的法律法规，要充分征求政府、部门、企业以及社会不同阶层人士的意见，并在广泛调查研究的基础上，对旧的不合时宜的要及时修改，使之与现行新颁布的《环境保护法》相匹配，形成一套完整、科学、可行、操作性较强的环保法律法规体系，确保各项法律法规之间、单项法律法规与环保的基本法律新《环境保护法》之间不冲突。同时在法律法规修改完善中，增强环境保护多项制度的可操作性，探索建立市场经济条件下的双罚甚至多罚制，针对目前环境违法中只罚企事业单位，不罚单位主要负责人和有关领导的缺陷，使其切实增强对环境保护的关注度和压力感。

（四）加强环境执法及监测能力建设

第一，要加强对现有执法人员的法律知识和环保业务知识的培训，建立考核、淘汰、持证上岗等机制。对新录用人员严格按照国家公务员录用考核办法，严把进人质量关。第二，保证机构设置、人员编制、业务经费与所承担任务相适应，使之与执法能力和监管能力相适应。第三，要强化执法装备投入，配备必要的执法车辆及现场监测与现场探测设备。第四，充实环境现场执法力量，充分发挥12369 环保热线和网络平台作用，畅通公众表达渠道，切实保障公民环境诉求得到快速处理，第五，要在加大对环境监测设备投入的同时，地方政府要增加监测人员的编制，引进监测技术人才，财政要加大监测工作的投入，要保证其正常的人员经费和业务经费，确保监测设备能够有人用，能够用得起，真正使监测工作成为环境执法的眼睛。

此外，国家在立法层面要将全国的环境监察机构授予行政执法权。为了执法的规范性和严肃性，在全国范围内，可以实行统一执法车辆及标识，执法人员统一服装，统一执法证件。

（五）探索建立联合环境执法机制

环保工作涉及面广，保护资源的合理开发利用，防治污染和生态破坏，都是环境保护的范畴。由于这些工作量大面广，需要多部门齐抓共管，仅靠环境保护部门是无法担此重任的。雾霾天气的形成是工业排污、建筑扬尘、汽车尾气、人民生活等多方面的影响，是全社会的“贡献”。而从根本上解决这个问题，涉及多个职能部门（当然需要全民参与），要发挥各有关部门的作用。因此，为了真正做到环保统一监管，部门各自分管，就应着重考虑实行联动执法联席会议制度，建立联合执法机制，设立环境综合执法机构。充分利用相关部门的职权，强化协同监管和执法。其次联合执法还要考虑建立部门之间事前监督机制，为避免环境执法事后查处，被动查处，效果不佳，做到预防为主，防治结合。

（六）加强环保的宣传教育、鼓励公众参与

通过多形式、全方位开展环境保护宣传教育，培养广大公民自觉保护环境的

理念，鼓励和支持公众和社会民间组织参与环境保护，建立政府、企业和公众互动机制，增强沟通对话，提高公众主体意识，让公众认识到环境保护不仅仅是政府的责任，也是自身义务，倡导公民依法维权观念，有效监督政府决策和企业行为，增强高度社会责任感，推行信息公开，提高公众环境知情权和话语权，增加环保透明度，通过社会舆论和公众监督，对环境污染和生态破坏者施压。

三、结　语

环保工作成败的关键在于环境监管，环境监管的主要手段在于执法。由于我国目前的环境法律法规不健全，加之一些地方存在追求经济效益第一的发展理念，导致行政决策给环境执法带来阻力。此外现有的环保体制、环保自身建设等都与当今环保工作不相适应。新《环境保护法》赋予环境保护部门更多的话语权、决定权和执法权，如何将其落实到位？首先要对其他法律法规进行修订，使之与新《环境保护法》并行不悖。其次要配套、修改、完善相应的实施细则，使之具有很强的操作性。第三，国家要制定各项环保政策，切实把科学发展观落到实处。同时要注重环保执法队伍以及环境监测队伍建设，加大环保投入，倡导社会民间组织参与环境保护，提高公众环保意识，加强社会监督，倡导人人参与环保，人人关注环保的良好氛围。只有这样，基层环境执法才能真正取得成效。

新《环境保护法》实施过程中的执法难题及对策

广东省佛山市环境保护局 古 华

摘 要：“史上最严”新《环境保护法》实施以来，佛山市在执法过程中遇到了一些问题，如：新《环境保护法》的某些规定尚不够完善，基层环境保护部门执法力量及专业素质不足，公众环境保护意识有欠缺等。佛山市环保局在实践中认真探索，提出了制定实施细则、加强执法人员培训、落实各项保障措施、强化考核、加强环保案件宣传工作、加强公众环境保护意识的培养等建议和对策。

关键词：新《环境保护法》 环境执法 难题 对策

新修订的“史上最严”《环境保护法》已于2015年1月1日起正式实施。国务院总理李克强指出，环保法的执行不是“棉花棒”，而是“杀手锏”。法律的生命力在于实施，法律的权威也在于实施，如何发挥新法的“杀手锏”作用，成为各级环境保护部门的使命所在。佛山市是传统的制造业大市，污染源众多，监管难度大，自新法实施以来，各级环境保护部门积极宣传贯彻落实新法，但在执法过程中也遇到了一些问题。本文旨在通过对新《环境保护法》实施现状及问题进行分析，探究解决执法难题的途径。

一、佛山市基本情况

佛山市位于珠江三角洲腹地，毗邻港澳，现辖禅城区、南海区、顺德区、高明区和三水区，全市总面积3 797.72 km^2，常住人口735.06万人，其中户籍人口385.61万人。根据《广东省第一次全国污染源普查公报》，佛山市共有各类污染源

68 106 个，位居全省第三位，其中工业污染源 42 530 个，位居全省第一位；同时全市分布在村级工业区、未纳入统计的污染源有 3 万多个，多为工业污染源。

二、新《环境保护法》实施情况

根据环境保护部 2015 年 6 月发布的数据，3—4 月全国范围内适用按日连续处罚案件数是 1—2 月的 515%，适用查封、扣押案件数是 1—2 月的 125%，适用限产、停产案件数是 1—2 月的 237%，移送行政拘留案件数是 1—2 月的 197%，移送涉嫌环境污染犯罪案件数是 1—2 月的 204%。由以上数据可见，新《环境保护法》的实施是一个循序渐进，不断摸索、总结、前进的过程，在新法实施的前期，应当谨慎适用，对其进行宣传与培训是重点，只有在执法人员熟练掌握了法律要义，明确了操作规程后，才宜大范围铺开，这样才能避免新法在贯彻落实过程中出现盲目甚至滥用权力等问题。另外，从全国范围内 3—4 月比 1—2 月的查办案件上涨幅度也可看出，各地环境保护部门正在不断增强对新法的实施力度，相信这部“长牙齿的法律”不再会是“纸老虎”。

新《环境保护法》实施以来，佛山市各级环境保护部门不断加大执法力度，组织执法人员对新《环境保护法》一系列新制度的定义、适用条件、实施程序、调查取证等问题进行学习讨论，对重点排污企业开展新《环境保护法》知识培训，通过“佛山环保”微信及微博等平台，大力开展新《环境保护法》的宣传工作，充分运用按日连续处罚、查封扣押、限产停产以及移送行政拘留等手段，加强与公安机关的执法联动，积极推进两法衔接工作。自 2015 年 1 月 1 日起至 7 月底，佛山市（除顺德区）共对 6 家环境违法企业的非法产排污设备实施了查封，对 10 家环境违法企业采取限制生产措施，对 1 家环境违法企业的两名主管采取移送拘留措施，移送涉嫌环境犯罪案件 32 件。

三、新《环境保护法》实施过程中存在的执法难题

（一）新《环境保护法》的某些规定尚不完善

新《环境保护法》针对执法手段软、违法成本低等问题，新增了查封扣押、限产停产、移送拘留等多项手段，对非法排污企业的处罚力度也达到空前，但在具体的执行中，仍存在着法条适用难以选择、一些条款缺少具体的操作指引等问题。

1. 某些法条规定较为模糊，适用不明确

新《环境保护法》的配套办法中，很多措施的适用都采用了保守规定的方式，对于很多行为规定"可以"采取某些措施，这导致了适用时的不明确，没有一个既定的标准，执法人员自由裁量空间较大，另外对同一违法行为规定可采取多项措施，选择适用也是难题。例如，对于通过暗管、渗井、渗坑、灌注或者篡改、伪造监测数据，或者不正常运行防治污染设施等逃避监管的方式违反法律法规规定排放污染物的行为，《环境保护主管部门实施查封、扣押办法》规定应当实施查封、扣押，《环境保护主管部门实施限制生产、停产整治办法》则规定对其可以责令其采取停产整治措施，《环境保护主管部门实施按日连续处罚办法》规定可以实施按日连续处罚，在实际操作中，对这几种措施如何选择适用，应优先适用何者，还是一起适用不明确，这可能造成环境保护部门自由裁量权过大而滥用权力的问题。

2. 新《环境保护法》某些条款缺乏可操作性

新《环境保护法》采取了"面面俱到"的方式，试图在该法中涵盖环境保护领域的每个重要制度以确立其权威性，由此也出现了其某些条文过于粗略，缺乏可操作性的问题。虽然随后出台的四个办法较为详尽地规定了实施过程中的具体程序适用范围等，但仍存在一些不明确之处。例如，《环境保护主管部门实施限制生产、停产整治办法》对于限制生产的具体操作缺乏相关指引，对于限制生产的

程度不明确，导致实践中较难操作。

（二）执法力量不足

在当前环境污染不断加重、环境形势日益复杂的情况下，以政府为主体的环境保护执法监管模式日益凸显其不足，环保执法也显现出明显局限性。

1. 环保执法人员配备呈现“倒金字塔”型

中央和省级力量雄厚，而市、县、乡级的执法力量则较薄弱，某些县级执法部门具有执法证且能保证日常执法的工作人员只有两到三人，而有些乡镇根本没有任何执法力量。在环境监管及对企业进行环境守法指导和环境执法过程中，区、镇（街）一级的力量应是主力军，如果这支力量不足，将造成法律在实施过程中的虚化以及缺位。据统计，佛山市、区环境保护部门现有环境保护行政执法专项编制 196 人，镇（街）环境监察机构实有人员 136 人，也就是每个监管人员负责 128 个工业污染源，其中不包括未纳入统计分布在村级工业区的 3 万多个污染源，执法力量不足，监管压力大。

2. 从环境保护部门执法人员专业素养来看，也是呈现“倒金字塔”型结构

中央和省级环境保护部门高级研究人才较多，专业性较强，市、县一级环境保护部门的执法力量要单薄很多，执法人员专业素养、法律素养较为欠缺。而当前面临的环境监管形势越来越严峻，对环保执法人员的专业化要求越来越高，在执法工作中，如果没有扎实过硬的专业能力，法律的实施也将大打折扣。佛山市在大部制和简政强镇改革后，各镇街均成立了环境运输和城市管理局（环境保护和城市管理局）分局，部分区级环境执法人员下放至镇街，区级环境监察部门的工作重心由现场执法转向统筹协调，镇街综合执法力量得到了增强，但镇街一级环境执法人员流动性较强。由于环保工作专业性强，专业素质要求高，致使目前的人员配置无法满足现场执法需求。

3. 基层执法能力偏弱

我国镇一级政府没有行政处罚权限，行政处罚必须上报区环境保护部门实施，

部分基层政府片面着重经济发展，对环保监察工作造成一定制约。同时基层环境监察执法人员轮岗流动频繁，部分人员兼负审批、环境统计等管理工作，甚至要兼顾创文、创卫等镇街中心工作任务，环境监管执法精力有限。

（三）公众环境保护意识不够

实施环境法的主体是国家机关，政府主导的法律实施使得很少有公众主动参与。例如，佛山市欲在全市范围内招募环保监督员 500 名，第一批仅招募到 189 名，群众参与度不够高，环保意识不强。然而环境问题的普遍性越来越需要吸收公众的力量参与到环境治理过程中，环境法的实施亦是如此。不能只依赖政府强制执行，更需要社会公众环境保护意识的提高以及公众的普遍参与。长期以来，我国公民的环境意识较为淡薄，利用法律维护自身环境权益的意识较为欠缺，企业环境保护意识不足，这些都是法律在实施过程中的障碍，亟待解决。

四、解决新《环境保护法》实施过程中存在的执法难题的对策

（一）制定实施细则，增强法律的可操作性

上级环境保护部门可以通过实施细则的方式细化上位法的相关规定，增强其可操作性。实践证明，法律是否得以有效实施很大程度上取决于法律的制定，法律的完善是执法力度、执法管理的保障。针对新《环境保护法》规定的不够完善的地方，上级环境保护部门可制定相关的实施细则，对某些程序进行明确，增强执法的规范化。另外对于法律给予自由裁量权的事项，应制定相应的标准，通过标准化保证法律实施的统一。

（二）提高执法人员素质，加强执法基础保障

1．加强执法人员培训，增强执法联动

环保执法工作专业性强，涉及面广，当前在一些基层环境保护部门，执法人员的法治素养较为欠缺，加强对执法人员的培训，尤其是对乡镇一级环保人员的

培训，充分发挥、增强基层执法力量，并加强各级执法联动，由上级环境保护部门进行指导，形成合力，有利于发挥基层环保力量。另外，也应注重部门间的互相培训，取长补短，例如通过与公安部门的互相联合培训，能够增强环保执法人员的证据意识，强化取证技巧。

2. 落实各项保障措施，强化考核

物质保障是执法的基础。要加强执法工作经费保障，同时完善车辆、通信、取证和执法防护用品等环保监管的装备配备工作，使法律实施工作有条件得到落实。另外，应强化对执法工作进行考核，建立激励约束机制。考核有利于对执法人员进行管理，通过对环保监管机构健全、日常监管到位、排查隐患及时、信访化解明显、遏制环境事故有效的环境保护部门进行表彰与奖励，对制度不健全、责任不落实、监管不力、隐患排查不力的环境保护部门给予批评与处理，对造成较大及以上环境事故或严重不良影响的环境保护部门及其相关责任人给予追责、处理，发挥好考核的目标引导和工作激励作用，通过这样的机制来增强执法人员的责任感，才能促进法律更好更有效地贯彻实施。

3. 加强环保案件宣传工作，形成威慑力

通过个案宣传，放大执法效果，让企业明白其违法成本的高昂，在按日计罚无上限的压力下，在移送行政拘留的警钟下，企业将主动加大环保投入，加快对环境违法问题进行整改，以执法的威慑力逼转型，以企业守法促升级，将有利于自觉守法的社会氛围的逐步形成。

（三）加强公众环境保护意识的培养

新《环境保护法》对公众参与作出了很多规定，如第 9 条就明确指出，各级人民政府、教育行政部门、学校、新闻媒体均应当发挥自己的作用，推动环境保护意识的发展，另外，新《环境保护法》还把 6 月 5 日“世界环境日”规定为我国的法定环境日。这些规定旨在推动公众环境保护意识的养成。的确，要想推动新《环境保护法》的实施，公众参与是最有效的途径，通过公众环境保护意识的提高，这里的公众既包括社会公众，也包括企业，不仅要对公众进行环境保护及

环境维权意识的培养，也要加强对企业生产经营行为进行引导与规制。相信通过全社会的共同努力，环境问题也将迎刃而解。

五、结　语

“徒法不足以自行”，环保法律有赖于执法人员的贯彻实施，环保执法人员必须用铁的决心、铁的手腕、铁的执行力主动出击，坚持有案必查、违法必究、有责必追，切实打出权威性、形成威慑力，只有这样，才能保障新《环境保护法》的严肃性和权威性，才能真正让新《环境保护法》成为“长牙齿的法律”，才能真正唤回蓝天白云、绿水青山。

浅议环境行政处罚中责任主体认定

重庆市万盛经济技术开发区环境保护局 梁正和

摘 要：违法必担责，而违法主体的认定则是担责的先决条件。在环境行政处罚实践中，利用行政责任的构成要件认定相对人责任，需要结合损害结果和因果关系作出判断，构建完整的责任主体认定模式。

关键词：环境行政处罚 责任主体 认定

一、引 言

环境行政主管部门依法对环境违法行为的查处，最终结果要落实到环境损害的治理和违法行为责任追究上，而随着越发复杂的民事关系介入行政案件，行政主管部门就必须要做更多的调查取证工作，用以还原事实或者固定状态，如果缺乏对新立法及司法解释的理解，就难以在执法实践中正确地对违法主体进行认定，导致损害行政相对人合法权益和行政行为的合法性、合理性。为此，笔者就从环境行政责任的构成要件和个别案例入手，浅析环境行政处罚中如何对违法主体进行认定，以供参考。

二、行政相对人的主体性质

根据《中华人民共和国行政处罚法》第三条以及《环境行政处罚办法》第二条的规定：公民、法人或者其他组织违反环境保护法律、法规或者规章规定，应当给予环境行政处罚的，应当依照《中华人民共和国行政处罚法》和本办法规定的程序实施。

据此可以将行政相对人主体性质分为公民、法人、其他组织。另外，根据《环境保护法》第六条规定“一切单位和个人都有保护环境的义务，……”从这个规定来看，行政相对人，可以分为个人和单位。结合上述两种不同分类，环境保护行政相对人可以分为公民或者个人、单位（法人、其他组织）。

三、确认行政责任的构成要件

对新《环境保护法》的一般解释中，污染环境罪是指违反防治环境污染的法律规定，造成环境污染，后果严重，依照法律应受到刑事处罚的行为。因此一般环境行政违法行为的构成认定可以参照刑事犯罪的构成进行分析。根据行政管理一般理论和《行政处罚法》第三条的立法规定，行政责任的构成要件，既公民、法人、其他组织成为被处罚人必须具备的条件，主要包括以下四个方面。

（1）被处罚人必须有违反行政管理秩序的行为。所谓违反行政管理秩序，是指行政相对人不遵守行政法律规范，不履行行政法律规范规定的义务，侵犯国家、社会公益或其他个人、组织的合法权益，危害行政法律规范所确立的管理秩序的行为，不仅包括违反行政法律规范的作为，还包括违反行政法律规范的不作为。从环境保护行政管理实践看，就是相对人不履行环境保护有关法律法规义务，或者违反环境保护有关法律法规禁止性规定。

（2）被处罚人违反行政管理秩序的作为或不作为是基于过错产生。这里所说的过错是指行为人实施违法行为时主观上故意或者过失的心理状态。故意是指行为人预见到自己行为的危害后果，仍然希望或放任它发生的主观心理状态；过失则是指应注意、能注意而不注意的主观心理状态。

（3）被处罚人的违法行为必须是在不同程度上侵害了行政法律规范所保护的社会关系，具有社会危害性。另外，受社会危害性、行为违法性的派生，行为人应受行政处罚的条件还包括被处罚人实施的违反行政管理秩序的行为，必须是依法应当给予行政处罚的行为，即有关行政管理法律、法规对相应违反行政管理秩序的行为规定了行政处罚的内容。

（4）被处罚人必须是能够独立承担法律责任的行政相对人。如公民必须要达到行政法规定的责任年龄并具有行政责任能力，法人和其他组织必须具有民事权利能力和民事行为能力，能够依法独立享有行政权力和承担行政义务，才能对其行政违法行为承担行政处罚责任。

上述四个构成要件，既有主观方面的，又有客观方面的，体现了行政法上主客观相统一的责任原则，既是衡量合法与违法的标准，也是确认法律责任主体的基础。

四、案例分析

在环境行政处罚实践中，利用行政责任的构成要件认定相对人责任，需要结合损害结果和因果关系做出判断，构建完整的责任主体认定模式。

例如：某地一奶牛养殖小区不正常运行防治污染设施违法排放污染物，违反了环境保护法律法规规定，在环境保护部门调查时发现，某农机水电公司与夏某（个人名义）签订了（养殖小区）场地租赁合同，而某农机水电公司反映该租赁合同为夏某丈夫李某所代签；养殖小区现场的管理工人（彭某）受李某所雇，养殖小区经营收益也为李某所实际分配；证据审查时，衡某（为李某所雇工人）提供了一份署名为夏某与其签订的场地转让协议，衡某信以为现在的养殖小区归自己所有，而期间该养殖小区被行政主管部门责令该停止违法排污行为，恢复环保设施正常运行，但该养殖小区并未按照《责令改正违法行为决定书》要求履行整改；在夏某同农机水电公司场地租赁合同中，有条款约定夏某不得擅自转包场地，农机水电公司遂以夏某同受雇员工衡某私下签订的转让协议违反出租协议条款为由，向夏某提出该转让协议无效。

由于该养殖小区内部存在租赁、承包、转让的民事法律关系，且部分法律关系还处于效力待定状态，因此办案人员对责任主体的认定持不同观点，一是认为农机水电公司作为责任主体。二是认为承租人夏某作为责任主体。三是受让人衡某作为责任主体。

民事法律关系介入的行政处罚案，在责任主体的认定上，一般以违法行为的实际行为人来认定。但是，本案应具体分析：

（一）租赁关系的责任主体认定

农机水电公司与夏某（个人名义）签订场地租赁合同，而场地出租方反映该租赁合同为夏某丈夫李某所代签，表明农机水电公司对李某的代签知情并予以认可，而实际上，养殖小区也交付于承租方使用，因此租赁合同是已经成立的，但夏某与李某之间的代理关系需要进行追认。按照《合同法》第四十八条规定：“行为人没有代理权、超越代理权或者代理权终止后以被代理人名义订立的合同，未经被代理人追认，对被代理人不发生效力，由行为人承担责任”。而鉴于李某和夏某的夫妻关系，养殖小区的生产经营收益归夫妻共同所有，因此，在农机水电公司将养殖小区租赁给夏某后，可以推定养殖小区收益也由夏某、李某共同所有，虽然无法证明夏某是否参与养殖小区的管理工作，但李某实际管理养殖小区可以确定，所以养殖小区经营场地上发生的违法行为，应认定承租方为责任主体。

（二）雇佣关系的责任主体认定

在现场管理上，彭某受雇于李某，李某安排工作并支付其工资，双方构成雇佣关系。具体工作上，彭某是否需要执行保持养殖小区污染防治设施的维护和运行的职务内容，如果需要执行职务，那么根据民事立法对雇佣关系当事人之间的责任认定原则来确定，在具有雇佣关系的当事人之间，被雇用人按照雇主的要求所实施的行为，一般应认定为雇主的行为，所产生的行政法律责任应当由雇主承担，而不是应当由被雇用人承担；而被雇用人所进行的雇佣关系以外的行为，应当由被雇用人自己的行为，而不能认定为雇主的行为，应当由被雇用人自己承担行政法律责任。但当事人之间的口头约定，工作合同内容和要求也不得而知，“养殖小区不正常运行防治污染设施违法排放污染物”这个行为，到底是雇主授意实施，还是被雇用人自己行为，难以证实。因此，实践中，通常将主体认定为雇主，由雇主承担行政违法责任，这样符合主体认定的书面证据推定原则，也有利于案件的有效执行。

（三）转让关系的责任主体认定

如果从衡某（为李某所雇工人）提供了一份署名为夏某与其签订的场地转让

协议就认定养殖小区行政法律责任由衡某承担，是缺乏法律依据的。因为衡某与夏某所签订的转让协议，应当进行效力审查，理由如下：

（1）衡某提供转让协议时，养殖小区处于履行“停止违法排污行为，恢复环保设施正常运行”这一责令改正要求状态中，如果转让协议约定具体一方承担责令改正内容，那么可以按约定认定主体，如果转让协议未做约定，认定出让人为责任主体，但转让协议并未对具体责令改正义务做明确约定，所以认定出让人（即养殖小区承租方）为责任主体。

（2）农机水电公司以夏某同受雇员工衡某私下签订的转让协议违反出租协议条款为由，提出该转让协议无效。环境行政主管部门是否介入其内部进行合同的效力审查，是否具有法律依据，目前，现行的环境行政管理中并没有规范。

在分析养殖小区内部的法律关系后，可以看到，归责都指向养殖小区的承租方，因承租方现场的管理工人（彭某）受李某所雇，养殖小区经营收益也为李某所实际分配，所以李某应当视为承租方的直接负责的主管人员，李某对养殖小区污染防治设施具有管理维护的义务，而《环境保护法》第六条规定：一切单位和个人都有环境保护的义务。企事业单位和其他生产经营者应当防止、减少环境污染和生态破坏，对所造成的损害依法承担责任。因此，养殖小区承租方未尽义务，致使违法排放污染物这一结果的发生，两者是具有直接因果关系的，因此，养殖小区的承租方应当依法承担行政法律责任，李某应当认定为具体责任人。

通过以上分析可以看出，如何确定环境行政责任的构成，不仅仅需要审查当事人是否符合责任主体资格，还需要对违法行为产生的结果和因果关系作出判断，才能依法确定违法行为产生的法律责任。

专题三 环境污染治理

浅谈怀柔区大气污染治理经验及思考

北京市怀柔区环境保护局 王永利

摘 要：2013 年以来，怀柔区进入以治理细颗粒物（$PM_{2.5}$）为重点的大气污染防治新阶段。怀柔区采取了一系列大气污染治理措施，并对以往大气污染治理成功经验进行总结，结合区域实际情况，就目前大气污染存在的问题提出了进一步思考。
关键词：大气污染 污染治理 环境质量

怀柔区位于首都东北部，是北京东部发展带上的重要节点，国际交往中心的重要组成部分，是首都的生态涵养发展区和新城之一，承担着涵养生态、保护水源等城市功能。区域总面积 2 122.6 km^2，山区占 89%，地形南北狭长，地势北高南低，深山、浅山、平原不同地貌各具。怀柔区委、区政府始终对大气污染问题高度重视，采取了一系列措施加强大气污染防治工作，区域大气环境质量连续多年得到持续改善，空气质量始终保持在全市前列。

一、怀柔区大气环境质量现状

2013 年以来，怀柔区进入以治理细颗粒物（$PM_{2.5}$）为重点的大气污染防治新阶段。区政府调整工作思路，优化管理手段，以更加严格、科学、有效的措施，多角度、全方位开展大气污染防治工作，基本实现了空气质量的“一年初见成效”、“两年明显改善”。2013 年、2014 年怀柔区空气中细颗粒物（$PM_{2.5}$）累计浓度均保持在 76 $\mu g/m^3$ 以内，并圆满完成了 2014 年亚太经合组织（APEC）领导人非正式会议、抗日战争暨世界反法西斯战争胜利 70 周年纪念活动等重大政治活动期间的空气质量保障任务。截至2015年8月底，怀柔区空气中主要污染物累计浓度同比均明显下降，细颗粒物（$PM_{2.5}$）累计浓度为63.7 μg/m^3，同比下降22%；二氧化硫（SO_2）、二氧化氮（NO_2）和可吸入颗粒物（PM_{10}）累计浓度分别为10.3、26.3和85 μg/m^3，同比分别下降51.6%、29.3%和17.4%，全区大气污染防治工作实现了跨越式发展。

二、怀柔区大气污染防治工作开展情况

（一）清洁空气行动计划制定情况

2013年12月，怀柔区以国务院《大气污染防治行动计划》（国发[2013]37号）和《北京市2013—2017年清洁空气行动计划》（京政发[2013]27号）文件精神为统领，统筹规划，因地制宜，制定了《怀柔区2013—2017年清洁空气行动计划》（以下简称《行动计划》）。

《行动计划》的落实直接关系到今后怀柔区大气污染防治工作的方向和重点，因此科学制订实施方案和任务分解，合理规划产业布局，着力推进各项减排措施的有效落实尤为关键。《行动计划》结合怀柔区大气环境现状，以立足前瞻性、加强针对性、突出可行性为原则，以污染减排为根本措施，突出了雁栖湖生态发展示范区和怀柔主城区两个治理重点，充分考虑怀柔区财力和治理条件，主要开展源头控制、能源结构调整、机动车结构调整、产业结构优化、末端污染治理、城市精细化管理、生态环境建设、空气重污染应急等八大污染减排工程，围绕压减燃煤、控车减油、工业治污、清洁降尘等四个方面确定了66项重点任务，争取经过五年努力，到2017年全区空气中的细颗粒物年均浓度比2012年下降25%以上，控制在50 μg/m^{3}左右，实现空气质量明显改善，重污染天数大幅减少。

（二）清洁空气行动计划落实情况

怀柔区通过八大污染减排工程、四大重点任务的有力实施，目前《行动计划》的环境效益已初步显现。

在压减燃煤方面：区政府制定了《怀柔区高污染禁燃区分年度实施方案》，将

辖区内具备条件的区域划定为高污染燃料禁燃区，禁燃区内逐步禁止原煤散烧，现有燃煤设施按期限完成清洁能源改造，加快推进无煤化。按方案要求，在 2014 年完成 1 196.3 t（蒸汽）工业燃煤锅炉清洁能源改造任务的基础上，2015 年准备再进行 1 174 t（蒸汽）以供暖锅炉为主的清洁能源改造任务，目前已拆除或整合完毕 1 164 t（蒸汽）；在农村地区通过开展“减煤换煤、清洁空气”行动，通过实施“城市化改造上楼一批、拆除违建减少一批、炊事气化解决一批、城市管网辐射一批、优质燃煤替代一批”五个一批工程，2014 年实现减煤换煤 6.7 万 t，2015 年准备再完成 3 万 t。

在控车减油方面：对区内公交、出租、旅游、客运、货运、环卫、邮政、渣土车等行业车辆进行新能源车结构调整，鼓励发展新能源交通，加快淘汰高排放车辆；通过加大宣传、加强执法，2014 年全区淘汰老旧车 7 495 辆，2015 年 8 月已完成淘汰老旧车 3 544 辆，均超额完成市政府下达给我区的全年任务。

在工业治污方面：严格实行污染物排放总量“减二增一”的环评审批制度和节能评估审查制度，确保无新增的高耗能、高污染项目以及劳动密集型一般制造业项目；组织集中整治镇村产业集聚区，加快推进区域内的污染企业退出，对保留的企业进行升级改造、清理整顿非法排污企业；在 2014 年淘汰退出 3 家不符合首都功能定位的高污染企业基础上，2015 年准备再淘汰 4 家，并于 2015 年内关停兴发水泥公司；对福田戴姆勒汽车有限公司一厂、二厂实施水性漆改造项目，在 2014 年完成 VOCs 减排 151 t 的基础上，2015 年再完成 127 t。

在清洁降尘方面：严格施工扬尘监管，始终动态保持绿色工地达标率不低于 92%；2014 年全区开复工程 140 项、总施工面积 300 万 m^2，2015 年全区开复工程 72 项、总施工面积 170 万 m^2，所有施工单位视频监控系统安装率达到 100%；同时清理、整顿和退出 4 家无手续、无资质的搅拌站，区内计划保留的 3 家预拌混凝土生产企业已于 2013 年年底全部通过绿色生产达标考核；严格控制道路扬尘污染，推广实施清扫保洁新工艺。根据道路实际情况，提高作业覆盖率和再生水冲洗道路范围及使用量，减少扬尘污染。

三、大气污染防治工作存在的问题

怀柔区的大气污染防治工作虽取得了一定进展，但当前大气污染物排放总量超过环境容量，空气质量与国家新标准和公众期盼仍有较大差距，大气污染复合型特征突出，城市正常运转和居民日常生活产生的污染所占比重越来越大，大气污染防治形势十分严峻。综合分析，影响怀柔区大气环境质量的因素集中体现在：

（一）环境容量日趋饱和

怀柔与周边区县相比，城区面积小，产业区、人口居住区相对分布密集，污染物排放集中，平原大气承载力明显不足。老城区在城市整体功能布局、开发建设中对大气环境质量影响因素评估不足，产业结构、能源结构、城市基础设施建设与大气环保要求仍存在严重制约，在一定程度上影响了空气流通和自净能力。

（二）机动车成为影响空气质量的首要污染来源

按照北京市环保局公布的$PM_{2.5}$来源解析，怀柔区污染源中机动车占31.1%，成为影响空气质量的首要因素。随着怀柔区近年汽车保有量逐年增多，汽车尾气排放对大气环境质量的影响也越来越大。此外，常用的非道路动力机械（包括建筑机械、农业机械等）的燃料一般为柴油，其颗粒物和氮氧化物的排放量占机动车排放总量的80%以上，对空气质量影响同样不可小觑。

（三）工业污染排放不能满足当前环保要求

目前怀柔区工业排放的氮氧化物主要来自燃烧设备和水泥窑，挥发性有机物主要来自汽车制造、包装印刷等使用工业涂装工序的行业。目前怀柔区汽车制造、包装印刷等传统制造业已具备一定的产业规模和产业优势，调整难度大。部分镇村内的产业集聚区，尤其是从事传统产业的小型企业的生产工艺和生产管理、污染防治设施和环保管理水平不能满足当前环保要求，致使怀柔区大气防治工作面临经济增长，排放物增量持续增加，但存量削减空间逐步减少的双重压力。

（四）复合型污染日渐突出

就目前来看，我们面临的大气污染形势的复杂性和严重性可谓前所未有。在以二氧化硫、可吸入颗粒物为特征的传统煤烟型污染问题依然存在且尚未根本解决的同时，臭氧和污染物间相互发生化学反应的二次污染问题接踵而至。新老环境问题交织，复合型污染与二次污染相互耦合，生产性污染和生活消费性污染叠加，为大气污染执法监管带来巨大压力。

四、几点思考

大气环境质量是影响百姓健康、城市总体形象和经济社会持续发展的重要因素。作为首都的生态涵养发展区，怀柔区对大气环境质量有着更高的要求。为进一步做好怀柔区大气污染治理工作，笔者有以下几点思考：

（一）量容发展，促进环保规划与其他规划相协调

要以生态涵养区功能定位出发，制定高标准的怀柔区大气污染防治规划。规划要注重城市环境容量控制，合理平衡环境容量与经济发展需求的问题。城市建设规划中设计大气流通的生态安全通道，严格控制空气廊道内的建筑物高度和密度，为城市空气污染自身净化预留空间。

（二）绿色出行，倡导低碳交通方式

借助怀柔区环境优势条件，加大对当前怀柔正在兴起的骑行文化、徒步文化的引导，加大对城区自行车道和步行道的环境整治和管理，积极推介宣传怀柔绿色出行目的地品牌。推广公共自行车租赁服务运营项目，政策引导，市场化运营，并向旅游景区辐射。同时大力发展公共交通，不断优化公共交通线路，增加运营车辆，倡导绿色出行。

（三）调整结构，加快进行产业转型升级

从能源结构和产业结构调整抓起，要减存量、控增量，实行渐进式治理，先

易后难，通过环保执法、政策引导，先关停一批，再转改一批，提升一批，从而加快全区产业转型升级。要严把环评审核关，真正实现环保一票否决制；加大力度引进科技研发、文化创意、休闲旅游等低排污、零排污产业；对大型传统制造产业，推行清洁生产，实施环保“企业领跑者”制度；奖励高耗能企业进行升级改造、治理、外迁；对高污染、粗放式、低效益的业态，要严格执法、引导退出，从而建立源头严防、过程严管、后果严惩的制度体系。

（四）综合分析，多污染物协同治理

面对大气污染的复杂形势，要精准发力，增强治污减排、综合治理的针对性和有效性。首先要摸清全区各类污染源，建立污染源台账，并及时更新；加强污染源在线监控，实现对重点地区、重点企业、重点污染源的监测数据实时传输；加强环境监测、监察标准化建设，增加监测、实验设备投入和人员编制，提高监察、监测和分析评估能力，实现对多污染物的协同治理。

东莞市臭氧污染形势及防控对策

广东省东莞市环境保护局 陶 谨

摘 要： 东莞市在环境空气质量总体改善的同时，臭氧污染问题却日益凸显，主要原因在于挥发性有机物（VOCs）、氮氧化物（NO_x）排放量大、高温低湿天气频繁，太阳辐射增强。因此，需要加强总量控制、加强区域控制、加强产业控制、加强协同控制、加强基础工作和宣传工作。

关键词： 臭氧污染 原因 防控对策

臭氧（O_3）是一种具有特殊臭味的无色气体，在大气层中绝大部分存在于距离地面 25 km 左右处的大气平流层中（臭氧层），能吸收对人体有害的短波紫外线，减少地球上生物受到紫外线的侵害；少部分存在于近地面的对流层，与人类直接接触。由于臭氧具有强氧化性，几乎能与任何生物组织发生反应，近地面的臭氧与人体直接接触，超过一定浓度时，会诱发皮肤、心肺、呼吸道等疾病，对人体产生一定危害。因此，国家将其列入环境空气质量评价的 6 项主要大气污染物之一。

近年来，东莞市以改善环境空气质量为核心，大力推进大气污染治理，全市环境空气质量总体改善。空气质量综合指数（AQI）从 2011 年的 5.47 下降到 2014 年的 5.04，灰霾天数从 92 天下降到 43 天，细颗粒物（$PM_{2.5}$）、可吸入颗粒物（PM_{10}）、二氧化硫（SO_2）、二氧化氮（NO_2）、一氧化碳（CO）等主要大气污染物平均浓度呈逐年稳步下降的趋势，但臭氧浓度却不降反升，臭氧污染问题日益凸显。

一、臭氧污染形势及特征

（一）臭氧污染浓度居高不下，超标天数多，严重影响环境空气质量

监测数据显示，东莞市2011—2014年臭氧浓度日最大8小时值的第90百分位数分别为 186、185、172、187 μg/m^3，均超过国家二级标准（160 μg/m^3）；逐年超标率分别为19.2%、18.0%、14.0%、21.8%。2014年，在其他多项空气质量指标改善的同时，臭氧浓度和其超标率仍居高不下。臭氧已取代细颗粒物成为东莞市最突出的污染因子，严重影响了东莞市的空气质量。

（二）臭氧污染的日变化和季节性变化特征明显

作为一种二次污染物，臭氧主要是其前体物挥发性有机物和氮氧化物在强太阳辐射下通过光化学反应生成的。臭氧最大浓度的出现时刻往往与阳光强度有关。历年监测数据显示，从一天来看，随着太阳辐射的增强，臭氧浓度会有一个明显的上升过程，高值基本上都出现在午后，之后随着太阳辐射逐渐减弱，臭氧浓度迅速下降。从全年来看，夏秋季节（即每年6—10月）是东莞市臭氧污染的高发期，该时间段内臭氧超标率显著高于其他季节。2014年出现的5天重污染天气均发生在夏季，也都是由高浓度的臭氧引起。

二、原因分析

东莞市的臭氧浓度较高，与其前体物氮氧化物和挥发性有机物排放量较大、大气的氧化性高及东莞市气象条件特征等密切相关。主要原因分析如下：

（一）挥发性有机物排放量大、活性高

挥发性有机物主要来源比较广泛，工业上主要来源于有机溶剂使用、化学品制造等，生活上主要来源于机动车排放、建筑涂料使用、餐饮业油烟排放等。东莞市挥发性有机物的51.2%来源于工业有机溶剂使用，30.1%来源于道路移动源。

涉及挥发性有机物排放的行业主要包括家具制造、制鞋、印刷、化学原料和化学品制造、化学药品原料药制造、合成纤维制造、表面涂装、集装箱制造、人造板制造、电子元件制造、纺织印染、塑料制造及塑料制品等，其中以家具制造、印刷、制鞋行业使用有机溶剂占比最大，分别约占有机溶剂使用量的35.2%、30.4%、9%。有机溶剂在使用过程中释放出大量活性高的甲苯和甲醇，而甲苯、乙醛和甲醇正是东莞市臭氧生成潜势最大的三项挥发性有机物的构成来源。

根据东莞市挥发性有机物排放调查分析，东莞市挥发性有机物排放源具有量大面广，且位于市区上风向区域较大的特点。2012 年统计数据分析，东莞市挥发性有机物单位面积排放强度为 49.61 t/ km^2，为珠三角地区平均水平（19.8 t/ km^2）的 2.5 倍。

（二）氮氧化物排放量大

（1）工业氮氧化物排放量较大。东莞市火电、造纸、漂染等大型耗煤企业较多，煤炭消耗量大。2014 年规模以上企业煤炭消耗总量为 1 913.32 万 t，工业燃煤生产的氮氧化物排放量达 9.45 万 t。

（2）机动车保有量不断攀升。机动车尾气排放是东莞市氮氧化物的另一个主要来源。尽管近年来已淘汰超过 13.3 万辆黄标车及老旧车，但新增机动车量较多，保有量仍大幅度增加。2014 年机动车氮氧化物排放量达到 6.92 万 t。据 2012 年统计数据分析，东莞市氮氧化物单位面积排放强度很大，达 56.8 t/km^2，为珠三角地区平均水平（22.4 t/ km^2）的 2.54 倍。

（三）高温低湿天气频繁，太阳辐射增强

气象资料显示，2014 年第三季度东莞市气温较往年同期偏高 0.7℃，降水偏少 28%，日照时数增加 34%，为臭氧生成提供了非常有利的气象条件。另一方面，东莞市 2014 年细颗粒物浓度有较大幅度下降，在改善了大气能见度的同时，也增强了大气的紫外线辐射，促进了臭氧的生成。美国等发达国家的空气污染治理经验表明，在细颗粒物浓度得到有效削减后，臭氧浓度很容易发生反弹。

三、污染控制思路及对策

研究表明，臭氧的生成受挥发性有机物和氮氧化物共同影响，但并非简单的线性关系。大气中的挥发性有机物与氮氧化物存在一个最适宜比值，当该地区的挥发性有机物与氮氧化物大于最适宜比值时，控制氮氧化物或者控制挥发性有机物都能够降低臭氧浓度；而小于最适宜比值时，只有大力控制挥发性有机物排放，臭氧浓度才会下降，若只控制氮氧化物排放，反而有可能会使臭氧污染浓度上升。挥发性有机物和氮氧化物协同控制排放，不仅能显著降低臭氧浓度，而且也有利于细颗粒物浓度削减。目前东莞市挥发性有机物与氮氧化物的比值约为 2.5∶1，小于最适宜比值。因此，在按照要求对氮氧化物进行总量减排时，必须加大挥发性有机物协同控制力度。控制策略应结合挥发性有机物与氮氧化物的排放特征（区域分布、行业分布等）以及气象特征等情况制定，既要全面推进，又要重点突出。

具体对策应包括五个方面工作：

（1）加强总量控制。建立挥发性有机物总量控制制度，实施挥发性有机物总量有偿调配；制定煤炭消费压减计划，落实和加强煤炭消费总量控制，有效控制氮氧化物排放。

（2）加强区域控制。实施挥发性有机物和工业锅炉区域限批政策，制定严格的项目准入政策。加强市区及重点区域的挥发性有机物污染控制，严控重点区域新增挥发性有机物污染排放企业，同时，实施最严格的监管措施，严格监管重点区域挥发性有机物排放。落实高污染燃料禁燃区制度，鼓励企业进行工业锅炉改造、使用清洁能源或利用集中供热。全面清理重点区域的挥发性有机物非法产能。

（3）加强产业控制。从东莞市产业发展战略角度考虑，推动企业转型升级，优化产业布局，引导园区聚集发展。严控高污染行业发展，加强现有挥发性有机物重点行业企业污染治理，鼓励和推动挥发性有机物企业对原料、生产工艺和治理技术进行提升改造，推广使用水性涂料；推进火电厂和燃煤锅炉的升级改造，加快集中供热项目建设。推进水乡地区“两高一低”企业的引导退出。

（4）加强协同控制。加强不同行政部门间的协同监管和齐抓共管；加强不同区域间的协同控制、联合执法和区域联防联控应急；加强不同时期不同污染物间的协同控制排放。实施冬季大气污染防控专项行动，加强细颗粒物与臭氧的协同控制；开展夏秋季臭氧污染防控专项行动，强化 挥发性有机物和氮氧化物协同控制排放，防治臭氧污染。

（5）加强基础工作和宣传工作。加强 挥发性有机物基础调查和科学研究工作，摸清底数、重点源和特征，科学指导臭氧污染防控。加强监测监管能力建设，提升监测质量和提高监察效能。强化公众参与和宣传引导，完善企业环境信息强制公开、政府环境信息主动公开制度，发挥媒体和公众的监督作用，引导企业自律治污和公众自觉减污。

张掖市城区环境空气污染成因及防治对策

甘肃省张掖市环境保护局 常 锋

摘 要：近年来，张掖市环境空气质量虽然总体保持稳定达标，但在某些时段，尤其在冬季采暖期城区环境空气质量超标现象时有发生。随着国家新环境空气质量标准的实施，张掖市空气质量继续保持稳定达标已面临非常严峻的形势，进一步开展大气污染综合整治刻不容缓。

关键词：空气污染 特征 成因 对策

一、环境空气质量现状

（一）张掖市环境空气质量现状

2010—2014年，张掖市城区环境空气中二氧化硫、二氧化氮、可吸入颗粒物年均浓度值均符合《环境空气质量标准》（GB 3095—1996）二级标准，优良天数比例达 90%以上。二氧化硫年平均浓度值为 0.028 mg/m^3，范围为 0.023～0.034 mg/m^3；二氧化氮年平均浓度值为 0.017 mg/m^3，范围为 0.013～0.020 mg/m^3；可吸入颗粒物年平均浓度值为 0.081 mg/m^3，范围为 0.078～0.088 mg/m^3，符合《环境空气质量标准》（GB 3095—1996）二级标准。二氧化硫日平均浓度值范围为 0.001～0.212 mg/m^3，超标率 0.33%，日平均最大浓度值超标 0.41 倍。二氧化氮日平均浓度值范围为 0.002～0.069 mg/m^3，日均值未出现超标现象。可吸入颗粒物日平均浓度值范围为 0.013～1.658 mg/m^3，超标率 4.73%，日平均最大浓度值超标 10.1 倍。

（二）张掖市主要污染物分担率

2010—2014 年，城区环境空气中可吸入颗粒物、二氧化硫、二氧化氮污染分担率依次为 54.7%、31.1%、14.2%。

（三）张掖市环境空气质量动态变化情况

1．环境空气质量年度变化趋势

2010—2014 年，张掖市城区环境空气平均综合污染指数为 1.48，范围为 1.32～1.59。从综合污染指数看，空气质量变化不大，如图 1 所示。

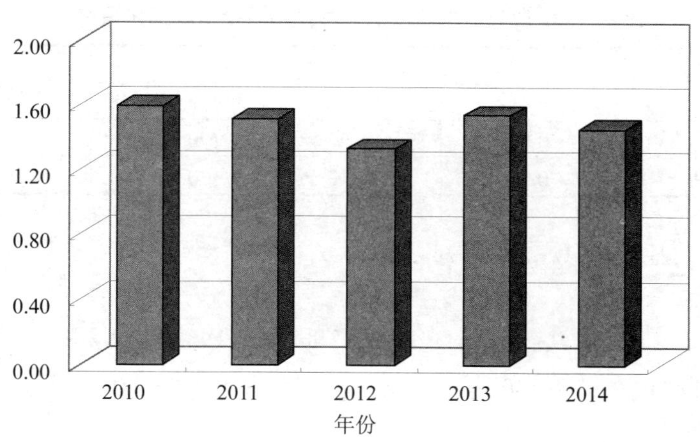

图 1　综合污染指数变化

2．环境空气质量季度变化

城区环境空气质量随季节变化明显，第一季度污染最重，第三季度污染最轻。

二氧化硫和可吸入颗粒物随季节变化较大，二氧化硫第一、四季度明显高于第二、三季度，可吸入颗粒物第一、二季度高于第三、四季度，二氧化氮变化不大，详见表 1。

表1 不同季度主要污染物污染指数变化情况

季度	污染指数		
	二氧化硫	二氧化氮	可吸入颗粒物
第一季度	0.88	0.25	0.96
第二季度	0.13	0.17	0.93
第三季度	0.10	0.16	0.63
第四季度	0.75	0.26	0.73

3. 采暖期与非采暖期环境空气质量比较

采暖期环境空气综合污染指数明显高于非采暖期，采暖期污染较严重，二氧化硫尤为突出，详见表2。

表2 采暖期与非采暖期主要污染物污染指数变化情况

时期	污染指数			综合污染指数
	二氧化硫	二氧化氮	可吸入颗粒物	
采暖期	0.93	0.26	0.88	2.07
非采暖期	0.13	0.18	0.76	1.07

4. 环境空气质量24小时变化分析

二氧化硫、二氧化氮在早6：00至9：00和晚19：00至22：00期间浓度较高，可吸入颗粒物在早8：00至10：00和晚21：00至23：00期间浓度较高，如图2所示。

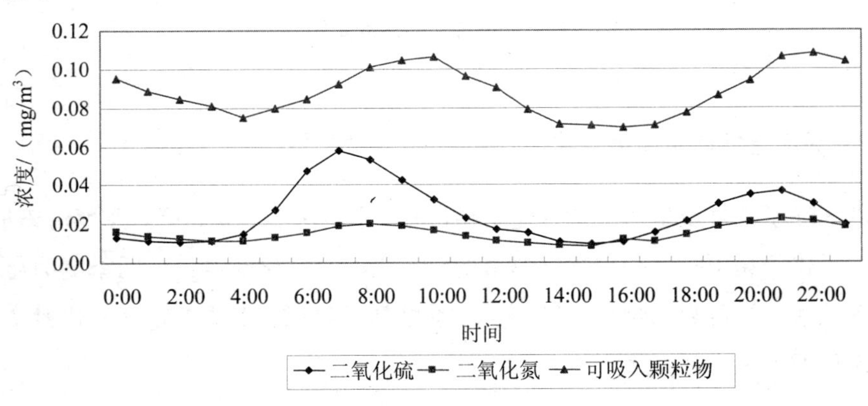

图2 污染物浓度24小时变化情况

二、冬季大气污染特征分析

为进一步掌握城区冬季大气污染现状及特征，在分析例行监测数据的基础上，结合日常感观，选择重点区域（河西水电、市国税局、科委、利民小区、金安润园、迎恩村二社），开展了大气污染调查监测。

（一）重点区域总体污染状况

6 个监测点位可吸入颗粒物浓度值全部超标，二氧化硫、二氧化氮浓度值均达标。可吸入颗粒物、二氧化氮浓度值均高于全市平均水平，科委、利民小区、金安润园、迎恩村二社等 4 个点位的二氧化硫均高于全市平均水平。

6 个区域综合污染指数均高于全市平均水平，按污染程度排序为：金安润园、市国税局、河西水电、利民小区、科委、迎恩二社，主要污染物均为可吸入颗粒物。各监测点位综合污染指数比较如图 3 所示。

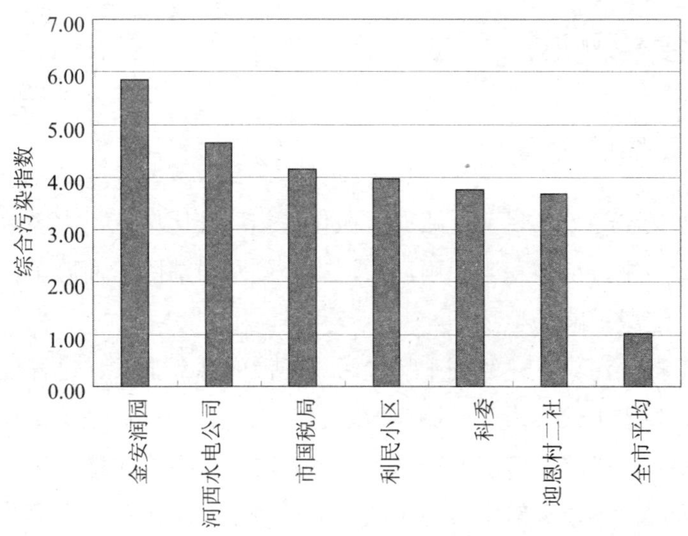

图 3　各监测点位综合污染指数比较图

（二）不同时段污染特征分析

除河西水电公司外，其他区域在早 9：00 至 11：00 和晚 19：00 至 21：00 的污染物浓度值均高于下午 14：00 至 16：00，污染高峰期为燃煤取暖时段。河西水电公司下午 14：00 至 16：00 污染最严重，金安润园早 9：00 至 11：00 污染最严重，污染最严重的时段车流量最大，说明这 2 个区域受道路扬尘影响较大。

（三）空间污染特征分析

同一点位的综合污染指数 3 m 高度大于 50 m 高度，3 m 高度的可吸入颗粒物、二氧化氮、二氧化硫浓度值分别是 50 m 高度的 1.76 倍、1.42 倍、3.9 倍，说明主要污染源为低空面源污染。

三、污染成因

（一）主要污染原因

1. 低空面源污染严重

（1）道路扬尘污染。目前道路的机械化清扫清洗比例低，大多数道路清扫仍然以人工作业为主；道路积尘和雨后淤泥得不到及时清除，商砼车、渣土运输车辆遗撒严重，造成道路扬尘污染。

（2）施工扬尘污染。建筑施工扬尘污染防治的源头把关、过程控制、末端治理的全流程监管措施落实力度不够。城区建筑工地普遍存在施工场地砂石料堆不覆盖、防尘和降尘措施不落实、渣土车辆不采取覆盖措施上路等问题。

（3）城区居民冬季分散取暖使用的小火炉、小煤炉污染。在集贸市场、商业门店、城区平房共有 6 992 户（家）使用小火炉、小煤炉 8 400 个，冬季采暖期用煤量约 1.15 万 t，污染物直排大气，造成煤烟型污染。

（4）餐饮住宿服务业的燃煤及油烟污染。城区现有各类餐饮住宿服务单位

2 800 家，大多数餐饮服务单位没有安装使用油烟净化设施或设施不完善，分散在城区各个地段的露天烧烤摊点使用燃煤较为普遍。

（5）煤炭经营配送网点扬尘污染。城区现有煤炭经营配送网点 30 个，普遍存在乱堆乱放、无任何遮盖、场地不洒水、运煤车辆不遮盖等问题，煤炭装卸或遇到刮风天气时极易造成扬尘污染。

2. 生活燃煤锅炉污染

目前城区仍有分散燃煤锅炉、茶浴炉 301 台，部分锅炉、茶浴炉的除尘设施不能正常运行，有些甚至没有除尘设施。

3. 机动车尾气污染

城区大部分主干道小时车流量在 1 000 辆以上，车辆严重怠速导致尾气排放激增。另外，黄标车淘汰率低、机动车污染监管缺位等因素造成机动车尾气污染呈加重趋势。

（二）首要污染物可吸入颗粒物污染源排放源调查

根据《大气可吸入颗粒物一次源排放清单编制技术指南（试行）》等 5 项技术指南，笔者对 2014 年城区大气主要污染物可吸入颗粒物排放清单调查的结果是：不考虑建成区外部排放源的贡献，城区可吸入颗粒物排放总量为 1 231.9 t，其中：扬尘排放量为 815.4 t，占排放总量的 66.2%（在扬尘排放源中，道路扬尘排放量为 655.1 t，占扬尘排放量的 80.3%；施工扬尘排放量为 145.1 t，占扬尘排放量的 17.8%；煤堆场扬尘排放量为 15.2 t，占扬尘排放量的 1.9%）；燃煤锅炉排放量为 141.2 t，占排放总量的 11.5%；小煤炉排放量为 109.9 t，占排放总量的 8.9%；餐饮住宿服务业排放量为 66.8 t，占排放总量的 5.4%；机动车尾气排放量为 50.2 t，占排放总量的 4.1%；其他源（城区裸露地土壤扬尘、垃圾秸秆焚烧、烧烤摊点等）PM_{10} 排放量约为 48.4 t，占排放总量的 3.9%。如图 4 所示。

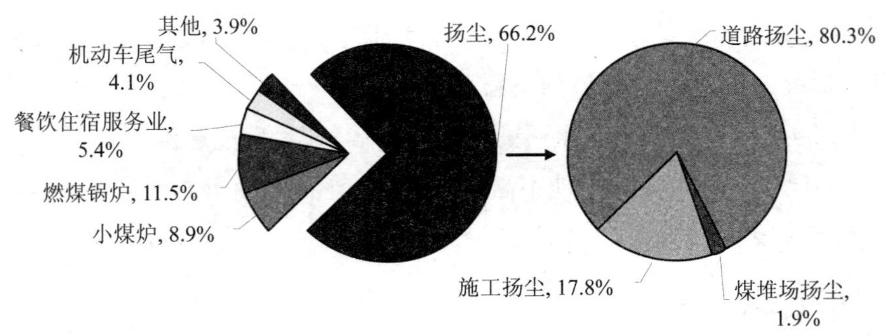

图4 PM_{10}排放清单比例图

四、防治对策建议

（一）开展扬尘污染综合整治

严格落实各项防尘措施，建立规范的渣土倾倒场。全面推行道路机械化清扫等低尘作业方式，减少二次扬尘污染，落实煤炭经营配送网点扬尘污染措施，加强对销售有烟煤或劣质煤单位的监督管理。

（二）加强煤烟污染控制

重点整治污染物超标排放的燃煤锅炉并逐步进行淘汰、改造。实施热电联产集中供热工程，加快城区“棚户区”的改造进度。禁止使用小煤炉、小火炉，改用天然气、电等清洁能源。深入推进城郊农户改炕工程，引导群众改造土炕内部结构和燃料类型。

（三）加强餐饮业油烟和露天烧烤污染治理

餐饮业实行电能、天然气清洁能源替代，安装高效油烟净化设施。对露天烧烤摊点划定集中经营场所进行集中管理，推行清洁无烟烧烤。市区主要街道和环境敏感区域严禁露天烧烤。

（四）强化机动车污染防治

建立全市机动车尾气联防联控机制，加快淘汰不达标机动车和黄标车，全面供应符合国家第四阶段标准的车用汽、柴油，加强城市交通管理，实施畅通工程。

（五）禁止随意焚烧垃圾、枯枝败叶和秸秆

严格贯彻落实《张掖市人民政府关于禁止焚烧秸秆垃圾的通告》的相关要求，加强禁止焚烧秸秆、垃圾等物质的监督管理。在农村地区推行秸秆还田技术，杜绝焚烧秸秆行为，健全完善监督管理制度，加强巡查监督，严肃查处违法行为。

（六）推行网络化监管，严格落实监管责任

合理设置大气污染管理网格，加强污染源监管，制定大气污染防治规章制度，严格落实监管职责，建立健全工作机制，严格考核问责。

北京市怀柔区水环境现状及防治措施

北京市怀柔区环境保护局　汤清峰

摘　要：怀柔区是首都重要的水源地和生态涵养发展区。怀柔区环保局面对近年来曾出现的地表水水质下降、水库一级区污染隐患加剧、雁栖河流域超容量发展、怀河水质有超标现象、污水管网尚未全覆盖、污水处理设施运行管理不规范、环保监管力度不够等问题，坚持排查隐患、掌握影响地表水水质变化情况，加强执法监管、严格控制源头，加强重点防护区治理措施，调整产业结构，解决贯彻落实相关法律法规，强化能力建设，为首都水源地的安全做出了突出贡献。

关键词：水环境　问题　防治　措施

怀柔区地处京北，是首都重要的饮用水源保护地和生态涵养发展区。地表水水质主要指标达到水环境功能区标准，地下水水质达标率为100%。良好的环境质量已成为怀柔区的宝贵财富，促进了区域经济效益和环境效益的协调发展。

一、怀柔区水环境基本情况

（一）水域及水源保护区基本情况

1. 水域基本情况

怀柔区是首都重要的生态涵养发展区和饮用水源保护地。区域总面积2 122.3 km^2，其中 97.2%的面积为北京一、二、三级饮用水源保护区。怀柔区域内4级以上河流17条，境内总长度454.4 km。怀柔境内河流隶属海河流域的潮白河和北运河水系。潮白河水系又因云蒙山至凤驼岭一线的山脉分为南北两系，即岭南水系和岭北水系。岭南水系有潮白河水系的干支流8条，包括潮白河、怀河、怀九河、怀沙河、雁栖河、沙河、小泉河和庙城牤牛河；岭北水系有8条河，包括白河及其支流汤河、天河、琉璃河、菜食河、大黑柳沟、庄户沟和渣汰沟。北运河水系只有1条白浪河。大中小型水库17座。辖区平原区不仅是北京水源八厂的主要补水区，而且是北京市怀柔应急备用水源工程的水源地，46眼水源井日供水能力33.5万 m^3，现在每年从怀柔区抽取地下水1.2亿 m^3。京密引水渠穿越怀柔，怀柔水库、北台上水库、大水峪水库直接为北京供水。怀柔区北五乡镇属密云水库的主要水源地。

2．水源保护区基本情况

怀柔区有8个市和区级水源保护区，分别为：怀柔水库一、二、三级保护区；北京市水源八厂地下水源防护区；北京怀柔应急备用水源地防护区；密云水库三级保护区；怀柔水厂防护区；雁栖水厂防护区；北台上水库、大水峪水库水源防护区；京密引水渠怀柔段水源防护区。

（二）水质状况

1．地表水水质状况

2014年，辖区内监测的15个地表水体分别是怀沙河、怀九河、白河、天河、汤河、琉璃河、渣汰沟、雁栖河、沙河、潮白河、怀河、京密引水渠、怀柔水库、北台上水库和大水峪水库。除潮白河现状水质为IV类、怀河现状水质为劣 V_1 类外（化学需氧量和生化需氧量超标），其他13个水体均符合II类水体功能水质标准要求。

2．地下水水质状况

2014年，对辖区内北京怀柔应急备用水源地、怀柔区级地下水水源地水质进行监测。监测结果表明，应急水源地饮水井和区级地下水水源地水质良好。

二、存在的主要问题

（一）地表水水质呈下降趋势，生态涵养面临潜在威胁

受水资源总量不断减少，人口增加、产业发展和连续 13 年大旱等综合因素影响，怀柔区水资源总量和人均水资源占有量日益下降。同时，农村水务基础设施不断完善和工程老化失修等现象并存。

近年来，随着河流湖库周边涉水旅游建设项目的增加，污染隐患逐渐显现。怀柔区个别地表水水域断面监测因子总氮、总磷已出现超标现象；北部山区养殖业污水直排河道已影响到地表水。

（二）怀柔水库一级区污染隐患逐年加剧

由于历史原因，怀柔水库一级保护区内仍有怀柔镇和桥梓镇共 9 个行政村，分别是：怀柔镇的郭家坞村、红军庄村、卧龙岗村、孟庄村、兴隆庄村共 5 村，潘家园的水库西山也在一级区内；桥梓镇的前辛庄村、后辛庄村、杨家东庄、秦家东庄共 4 村，北宅村、后桥梓村的部分区域也在一级区内。一级区内还有包括餐饮采摘服务业、养殖场及鱼池在内的 31 家企业。

近年来受村民生产、生活及一级区内养殖户的经营活动等因素影响，环境违法行为日益增多，生产、生活污水直排、污水处理设施不正常运行、无证经营等行为直接影响水质，造成部分监测因子（总氮、总磷）出现超标现象，进而影响供水安全。

（三）雁栖河流域超容量发展

雁栖河流域以其山清水秀、依山傍水的独特地理位置，自 20 世纪 90 年代中期发展至今已有 20 年，吸引了包括本地在内的全国各地投资建设旅游餐饮娱乐服务设施。据怀柔区环保局统计，仅雁栖河上游地区就有 86 家餐饮单位。

雁栖河流域的超容量发展，已使环境不堪重负。由于大部分服务设施都是依河而建，污水最终都排入河道，再加上河水径流量小，致使水体自净能力逐年减

弱，雁栖河水质逐年下降，呈现富营养化状态。

（四）怀河水质有超标现象

怀河梭草断面为市政府考核怀柔区跨区县界水体的考核断面，而其又是区污水处理厂的退水渠道。由于水体露天蒸发及沿岸村庄（大约 7 个村）、养殖户偷排污水等原因，致使主要污染物、化学需氧量、生化需氧量有超标现象。

（五）怀柔水厂防护区存在污染隐患

怀柔水厂水源井是向建城区供水的主要取水水源地。1 号水源井西侧、北侧两座砂石坑总面积约为 14.3 万 m^2，坑内有倒混合垃圾现象，地下是砂卵石地质，渗水系数大，易对地下水水质造成污染。同时，再生资源交易市场处在水源防护区内，存在污染隐患。若不采取有效措施治理搬迁，汛期将对怀柔区饮用水源构成威胁。目前该防护区内共有工业企业 7 家、餐饮业 5 家、仓库租赁等物流场所 10 家，还有一些私搭乱建和无手续的资源回收企业。

（六）污水管网尚未全覆盖

污水管网建设滞后于污水处理设施建设，致使目前污水处理量远远低于污水处理设施的设计处理能力，比如庙城镇还有企业没有并入管网。

（七）污水处理设施运行管理不规范

除庙城污水处理厂，雁栖湖污水处理中心及乡镇污水处理厂外，区内建设的小型智能污水处理站由于使用者为季节性个体经营，污水处理设备不正常运行现象时有发生。

（八）环境保护能力建设不足，监管力度不够

环保能力建设不足集中体现在执法人员和经费保障不足这两方面。

1．执法人员严重不足

按照原国家环保总局《全国环境监察标准化建设标准》（环发[2006]185 号）

和《全国环境监测站建设标准》（环发[2007]56号）要求，环境监察、监测人员编制不足；按照《北京市怀柔区“十二五”时期环境保护规划》要求，怀柔区应在乡镇设置环保所，以适应区、镇、乡一体化环保管理网络建设，但截至2015年10月此项工作仍无进展。

2．经费保障不足

随着环境保护工作的力度不断加大，所需各项费用逐年增加。每年区财政拨付的环保执法保障和宣传经费有限。随着污染物排放不断增加，为积极应对社会经济快速发展和能耗物耗增加所带来的环境问题，近年来，怀柔区环保局不得不充分利用双休日和法定节假日开展环境监管工作。

三、水污染防治监督管理措施

怀柔区环保局始终保持对地表水环境质量的高度关注，组织开展集中排查行动，对重点区域进行监控，确保全区水环境安全。

（一）排查隐患，分析掌握影响地表水水质变化的情况

（1）结合每年“打击违法排污、保障群众健康”的执法专项行动，怀柔区环保局对重点排污单位的污水处理设施、城镇污水集中处理设施以及一级、二级水源保护区内企业的废水排放情况和民俗旅游生活污水排放情况进行拉网式检查，完善了污染源台账，对存在的污染隐患进行限期整改。

（2）对地表饮用水源和地下饮用水源、汇入市政管网的排水企业进行专项执法，形成了怀河水质污染分析报告和怀沙河水质污染分析报告。

（3）对11条有水河流、3个水库的水质变化情况进行定期、定量、定性测算和分析，研究治理措施。及时与区水务局、农业局、京密饮水管理处进行沟通、通报情况。

（二）加强执法监管

（1）强化日常监管，加强重点区域水环境执法检查。协调区旅游委、水务局、

属地等相关单位，对雁栖不夜谷及周边区域内企业的环保设施安装运行情况、环保手续办理情况进行监督、检查。

（2）重点监控，加强水体断面应急管理。加大对辖区内怀河沿岸的重点监控，坚决遏制污染反弹，对环境违法行为加大监察和处罚力度，消除一切导致河流断面超标的因素。加强对怀河梭草断面的监管力度，每月定时取样检测。在企业生产高峰期，加大监测密度，密切监控怀河水质变化情况。

（3）加强监测，为环境监管提供可靠依据。严格落实北京市环保局下达的监测任务书要求，遵守环境监测技术规范，每月对 13 个市控地表水监测点位、14 个市控废水污染源点位和 1 个沃绿洁垃圾综合处理厂（渗滤液、地下观测井水质、场界大气）点位进行监测，为监督执法、排污收费、环境管理和环境决策提供技术支持。对各镇乡出境断面水质实施每月断面考核，对不合格的进行通报并按考核规定进行处罚。

（三）严格控制源头

针对雁栖河流域超容量发展影响雁栖湖水质，甚至可能影响怀柔作为国际会都的发展而造成国际影响这一紧迫问题，怀柔区政府及各职能部门应尽快依法制定区域限批办法并认真执行。在严格控制雁栖湖地区各类新增污染源的同时，依法采取措施，对现有经营实体进行升级改造，保留规范经营、环保设施配置完善且运行良好、污染物排放稳定达标的单位，逐渐淘汰管理混乱、设施不全、经常超标排放污染物的经营实体，保障雁栖湖地区的水环境安全。

（四）加强重点防护区治理措施

（1）着力排查怀柔水厂防护区存在的污染隐患。怀柔水厂 1 号水源井的污染隐患已形成存在多年，区环保、水务、国土及怀柔镇政府也曾拿出治理方案上报给区政府，但至今仍未确定根本解决方案。区人大也曾在审议区政府贯彻执行《中华人民共和国水污染防治法》工作情况时要求尽快治理，同样收效缓慢。随着每年汛期的来临，这个问题又赫然摆在面前，是采取封井措施还是投资治理，应尽快付诸实施。

（2）有效改善怀河水质。通过严格管理，提高怀柔区污水处理厂的排水水质；

通过中水回用，减少排入怀河的水量；配套沿怀河各村污水管网建设，降低污水浓度及排放量；确定有效治理方案（湿地方案），保证断面水质达标。

（五）调整产业结构，削减排放总量

（1）以调整退出“低小散”企业为抓手，积极促进低端业态疏解。要结合北京市统一部署和怀柔经济转型的实际需要，把促使低端低效企业“腾笼换鸟”和闲置资源盘活，作为2016年推进产业结构调整的重点任务，下大力气调整退出存在环境污染、劳动生产率低下和缺乏优势的“低小散”行业，为高端项目落地腾退空间。

（2）以引进“高精尖”项目为重点，全力促进高端产业发展。要把引进重大项目作为经济向高端转型的主要动力，全面实施产业聚集化招商引资策略，大力引进符合区域功能定位、符合产业发展方向的产业项目，尽快形成同类产业快速聚集。

（3）以强化功能特色为核心，加快推进重点产业板块建设。要以休闲会展、影视文化、科技研发三大产业板块为重点，加快推进文化科技高端产业新区建设。

（4）适当控制新增养殖业规模，治理现有规模化养殖场，关闭、搬迁集中式饮用水源保护区内的养殖场，促进区域经济效益和环境效益的协调发展。

（六）贯彻落实《中华人民共和国水法》《中华人民共和国水污染防治法》等法律法规

（1）自2013年以来，怀柔区环保局为确保宣传有实效，每年都开展丰富多彩的宣传活动。平原区侧重以水资源保护、节约用水、河道管理和防洪等法规宣传为主，水土保持法宣传为辅；山区则根据农民居住较为分散这一特点，利用百姓赶集的日子进行宣传咨询活动。充分利用“世界水日”、“中国水周”、“城市节约用水宣传周”等各种纪念日加大对怀柔区的宣传力度，结合“六进宣传”，真正达到宣传无死角。

（2）针对水务工程施工现场和渣土运输的扬尘污染控制问题，怀柔区环保局严格落实《怀柔区2013—2017年清洁空气行动计划》的各项任务要求，结合水务工程施工特点，严管施工现场及渣土运输。在项目开工前与各施工单位签订《扬

尘污染防治责任书》，严格监督各施工单位采取切实可行的降尘措施，做好扬尘污染控制工作，确保水务工程扬尘污染有效控制并大幅减少。

（七）强化环境保护能力建设

怀柔区环保局向区政府提交增加编制请示，由区政府提请市政府尽快增加区环保队伍建设，增加人员编制，促进环境监察和环境监测标准化建设，确保环保工作任务完成及怀柔区的环境安全。

阳澄湖生态优化治理的实践与思考

江苏省苏州市环境保护局　毛元龙

摘　要：阳澄湖是江苏省重要的淡水湖泊之一，也是苏州市的重要饮用水源之一。近3年的阳澄湖生态优化治理虽然已取得阶段性成效，但仍存在水质达标不稳定、阳澄湖流域污染物排放总量基数大等问题。解决问题的对策就是：确保"三个到位"，实现"三个突破"，完善"三个机制"。

关键词：阳澄湖　生态环境　优化治理

一、阳澄湖概况

阳澄湖是江苏省重要的淡水湖泊之一，也是苏州市的重要饮用水源之一。湖泊面积117.43 km^2，南北长约17 km，东西宽约11 km，湖内有两条东北—西南走向的狭长半岛，把阳澄湖分为东湖（占44.08%）、中湖（占29.03%）和西湖（占26.89%）。多年平均水位为2.98 m（吴淞基面）。

阳澄湖环湖共有进出河道59条，其中西线17条、北线12条、东线15条、南线15条；经常有水流动进出的河道约30条。周边还有昆承湖、盛泽荡、傀儡湖、鳗鲡湖、巴城湖等小湖泊，并有河道贯通，与阳澄湖一起组成阳澄湖群。

2013—2015年，苏州市大力实施阳澄湖生态优化行动，坚持以改善水环境质量为核心，控源截污，标本兼治，多管齐下，取得积极进展和初步成效。累计完成重点项目141个，投资50多亿元。通过"腾笼换鸟"和综合整治，进一步削减工业污染排放总量。城镇、农村生活污水集中处理率分别达到98.3%、80.8%，生活垃圾无害化收集处理率达100%。全面实施河网水系畅流工程和"引江济阳"调水机制，加大入湖河道和湖口生态清淤力度，强化了水体流动性，增强水体自净能力，恢复水生态系统的生机和活力。加强阳澄湖沿岸湖滨带和湿地的建设、管理与维护，提高湖区周边绿化覆盖率，实现生态承载力持续提高。

二、阳澄湖 2013—2015 年水质现状

（一）湖体水质现状

阳澄湖饮用水源水质达标率始终保持 100%。湖体总体水质类别由 2013 年地表水Ⅳ类提高到 2015 年的地表水Ⅲ类（按照环境保护部不计总氮标准评价），总氮达到地表水Ⅴ类。从 2013 年至 2015 年 9 月的水质变化趋势看，高锰酸盐指数稳定达到地表水Ⅱ—Ⅲ类，总磷、总氮每年的同月份水质中 2015 年基本最低。总磷、总氮 2015 年均值比 2013 年均值分别下降 42.3%和 4.9%。

（二）周边主要入湖河流水质现状

到 2015 年 9 月底，周边主要入湖河流高锰酸盐指数年均值达到Ⅲ类，氨氮年均值达到Ⅲ类，总磷年均值为Ⅳ类，总氮年均值为劣Ⅴ类（参照湖泊标准）。从 2013 年至 2015 年 9 月的水质变化趋势看，高锰酸盐指数年均值都能达到地表水Ⅱ—Ⅲ类，2015 年均值比 2013 年下降 6.1%；氨氮年均值都能达到地表水Ⅲ类；总磷 2015 年均值比 2013 年下降 8.9%。不计总氮考核（按照环境保护部规定河流不考核总氮），2013—2015 年，东部河流（昆山市）水质一直维持在地表水Ⅲ类；南部河流（工业园区、姑苏区）及北部河流（常熟市、相城区）水质由地表水Ⅳ类提高到地表水Ⅲ类；而西部河流（相城区）水质维持在地表水Ⅴ类。

（三）湖体富营养现状

从综合营养状态指数来看，2014 年除阳澄东湖在 4 月至 9 月处于中营养化，岘山监测点在 4 月处于中度富营养化外，其余时段所有湖体均处于轻度富营养化。

三、污染源排放现状

阳澄湖保护区范围内入河污染物排放量较大，包括工业、农业、生活污染源，工业、农业、生活污染源入河总量比重详见表1。由表1可见，污染物排放主要来源于生活污染，其化学需氧量、氨氮、总氮和总磷污染物排放量分别占53.15%、54.14%、63.99%和55.19%；其次是农业污染。

表1 主要污染物排放量构成比例表 单位：%

污染源	化学需氧量	氨氮	总氮	总磷
工业	23.05	12.19	14.14	7.36
生活	53.15	54.14	63.99	55.19
农业	23.79	33.67	21.87	37.45
合计	100.00	100.00	100.00	100.00

阳澄湖保护区范围内入河污染物排放量按区域统计，常熟市各类污染物入河量所占比重最大，占污染物总入河量的34.75%～50.93%，相城区次之，其污染物入河量占总量的14.69%～38.11%。

四、当前阳澄湖生态环境存在的问题

2013—2015年，阳澄湖生态优化治理已取得阶段性成效，但资源约束趋紧、污染负荷偏重的阳澄湖流域还不能完全适应流域经济社会发展的新常态、新要求，仍存在一些环境问题。

（一）阳澄湖水质达标仍不稳定，存在暴发蓝藻水华的风险

阳澄湖水质达标仍不稳定，总磷、总氮仍时有超标。入湖河道氮、磷的大量流入和围网养殖的饵料投放造成湖体富营养化严重，以小环藻为优势种群的生境尚未得到根本改善，部分湖区每年均有小环藻暴发现象，遇有适宜的外部环境，就可能出现蓝藻聚集、小环藻大面积暴发的风险。

（二）阳澄湖流域污染物排放总量基数仍很大，减排任务艰巨

阳澄湖周边传统产业总量较大，产业结构不合理，印染、电镀和化工企业数量占比过半，排污总量仍超过环境容量。不合理的产业结构、经济增长方式尚未根本改变。污水管网不完善，生活污水处理不到位，大量农村生活污水直接排入区域河流。城镇生活污染和农业面源污染治理设施尚未发挥最大环境效应。

（三）阳澄湖网围养殖和船餐仍有存在，治理工作具有挑战

阳澄湖湖体仍有一定数量的网围养殖，阳澄湖周边仍有船餐亟待整治，网围养殖和船餐的污染物排放对阳澄湖造成了直接影响。在经济形势下行的情况下，如何统筹好喝水与吃蟹、整治与稳定的问题，是向各地政府提出的新挑战。

五、深入推进阳澄湖生态优化治理的思考与对策

新形势要求当地政府和环境保护部门必须紧紧抓住“十三五”规划编制和《苏州市水污染防治实施方案》编制的契机，结合阳澄湖生态环境现状和问题，把新一轮阳澄湖治理的目标任务、重点工程项目等纳入经济社会发展规划，作为苏州市水污染防治工作的重要组成部分，通盘考虑，统筹推进，科学谋划制订“新三年”行动计划，努力建设“美丽阳澄湖”。

（一）确保“三个到位”，全面保障水环境安全

1. 确保饮用水安全保护措施落实到位

完善阳澄湖水源水质保护监管机制。压缩湖区围网养殖面积，推动围网养殖生态化转变。进一步健全水环境信息共享平台，完善实施区域供水安全动态监控系统。实施自来水处理工艺深度改造，开展自来水保供应急演练，高水平保障饮用水安全。

2. 确保阳澄湖水质改善到位

阳澄湖湖体水质目标高锰酸盐指数、氨氮达到Ⅲ类，与富营养化、藻类异常增殖密切联系的总氮、总磷稳定在Ⅳ类，周边主要河流水质达到相应水功能区划要求，保证饮用水源水质达标率100%。

3. 确保应急保障能力建设到位

加强环境应急能力建设，认真贯彻环境保护部“五个第一”的要求，强化应急值守、应急响应和信息报送。加强监测能力建设，增强特定污染因子的监测分析能力。进一步优化监测断面设置，提高监测频次，实施精准监测，密切关注水环境质量的变化，特别是加强集中式饮用水水源地等敏感目标的监控。科学分析和评估监测数据，准确把握水质与污染排放关系，及时掌握水质变化趋势，为保障水源水质安全提供有力依据。加大蓝藻、水草打捞和处置能力建设，积极引入市场机制，提升蓝藻、水草打捞和处置工作效率。

（二）实现“三个突破”，全面提升综合整治力度

1. 重污染行业整治实现新突破

充分考虑阳澄湖及其周边河道的环境承载能力，严格控制沿湖地区的开发建设强度，强化清洁生产审核，源头控制污染增量。制订实施落后产能淘汰方案和产业结构调整计划，加强对印染、电镀、化工等重污染企业实行关停并转，综合运用挂牌督办、限期治理、区域限批、行政约谈等措施督促整治。加大入湖河道沿岸企业污染整治力度，重点推进印染行业提标改造，进一步削减污染物排放总量。

2. 农业面源污染治理实现新突破

扎实推进畜禽养殖污染减排，划定畜禽禁养区和限养区，推广规模化养殖，推进畜禽粪便收运体系建设，健全畜禽养殖业环境监督管理机制。完善农村生活污水处理设施建设，实现所有农村小集镇污水全收集，建立健全农村生活污水治

理设施长效维护机制。加大湖面及沿湖船餐综合整治力度，全面取缔现有湖面船餐，对阳澄湖连通水域船餐严格做好污水接管工作，加强污水收集监督管理，防范和打击船餐偷排乱排现象。大力开展化肥减施工程，全面推广农业清洁生产技术，加快实施池塘循环水养殖工程。

3. 重大治理项目建设实现新突破

加大污水收集管网建设力度，扩大管网覆盖面，做到“能接尽接”。加强集中式城镇污水处理厂监管，提高污水处理率和达标率。加快实施河网畅流项目，加强“引江济阳”调水引流和阳澄湖周边河网水资源调度，加大对主要入湖河道和周边河网生态清淤、岸坡治理力度，改善水质。强化生态修复，重点推进湖泊自然岸线、湖湾和入湖河口生态修复，通过退渔还湿、人工湿地建设，逐步扩大湿地面积，通过水生生物增殖放流，遏制藻类暴发。

（三）完善“三个机制”，全面落实生态优化长效措施

1. 完善组织协调机制

深化顶层设计，考虑成立专门的阳澄湖环境管理机构，打破多头管理的格局，统筹推进任务部署、政策实施、项目建设等各项工作，有效克服阳澄湖生态环境保护机制上存在的不足，切实增强综合整治合力。健全“大督查”格局，强化目标责任督查考核，加强全过程监管，定期通报督查考核情况，及时公布水环境质量、污染减排、重点项目推进、河道治理、“河长制”实施等情况。

2. 完善环境管理机制

深化排污权有偿使用和交易试点工作，完善排污权流转交易机制，逐步形成企业间排污权交易市场，促进区域重点污染企业排污浓度和总量“双控”目标的实现。完善区域补偿办法，以补偿手段激励和带动水质提升。进一步完善环境执法联动制度，建立案件移送、联合调查、信息共享和分工合作机制，重点打击偷排直排、数据造假等恶意违法行为，加大公开曝光力度，持续保持高压严管态势。

3．完善项目推进机制

建立健全重点项目协调推进机制，及时解决推进中的紧迫问题，加快项目建设进度。积极创新项目投融资机制，努力拓展资金渠道，创新运用PPP等融资模式，加大项目投资力度。对重大项目或具有示范影响的项目，加大财政资金补助和扶持力度，有效发挥政府投资的导向作用和杠杆作用。积极完善环保设施运行管理机制，改变重建设、轻管理的观念，保障污水处理、垃圾处置等环保基础设施项目正常运行，充分发挥环境效应。

孝感市地表水环境问题及对策研究

湖北省孝感市环境保护局　李　卫

摘　要：孝感市水资源时空分布不均，资源性缺水、水质性缺水及工程型缺水情况突出，同时还面临水污染问题和饮水安全问题。孝感市地表水环境污染的原因主要是农业面源引起的水污染、县市污水处理厂建设滞后、部分企业环保意识薄弱、水资源管理机制有缺陷。出路在于优化产业结构、开展重点工业污染源治理项目、加大生活污水处理设施建设力度、加强水源地环境应急能力建设、加快推进地表水环境的综合治理、提高公众参与意识。

关键词：地表水　水环境　防治对策

一、综　述

水是生命之源，水资源及其生态系统是经济和社会发展的物质基础。改革开放以来，我国经济社会的快速发展对水环境及周围的生态系统造成了不同程度的严重破坏。我国的七大流域都存在着水环境质量严重下降并持续恶化的趋势，这些流域中的水环境污染又无一不与周边区域经济的过快发展之间有着显著关系。水环境中存在的问题已严重阻碍了今后我国经济社会的发展。

孝感市水资源主要由自然降雨形成的地表水，汉江、汉北河、府河等过境水资源和地下水资源三部分组成。全市多年平均水资源总量38.14亿m^3，其中地表水资源量36.73亿m^3，地下水资源量6.59亿m^3。目前，孝感市水资源时空分布不均，水污染较为严重，资源性缺水、水质性缺水及工程型缺水情况突出。水库、湖泊、塘堰因面源和投肥养殖等原因，水质逐年下降。在已实行监测的七条主要河流中，澴河、府河、汉江、新河污染十分严重，均出现较长时间超Ⅴ类水质。

汉北河、大富水、沦河也常年在Ⅲ类水质以下。

二、孝感市地表水水质现状

（一）孝感市水源基本概况

（1）河流。孝感市境内有中小河流 40 多条，全长 1 761 km。流经境内的主要河流有汉江、汉北河、府河、沦河、大富水。

（2）水库。孝感市现有大小水库 405 座，控制流域面积 2 509 km^2。其中，大型水库有徐家河、郑家河、观音岩 3 座，中型水库 14 座，小（一）型水库 388 座。

（3）湖泊。孝感市的湖泊集中分布在南部，较大的湖泊有汈汊湖、王母湖、野猪湖、龙赛湖、东西汊湖、老观湖以及跨界的童家湖。

（4）饮用水源。孝感市地级以下城市包括六县市（汉川市、应城市、安陆市、云梦县、大悟县、孝昌县），共有七个饮用水源地和城区的一个饮用水源地、一个备用水源地，具体饮用水源地情况见表 1。

表 1 孝感市规划中城市集中饮用水水源基础信息表

水源地名称	水源类型	所属水系	年取水量/万 t	服务人口/万	服务地区	服务年限
孝感二水厂水源地	河流型	沦河	2 160	37	孝感市城区	19
孝感市城区三水厂饮用水水源地	河流型	汉江	2 490	38	孝感市城区	2
汉川二水厂水源地	河流型	汉江	1 061.4	6.813	汉川市城区	24
汉川市三水厂水源地	河流型	汉江	2 196	11.468		15
城中水厂水源地	河流型	大富水	1 642.5	19	应城市城区	32
解放山水厂水源地	河流型	府河	3 660	15	安陆市区	20

（二）监测断面水质达标情况

《孝感市环境质量月报》显示，2015 年 1 月主要河流湖库水质实际监测断面为 48 个，监测断面覆盖 15 条河流，8 座湖（库）。省控监测点共有 18 个点位，其中有 1 个点位水质超标，其余 17 个点位全部达标；市控点有 30 个点位，其中有 13 个点位水质超标，其余 17 个点位全部达标。总体超标点位共有 14 个，达标点位共有 34 个，点位水质达标率为 70.83%。主要超标项目为氨氮、高锰酸盐指数、生化需氧量、氯化物、总磷、总氮。图 1、图 2 为孝感市 2015 年 1 月省控、市控点水质类别统计分析图。

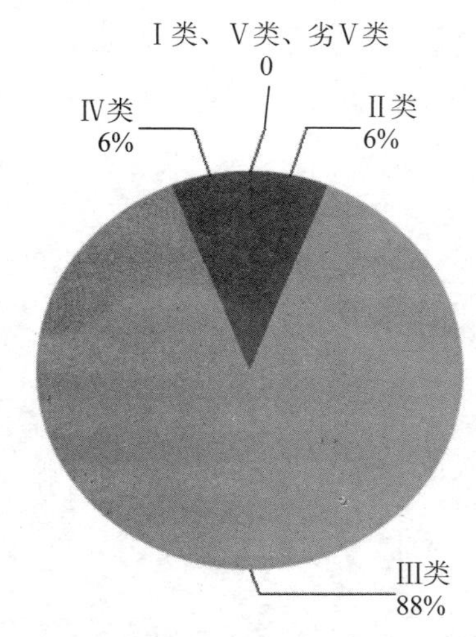

图 1 孝感市地表水省控点水质类别分布图

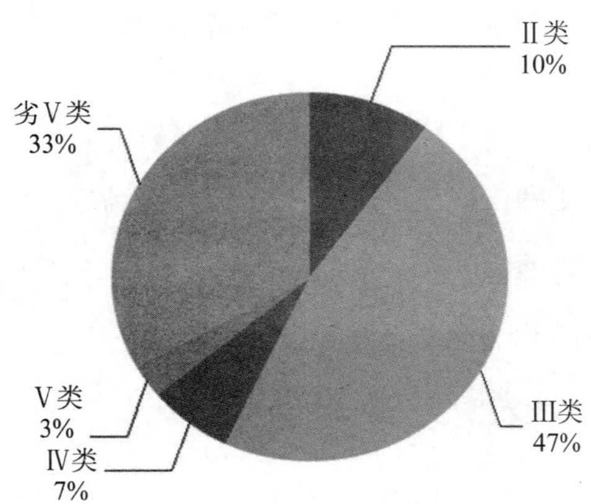

图 2 孝感市地表水市控点水质类别分布图

如图 1 所示，孝感市地表水 18 个省控点中，达到Ⅲ类水质的点位有 17 个，所占比例为88%；监测点位中未出现Ⅴ类、劣Ⅴ类水质。如图2所示，孝感市地表水30个市控点中，达到Ⅲ类水质的点位有17个，所占比例为47%；劣Ⅴ类水质的点位有10个，所占比例为33%。

（三）水系流域的水质变化情况

质量月报显示，2015年1月，23条河流（湖库）中，环河、府环河和王母湖的水质类别为轻度污染；晏河、槐荫河、老环河、老府河和县河的水质类别为重度污染；其余河流水系水质类别均为优。图3为孝感市2015年1月主要河流湖库水质状况分布图。

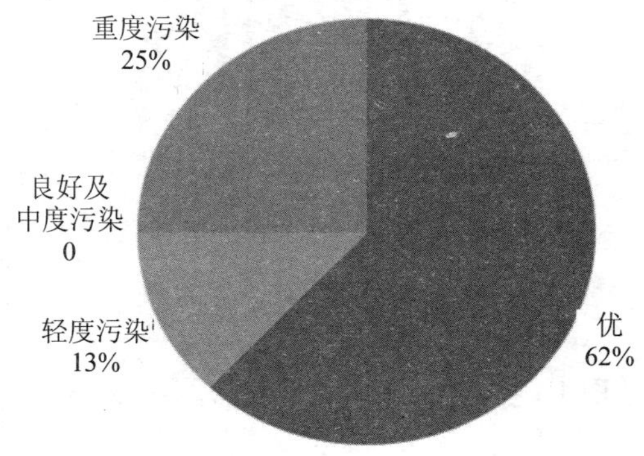

图3　孝感市主要河流湖泊水质状况分布

如图3所示，2015年1月，孝感市23条河流（湖库）中，水质达到优的有15个，占孝感市总河流湖库比例的62%；水质状况为轻度污染的有3个，占孝感市总河流湖库比例的13%；水质状况为重度污染的有6个，占孝感市总河流湖库比例的25%；水质达到良好和中度污染的均为0个。

（四）饮用水源水质状况

2015年1月，孝感市环保局对孝感市汉江三水厂水源地、汉川市汉江二水厂水源地、汉川市汉江三水厂水源地、应城市大富水水源地、安陆市解放山水库湖心、大悟界牌水库水源地、孝昌县金盆水库湖心等七个饮用水源地进行了监测。监测项目为水温、pH、溶解氧、高锰酸盐指数、总磷、氨氮、氟化物、挥发酚、石油类、粪大肠菌群等10项必测项目。监测结果表明，按《地表水环境质量标准》（GB 3838—2002）Ⅲ类标准评价，此次监测的七个水源地的水体质量均达到国家标准，见表2。

表2 孝感市2015年1月饮用水源地评价结果表

水体名称	水体所在地	日期	监测点位	管理控制类型	规划类别	水质现状类别	评价结果
汉江	孝感市	2015-01-05	孝感三水厂水源地	省控	Ⅲ	Ⅲ	达标
汉江	汉川市	2015-01-05	汉川二水厂水源地	市控	Ⅲ	Ⅲ	达标
汉江	汉川市	2015-01-05	汉川三水厂水源地	市控	Ⅲ	Ⅲ	达标
大富水	应城市	2015-01-15	应城大富水水源地	市控	Ⅲ	Ⅲ	达标
府河	安陆市	2015-01-04	解放山水库湖心	市控	Ⅲ	Ⅲ	达标
环河	大悟县	2015-01-09	大悟界牌水库水源地	市控	Ⅲ	Ⅱ	达标
金盆水库	孝昌县	2015-01-12	金盆水库湖心	市控	Ⅱ	Ⅱ	达标

三、孝感市地表水环境面临的主要问题

（一）水污染问题

长期以来，各县市区仍然存在一些造纸、化工、印染等高污染企业，加之地方经济保护主义，工业废水排放量大，且存在大量超标排放现象。近年来，孝感市工业废水和生活污水主要是向境内各流域排放，因而境内各流域的水质均被普遍污染，有些水域已多年为劣Ⅴ类水质。目前孝感市府河、环河流域水质枯水期有的监测断面不能达到水体功能区划要求。孝感市辖区内河流水质达标率堪忧。

（二）饮水安全问题

目前我国的水资源综合管理水平较低，治理与管理的速度赶不上环境恶化的速度。尤其是近年来经济、社会的高速发展和城镇化速度的加快，而水资源和水环境的管理模式和方法却严重滞后，导致了在水资源使用和消耗上的粗放经营，观念上的忽略也导致了水资源的浪费无处不在，只以经济为发展目标的理念更是导致了水生态环境的严重污染和破坏。孝感市目前还不能开展对饮用水源地水质的全指标检测，监测能力有待提高，给饮用水源保护工作造成影响；集中式饮用水水质保护区建设不规范，防护设施缺失；水质监测项目不全，部分乡镇饮水安全还得不到保障。这些问题给人民群众的安全用水带来了很大威胁。

四、可能引起孝感市地表水环境问题的原因分析

孝感市大部分的工业企业集中在主要河流的两岸，再加上孝感市的城市人口、农业养殖及农业耕作生产，因此这一区域是孝感市社会经济活动最为集中的区域。同时，这些河流也是孝感市污水排放的主要水体。水资源中的污染物主要来源于居民生活污水、工业企业生产废水和农业养殖面源污染等。

（一）农业面源污染引起的水污染逐渐加重

为推动农产品产量的增长，化肥、农药等农业生产资料过量施用，畜禽养殖业快速发展，但“三废”无害化处理滞后，这导致了农业面源污染引发地表水环境污染日益加剧。

据统计，2012年孝感市畜禽养殖场面积达1 182.6万m^2。随着养殖业的发展，一些地方由于养殖品种单一和过度开发，防治与保护配套措施跟不上、管理机制不健全等原因，导致水域环境不断恶化。据统计，在渔业养殖过程中，由于养殖技术水平低，科学化程度落后，养殖户每天投喂给鱼、虾的饲料约有30%无法利用，沉积到水底，使水中的氨氮、硫化氰含量增加，造成水质富营养化。饲料产品科技含量低，对水体污染严重，而抗生药物的滥用，又引发了药物残留污染问题，加上养殖品种自身的排泄物大量沉积，进而引发了各种污染。

（二）县市污水处理厂建设滞后，中心城区截污管网不完善，污水收集率不高

目前，孝感市已建成 8 座城市生活污水处理厂，并投入运行，基本实现了“一县一厂”的污水处理建设目标，设计污水日处理能力 2.7 万 t。2012 年，全市年实际处理城市生活污水和工业废水分别为 7 520.82 万 t 和 15.42 万 t，生活污水处理率为 53.7%。由于少数区域污水管网建设尚未到位，污水未得到有效处理，污水再生回用率不高。

（三）环保意识薄弱

孝感市在以往的经济建设中，由于环保意识薄弱，没有意识到环境污染对当地生态和社会带来的危害。而有些企业只把企业的发展和效益作为唯一的考量指标，对生产中产生的废水和污水任意排放；一些企业擅自停运或不正常使用治污设施；还有的企业治污设施落后，生产废水超标排放。这些问题的积累，加剧了区域内流域的污染程度。

（四）水资源管理机构之间职能交叉、错位

孝感市区内的城市供水、排水、污水排放、中水回用、地下水、乡村供水、农田水利和防洪防旱分别由建设部门、环境保护部门、国土部门、水利部门管理，导致了权属管理部门与开发利用部门职责不清，政出多门、多头领导、管理交叉的现象。其后果就是水利规划部门间无法协调，水源工程建设难以和供水设施建设同时进行，水源的调度和城乡的供水不能同步，地表水和地下水的管理难以兼顾，城区雨水和污水流入同一管网，流域管理、水源地管理、水质与水量的管理各有其主，责权利三者不清，部门间的利益经常发生冲突，严重影响了孝感市水资源的统一管理和调度。

五、改善孝感市地表水环境的主要措施及建议

（一）优化产业结构，发展循环经济

孝感市是全面治污迫在眉睫的地区。由于传统经济发展模式和产业结构存在严重问题，破坏了孝感市水环境的生态系统，所以应按照循环经济的理念全面优化区域内的产业结构，制定治理结构性污染的宏观规划。以区域内流域为单元划分不同水功能区，统筹规划各功能区内工业与农业、生产与消费以及城镇与农村的水资源消耗配额，发展水资源可循环利用的产业和企业。在此基础上，尽可能利用高新技术集中治污，促进中水回收利用。

（二）开展重点工业污染源治理项目，确保水环境安全

加强孝感市重点工业企业废水综合治理，对于中盐宏博集团公司、湖北省黄麦岭磷化工集团公司等22家企业可增加污水日处理规模12.058万t。加大重点水污染源监管力度，确保工业废水稳定达标排放，充分利用现有在线监控平台和监控终端，发挥在线监控系统的监管作用，加强对重点污染源排放情况的日常监管，确保重点工业企业稳定达标排放。

（三）加大生活污水处理设施的建设力度，提高生活污水集中处理率

切实加强水资源管理，切实提高水资源利用效率，各级环境保护部门做好入河污染物总量核定与削减工作，确保主要流域达到功能区划要求。同时，进一步强化城市污水处理费征收和使用，实行专款专用。

（四）加强饮用水水源地基础能力建设和突发环境事故应急预警能力建设

尽快启动全指标水质监测项目建设，迅速开展水质全指标监测工作，确保饮用水水源安全。同时，加强对饮用水源突发环境事故的应急预警能力建设。根据《全国城市饮用水水源地环境保护规划（2008—2020年）》，截至2012年，已制订应急预案一套，配套应急设备10台，已完成规划要求目标的50%。

（五）提高公众参与意识，加强宣传教育

要做到区域水环境保护和水资源的合理利用，就必须加强公众和管理决策者对水资源保护重要性的认识。通过宣传教育活动，特别是提高公众对水资源功能的认识，强化公众的水环境保护意识和资源忧患意识，加强公众参与意识，才能更有效地加强保护和管理。

（六）加强政策引导，加快推进地表水环境的综合治理

孝感市政府应该加快制定相关的政策和措施来促进区域内环保产业的发展。环保产业发展的根本目的就是保护环境，地方政府应在减免税收、污染治理收费等方面给予优惠政策，鼓励各类企业投资环保产业，促进环保产业的健康发展。

浅谈随州市乡镇以上集中式饮用水源地污染防治

湖北省随州市环境保护局　李晓斌

摘　要：随州是湖北省的干旱地区，区域内无客水过境，水资源短缺，解决好随州城区饮用水安全是市委、市政府面临的重要任务。近两年，随州市政府在治理水源地过程中积累了一些做法和经验，希望为中西部地区同类缺水欠发达城市提供一些有益的思路。

关键词：饮用水　水源地　集中式　污染防治

一、前　言

随州市地处鄂北，是湖北省最年轻的地级市，人口260万，下辖广水、随县、曾都三县市，无客水过境，是淮河和府河的发源地。随州市干旱少雨，年降水量897 mm，共有大小水库699个。城区人口50万，市民饮水主要依靠湖库型及河流型水源地水源为主，城区内最大的水源地是先觉庙水库和涢水王福窑取水点，主要以先觉庙水库及河流型饮用水源地为主。近十年来，随州的经济高速发展，原有城市规模迅速扩张，工业企业逐渐增多，生活和工业污染治理设施配套滞后，管网建设不完善，导致随州市穿城区而过的主要河流府河和涢水沿岸自然形成了78个排污口，严重影响城市饮用水水源地的水质安全。同时由于城市建设、农业面源污染、水利设施、工业生产等管理部门众多，形成了污染治理方面的多头共治格局，污染治理的推进速度较慢，随州市市区范围内的水质有降低的趋势。市委、市政府历来高度重视，并切实抓在手上。市人大将城区饮用水源地保护与综合治理工作作为每年的一号一案，市委常委会、市政府常务会议、市长办公会多次专题研究水源地保护工作，并作为党的群众路线教育实践活动立行立改的内容。

全市形成了“市委统揽、政府主导、人大政协监督、市县镇三级联动、公众积极参与”的工作格局。

二、具体做法和成果

（一）高起点谋划

2013 年 12 月和 2014 年 4 月，随州市环保局对封江口水库和涢水王福窑开展了环境状况调查，查清了饮用水水源地水质、工农业污染源、饮用水水源保护区规范化建设现状等基本信息，形成了《随县封江口水库环境状况调查报告》和《涢水王福窑饮用水水源保护区现状调查及整治报告》，为城区水源地整治做好了先期性调查研究工作。2014 年 5 月，为加强组织领导，市政府成立了城区饮用水水源地环境综合治理工作领导小组，市委常委、常务副市长任组长，市政府办、市环保局、市水利局等 10 个市直部门和随县、曾都区、广水市 3 个地方政府主要负责人为成员，领导小组成员单位先后 4 次召开调研座谈会、碰头会商会，专题研究 2014—2016 年城区饮用水水源地保护与综合治理规划方案、重点项目、任务分工等有关问题。市政府办公室印发了《随州市 2014—2016 年城区饮用水水源地保护与综合治理工作方案》，提出了“2014 年全面启动、2015 年大见成效、2016 年基本达到规范化建设”的总体目标，明确了八个方面 50 项治理措施，逐项分解到 13 个责任单位。

（二）高密度宣传

为了聚合各方力量参与、支持、监督城区饮用水源保护与综合治理工作，市环保局专门制定了《随州市城区饮用水源地保护与综合治理宣传工作方案》，全方位宣传报道饮用水源地保护政策法规、饮用水源保护与治理工作的进展与成效。在《随州日报》头版设置了“加强水源地保护、保障饮用水安全”的专栏，刊发城区饮用水源地保护与综合治理工作评论文章 5 篇、新闻报道 52 篇；制作公益广告在随州电视台和广播电台连续播放；在随州环保网开辟了城区饮用水源保护与综合治理工作专网；在湖北环保网、楚天快报、随州电视台、随州广播电台、随州论坛等媒体刊发、播报城区饮用水源地保护与综合治理新闻、信息近80条，形成了城区饮用水源保护良好的社会舆论氛围。同时，收集梳理环保、水利、住建、卫生等部门有关饮用水源保护方面的法律、法规、标准汇编成册，送发到市人大常委会组成人员、市政府领导和部分市人大代表，开展饮用水源保护相关知识宣传；面向饮用水源保护区周边群众，发放 5 000 份主题为“共护生命之水，同建和谐家园”的水源保护倡议信；组织编印城区饮用水源地综合治理工作《简报》17 期、1 900 余份，送发到市“四大家”领导和部分人大代表、政协委员。

（三）高层次推进

市委书记、市人大主任刘晓鸣在市委工作会议上强调：没有饮水安全，可持续发展就没有基础和保障，要切实保护好主城区“两主一备”的“大水缸”和各个乡镇的“小水缸”。他在视察城区饮用水源地保护工作时指出：要用前所未有的力度取得前所未有的成效。市人大决定 2014—2015 年对市政府开展城区饮用水源保护工作进行专题询问，召开了动员会，组织人大代表对先觉庙水库、封江口水库、涢水王福窑三个城区饮用水源地开展了专题调研。2014 年起市长郄英才先后三次视察城区饮用水源地保护与治理情况，主持召开专题会议，并提出了“打好水源地保护治理攻坚战，确保群众喝上安全、优质的放心水”的要求。市政协对全市水资源利用及综合治理工作开展了专项视察。市政府城区饮用水源地环境综合治理领导小组建立了月例会制度，每月初领导小组召开工作例会，对上月水源地治理的完成情况进行通报，对下月需完成的任务进行部署，目前已召开了八次工作例会，及时解决问题 50 多项；建立了“4+3”工作机制，将市环保局、水利局、住建委、城管局和随县、广水市、曾都区作为重点推进单位，就治理中需解决的问题随时召开会议或现场督办，重点突破，迅速推进。

（四）高标准建设

市政府明确提出了“五个到位”的年度工作目标，即：宣传标识设置到位、水域非法养殖取缔到位、垃圾清理整治到位、城区排污口封堵基本到位、保护区内企业关停到位。各责任单位按照责任分工，明确路线图、任务书、项目单、时间表、责任人，高标准推进饮用水源保护各项工程建设。目前，市住建委筹措资金 1 000 多万元先后完成了白云湖沿岸 46 个排污口截污并网工程，建成白云污水提升泵站并正式通水运行；在府河桥上游铺设管网与城区污水干管连接，将南郊区域和中心城区每天新增 9 000 多 t 污水临时输送至市污水处理厂处理，改变了南郊污水直排白云湖的状况，到 2015 年 5 月底前，按规定计划基本完成排污口截流任务。市水利局投资 50 万元购买 20 万尾鱼苗，实施生态放养，修复先觉庙水库水生态链；投资 31 万元在水源地沿途人口相对集中的醒目位置新增大型宣传牌 28 块；投资 100 万元兴建先觉庙水库二级保护区陆域隔离防护网，完成了王福窑取水口至健民桥段防护网和护坡护砌工程；拆除了先觉庙水库内拦网 47 处。先觉庙水库所有的网箱、拦网、筑坝将在 2015 年农历年底前基本拆除。市交通运输局投资 4.8 万元在炎帝大道涢水桥、建民桥加装了防撞护栏，在桥两端设立了行车警示标志。市城管执法局投资 200 多万元完成了瓜园五组和柳树淌青年西路两座垃圾中转站协调用地，瓜园五组公厕与压缩式中转站已建成投入使用。随县政府在封江口水库周边关键位置树立了告示牌、保护牌、警示牌等，在大坝及封江街道上增设了垃圾箱、警示标语，安装了一级保护区隔离防护网；拆除取水口附近平房两间、养殖网箱 480 只、迷魂阵 10 处、拦河打围 11 处、筑坝拦汊三处，阻止筑坝拦汊行为三起；清理库区上游及周边垃圾 30 余 t，打捞水面漂浮物 8 000 余 m^2。曾都区政府打捞清运 306 省道茶庵桥、健民桥及其以北两座相连桥梁边多年陈积生活垃圾 1 290 m^3；清理转运明珠渠上游厥水河堤 200 m 范围内的建筑垃圾 18 000 m^3；铲除王福窑饮用水源一级保护区防护网内外蔬菜、杂草，清理违规菜园 600 m^2，将场地平整后种植风景树；对健民桥西端沿河 3 亩①耕地采取了退耕措施。广水市政府督促先觉庙水库周边四个村新建垃圾池 60 多个，新建沼气池 46 口，取缔畜禽养殖 58 户，取缔拦网 26 处，兑现农户补偿款 111.4 万元。

（五）高强度监管

各地各部门围绕市政府工作部署，认真履行职责，全方位加强监管。市环保局围绕加强城区饮用水源污染治理，先后开展了贯彻落实《湖北省水污染防治条例》环保执法“零点行动”、工业企业污染物排放情况“拉网式”排查、城区饮用水源地流域内规模化畜禽养殖企业治污设施运行状况专项执法检查、建设项目“未

---

① 1 亩=1/15 hm^2。

批先建”问题专项治理等五大清查整治行动，共出动环保执法人员235人次，突查企业41家，立案查处两家，限期整改三家，依法否决拟建项目两个；开展了南郊涢水沿线废旧小塑料厂的清查和取缔工作，关停了柳树垱社区临河的七家小塑料厂，对瓜园社区两家临河的小塑料厂依法予以查处；同时，将三个城区饮用水源地水质监测频次由“一月一监测”改为“旬监测、月通报”，对王福窑取水口和白云湖断面水质每周监测两次，并将监测范围扩大至府河流域及其支流临界断面，为开展城区饮用水源综合治理提供有力支撑。市水利局加大库区执法力度，变以前每周巡查一次为现在的每天巡查。市农业局制止两起向先觉庙水库周边鱼池投肥行为，起草了《随州市畜禽养殖管理办法》后，已于2015年4月报市政府审批后印发实施。市交通运输局查处先觉庙水库内“三无”工程船舶4艘。市工商局严把市场主体登记准入关，对水源保护区范围内凡涉及污染物排放的行业，一律不予受理。市卫计委加强对玉龙供水公司供水管网末梢水的监测监管，对不合格水样责成公司立即查明原因，采取措施，消除安全隐患。市城管执法局固定安排15名环卫工人，负责对白云湖两岸城区段每天清扫两次。随县政府约谈了卸甲沟金矿、永强矿业负责人，督促企业在经营期限内严格按照安全生产、环境保护的要求规范经营，并做好明年年底前搬迁、关闭的准备工作。曾都区政府印发了《曾都区畜禽养殖管理办法》，将饮用水源保护区划定为禁养区；拆除先觉庙水库一级保护区内的违章建筑三处，面积126 m^2；封填养猪露天粪池一处；立案查处王福窑取水口上游废品收购站一家、小型生猪养殖场一家，限期搬迁；责令王福窑水源保护区内四家工业企业停止生产，将场地转为仓储性质；促使弘大养殖公司签订了搬迁协议。

市环保局在承担城区水源地保护与综合治理牵头单位工作职责的同时，部署开展全市乡镇饮用水源地环境状况调查评估及污染治理工作，完成了全市31个乡镇饮用水源地水质监测和污染源调查等环境基础信息收集，按照技术规范划定了保护区范围，督促各县市区开展2～3个乡镇饮用水源地规范化建设试点，为全面开展乡镇饮用水源地规范化建设提供了示范，奠定了基础。

三、经验总结

通过近两年的实践和探索，笔者认为必须做到以下几点，随州市城区饮用水源地的保护工作才能高效完成，人民群众对水质的安全要求才能基本实现。

（1）必须有一个强有力的组织机构。由常务副市长任组长，各成员单位“一把手”作为成员的水源地整治小组被实践证明是高效、务实的，这一组织机构定时开会、定时协调、定时督办，起到很好的工作领导和推进作用。

（2）要有精准的责任分工。“九龙治水”，听起来场面壮观，实质上如果没有一个有效的分工合作机制，很难合力将水质保护好。因此，面对历史遗留问题和现实问题，必须依照国家法律法规，结合本地实际，进行细致的调研，做好精密的分析和责任分工，如此才能“九龙共治”，同时发力，事半功倍。

（3）要有较强的财政保障。对于随州这样一个财力不够雄厚，仍处在发展阶段的中西部城市，必须要有年初预算计划，将饮用水安全作为民生工程配套相关资金，打有把握的仗。随州市每年投资近亿元开展水源地工作，其他相关县市区拿出一定的配套资金，各部门结合工作职责向上争取，发动企业参与建设，成为随州市水源地保护工作的有力保障。

（4）人大监督十分必要。最早关注随州市水源地的就是人大代表，监督时间最长的也是人大。连续五年的人大一号议案就是水源地保护工作，而且在每年的水源地治理工作中，人大积极参与监督，出谋划策，起到了很好的推动作用。

（5）媒体舆论监督必不可少。充分发挥媒体的监督引导作用，不仅正面宣传随州市在治理和整顿水源地周边环境问题方面的报道，同时对负面信息进行正确引导，形成了全民参与保护水源地的良好的社会舆论格局。

加强东江水污染防治 确保港深莞惠水源水质

广东省惠州市环境保护局 李大义

摘 要：惠州市地处东江中下游，东江是香港、广东4 000多万人的饮用水源地。确保东江水源地水环境安全，是惠州市可持续发展面临的重要战略课题和政治任务。惠州市采取一系列有力措施，狠抓水污染防治工作，在城市人口增长和社会经济快速发展的同时，确保了东江干流惠州段水质优良稳定。

关键词：东江 水源地 水污染防治

惠州市地处东江中下游，81%的国土面积属于东江流域。东江干流惠州段长160 km，是香港、广东的重要供水通道，肩负香港、深圳、东莞、惠州等地4 000多万人的生活、生产用水，关系着东江流域、珠三角区域的经济发展以及香港的繁荣稳定，东江水素有“政治水、经济水和生命水”之称。如何做好水源地保护确保水环境安全，是惠州市可持续发展面临的重要战略课题。

惠州市委、市政府始终保持清醒认识，坚持把东江水环境保护作为保障港深莞惠地区广大群众环境权益、维护社会和谐稳定的重要政治任务来抓，精心部署、科学决策、加大投入，采取一系列有力措施，切实做好东江水质保护工作。在社会经济持续高速发展的同时，全市9个城市集中式饮用水源地水质优良，均符合饮用水源地水功能目标要求，水质达标率为100%；主要江河湖泊水质保持稳定，西枝江水质良好，淡水河、潼湖流域水质持续好转，6个主要江（河）断面均达到功能目标，14个主要湖库水质均达到功能目标要求，东江干流惠州段水质符合Ⅱ类标准，确保供港水源地水质优良稳定，为省港地区的长期繁荣稳定作出应有的贡献。

一、主要做法

在过去的工作中，惠州市东江水环境保护主要做到“四个坚持”。

（一）坚持科学发展理念，统筹推进水环境保护建设

在推进城市建设进程中，强化“发展为民”的理念，坚定“绿色发展”的定力。2006 年就作出了“生态旺市”的战略决策部署，2012 年起先后全面启动国家生态市、水生态文明城市创建，水生态文明理念不断深化。

（1）强化组织领导。市委、市政府高度重视水环境保护工作，成立了由市长任组长的国家生态市、水生态文明城市创建工作领导小组。市委书记、市长经常听取水环境保护工作专题汇报，召开专题研究工作。2015 年起市政府每季度召开环境质量形势分析会。市人大、市政协每年都将水环境保护工作列为议案、提案，组织人大代表、政协委员不定期视察、调研水污染防治工作，有力推动了水环境保护工作。

（2）强化规划引导。编制实施了《水环境功能区划调整方案》和《惠州市饮用水源保护区划调整方案》，进一步完善环境功能区，调整扩大饮用水源保护区，饮用水源保护区总面积占国土面积的 14.90%，确保饮用水源地更好地得到保护；编制实施了《惠州市“南粤水更清”行动实施方案》《惠州市“十二五”生活污水处理厂建设规划》《惠州市惠城中心区主要河涌水环境综合整治总体规划》等一系列规划、方案，为全市经济社会发展提供了环保指引。

（3）强化资金保障。实施多元投入、财政倾斜的水环境保护工作投资政策。加大资金投入，近年来投入 53 亿元用于污水处理设施及配套管网建设，已投入 35 亿元用于河涌综合整治。提升财政扶持力度，分担县、镇财政压力，2014 年市财政分别下发 2 亿元和 3 000 余万元，落实镇级污水设施建设“以奖代补”政策和运营补助机制；下一步，将进一步提高运营补助标准，同时建立乡镇截污管网建设补助机制和村级污水设施建设、运营补助机制，在现有基础上每年再追加超过 1 亿元补助资金。三是市财政每年安排 1 200 万元，专项用于县（区）水环境生态补偿。

（4）强化督促落实。实行重点水污染防治工作强力推进制度，对污水处理设施建设、重点流域污染整治等重点工作进行挂点督导、联合督查、定期报告通报，倒逼责任落实，加大问责力度，确保任务完成。

（二）坚持绿色发展战略，大力倒逼产业发展转型升级

坚持将环境保护作为倒逼产业转型升级的有力抓手，落实最严格的环境标准，大力促进发展方式转变。

（1）严格环保准入。强化总量前置审核，大力推行三个“一律不批”，三个“限批制度”，2012—2014 年否决不符合环保要求企业 615 家，否决率 11%，着力控制新增污染。

（2）加强环保执法监管。持续开展东江等敏感区域的风险源大排查，2012 年以来立案处罚环境违法行为 4 000 宗，处罚金额 1 亿多元，向司法部门移交涉嫌犯罪案件 31 宗。2015 年实施新《环境保护法》以来，截至 4 月底，实施查封扣押 4 宗、责令停产 3 宗、移送行政拘留 1 宗、刑事拘留 3 宗，促进排污企业自觉治污、合法排污。

（3）加快淘汰落后产能。2012—2015 年 4 月共清退重污染企业 179 家，年淘汰率超过 10%；建成博罗龙溪电镀基地、鸿海化工园区等定点产业园区，推动产业优化升级。

（4）持续推进清洁生产。促进 557 家重点企业提升先进生产工艺水平。

（三）坚持深化污染防治，持续减少东江污染负荷

（1）完善环保基础设施，提升污染防治能力。建成生活污水处理厂 74 座，处理能力 148.55 万 t/d，城镇生活污水处理率 96.1%。2015 年再新建 11 座生活污水处理厂，实现“一镇一厂”；建成生活垃圾无害化处理设施 5 个，镇级垃圾转运站 98 个，实现“一县一场”、“一镇一站”；建成危废处理处置项目 13 个、城市生活污泥处理项目 2 个，危险废物和城市生活污泥收集处理率 100%。

（2）开展水环境综合整治，降低污染负荷。启动全市河涌整治大会战，2013 年开始实施《惠城中心区河涌整治总体规划》，计划用 5 年投入 100 亿元综合整治 14 条市区河涌。截至 2015 年 4 月，已完成金山河和青年河整治，其中金山河整

治工程获评“中国人居环境范例奖”；4 条正在实施整治。投入近百亿元，强力推进淡水河、潼湖流域污染整治，流域水质逐年改善；不断扩大禁养区，3 年来清理非法养猪场 925 家、存栏生猪 16 万头；启动全市 63 条镇级河涌污染整治工作，力争在 2015 年年底前基本消除劣Ⅴ类水体。

（3）加强农村环境保护，削减流域面源污染。推进生态示范创建，创建生态镇 46 个、生态村 748 个。统筹开展“美丽乡村 • 清洁先行 • 清水治污 • 绿满家园”三大行动，按“治污水、治垃圾、治生态环境”总体要求加强农村环境保护。2014 年投入 2 亿多元治理农村生活垃圾，建成农村垃圾收集点 2 万多个，配备农村保洁员近 9 400 多名、垃圾收运车辆 3 000 多台，开展整治行动 7 000 场次，清理农村垃圾近百万吨；投入近 2 亿元治理农村生活污水，建成农村生活污水处理设施 246 个。

（四）坚持推进体制改革，提升水环境保护水平

从建立健全生态红线制度、完善环境监管制度、加强资源监管制度、推行环境经济制度、强化环境责任制度五方面推进体制改革，2014 年完成改革事项 22 项。

（1）建立生态环境监测预警机制，建立环保与司法联动查处机制，实行环境违法行为有奖举报制度，环境监管机制进一步强化。

（2）将 380 家企业纳入市环境信用评价范围，鼓励环境污染第三方治理，推进污染责任保险试点，实行水环境生态补偿制度，开展排污权交易探索研究，环境经济手段初见成效。

（3）通过公开招标，聘请第三方对全市 50 条主要河涌实施每月监测，每季度对社会公布监测数据，借助社会和舆论的力量推动河涌整治。

二、问题和挑战

惠州市水环境保护工作虽然取得一定成效，但仍存在一些问题和挑战，新常态下形势依然严峻。

（1）社会经济持续高速发展，尤其是惠州市正处于跻身珠三角第二梯队的关

键时期，工业化和城镇化加速发展，给水环境保护带来更大压力。

（2）局部区域环境问题仍较突出，部分河涌污染仍比较严重。

（3）农村环境保护有待加强，农村生活污水收集处理工作仍然薄弱。

（4）东江上游跨市来水污染物通量逐年增加，淡水河上游跨市来水水质无明显好转、常年处于劣Ⅴ类。

（5）环境监管能力建设薄弱问题突出，尤其是县区、镇办等基层部门无论是人员配备还是硬件配置，都难以适应日益繁重的环保监管责任。

三、下一步对策与措施

惠州市将以国家生态市创建、“清水治污”行动为平台，以污染减排、保障环境安全为主线，制定水污染防治工作方案、水体达标方案，全力落实《水污染防治行动计划》，大力推进六大工程。

（一）实施源头控污工程

（1）加强环保规划引导，科学编制“十三五”环保规划，加强东江水质保护的引导。

（2）严格环保准入，实行主要污染物排放“等量置换”或“减量置换”，继续实施“流域限批”、“行业限批”和“区域限批”。

（3）加快产业结构调整。继续大力推进重污染企业清退工作，建立重点行业、污染源企业清洁生产审核长效机制。

（二）实施治污减排工程

（1）加快污水处理设施建设，新建成污水处理厂11座，实现“一镇一厂”目标。完善污水收集管网，重点加快支次管网建设，解决好截污管网的最后“一公里”问题。

（2）开展新一轮禁养区非法畜禽养殖场清理专项行动，遏制非法畜禽养殖反弹趋势，确保禁养区“零养殖业”。

（三）实施环境安全工程

（1）加大执法力度，加强重点流域和重污染行业环境专项排查，贯彻实施新《环境保护法》，严厉打击环境违法犯罪行为。

（2）加强环境监测监控，强化饮用水源、跨市河流交界断面的水质监测，完善污染源在线监测系统建设。

（3）加强环境应急管理，健全环境应急预案体系，开展应急演练，提升环境污染突发事件处理处置能力。

（四）实施河涌整治工程

落实“南粤水更清”行动计划，推进淡水河、潼湖流域污染整治向深层次治理转变，把整治重点放在管网建设、污水深度处理、生态功能修复、水质提标升级等方面。加快推进污染河涌整治，动工建设市区望江沥、大湖溪沥综合整治工程；进一步深化63条镇级河涌污染整治，把建设生态河涌贯穿整治全过程，逐步恢复河涌生态功能。

（五）实施农村治水工程

大力推进“美丽乡村·清水治污”活动，按照“一年见成效，三年水质清，六年上水平”的目标，实施农村范围生活污水治理、河道整治等“六大行动”，2015—2017年，全市每年再新建200座农村生活污水处理设施，逐步实现“一村一设施”。

（六）实施体制改革工程

（1）建立生态环境红线制度。结合主体功能区划，将东江沿岸、饮用水源地等环境敏感区域划为红线区，实行分区管理，一区一策，实施最严格的环境保护政策。

（2）创新环境监管制度。整合监管力量，充分利用环保、国土、林业、水务、农业等监管资源，建立“统一监管、分工负责”的监管体系，重点建立完善环境保护行政执法与刑事司法衔接工作机制，推进环境保护部门和公安部门联动执法，加大环保执法力度。

（3）实施环境经济政策。大力推进排污权有偿使用和交易试点工作，加快实施水环境保护生态补偿制度，积极推动建立东江流域生态补偿机制，推进水污染整治市场化改革，加强排污企业的环保信用管理，以经济手段促进各相关单位自觉治污。

（4）强化责任落实。强化地方政府目标责任，完善党政领导考核水污染防治内容；加强部门协调联动，完善协作联动机制；完善督查问责制度，对当年未完成目标任务的县区、镇办党政主要负责人进行问责，对协作联动不力的部门负责人进行问责。

关于次级河流水污染整治的思考

——以璧南河水污染整治为例

重庆市璧山区环境保护局 张 川

摘 要： 璧南河水污染整治工作取得了一些成效，但是以璧南河为代表的次级河流整治过程中也面临一些问题，如水环境保护意识淡薄，基础工作相对薄弱，水污染防治长效管理机制不健全等。需要各级政府着眼四个方面继续做好水污染整治：一是建立全社会共同参与的新机制；二是建立统一协调的流域管理体制；三是提高精准管理精准治污水平；四是完善水污染防治政策和机制。

关键词： 璧南河 次级河流 水污染 整治

次级河流是指汇入长江、嘉陵江、乌江的河流[①]。次级河流的水质好坏直接影响着三峡库区水环境的水质安全。本文重点回顾了璧南河水污染治理所取得的成功经验和存在的问题，并在此基础上提出相应对策建议，以期为次级河流水污染整治提供政策参考。

一、璧南河水污染现状

重庆市璧山区有璧南河、璧北河和梅江河等主要次级河流。璧南河是境内最大的一条次级河流，发源于重庆市璧山区大路街道，入江津区域，曲折南流到油

① 付永川，杨海蓉．对重庆市次级河流水污染综合整治的思考[J]．安徽农业科学，2007，35（18）：5535-5536．

溪镇北，汇入长江，流域面积442 km^2，河流总长73 km，涉及璧山境内9个镇街，贯穿城区段共计 18 km，有“母亲河”之称。近年来，随着璧山区经济建设的快速发展，沿河两岸企业迅速增多，区域70%的经济总量分布于沿河流域。璧南河流域污染已到了触目惊心的极端地步，污水横流、臭气熏天、鱼虾绝迹，严重影响人民群众的生产生活和身体健康，治理前百姓将璧南河与臭水沟齐名。重庆市璧山区环境监测站出具的监测报告显示，璧南河水质主要评价指标化学需氧量（COD）平均值为109 mg/L，最高值达356 mg/L，氨氮（NH_3-N）平均值13.4 mg/L，总磷（TP）平均值2.98 mg/L，流域水质普遍为劣V类，水体功能基本丧失。

二、璧南河水污染主要成因

（一）流域周边污染

（1）工业污染严重。流域范围内的造纸、钢铁、电镀等污染企业污水不能稳定达标排放，直接排入河流，严重污染河流水质。

（2）城镇污水处理厂建设严重滞后，污水处理能力低，流域范围内仅有2座污水处理设施，每年约有10万t生活污水直排水体。

（3）面源污染严重。全区 187 个行政村仅有 1%左右实施了农村环境连片整治。生活垃圾、畜禽养殖的污染物直接或间接进入河道，农业生产过程中的农药、化肥大量施用，随雨水进入河道，严重影响着河流水质。

（4）河流生态功能退化严重。河道侵占问题突出，2007 年 7 月 17 日璧山遭遇暴雨洪灾，因璧南河设防标准低、阻洪建筑物多、淤积严重引发全城被淹，流域生态功能退化十分严重。

（二）环境风险防范能力薄弱

璧山区环保局的环境监管能力建设不完善，环境监察监管力量薄弱，执法队伍数量不足，环境监测现代化装备水平不高，监管体系不健全。

三、璧南河整治的主要举措和成效

（一）部门联动成效显著

璧山区政府成立了璧南河污染综合整治联席会议办公室，先后印发了《关于开展璧南河全流域污染治理工作的通知》《璧南河流域污染综合整治工作专项考核办法》等一系列文件，建立“河段长制”，采取科学治理方法和依法治理模式，全面推进璧南河等次级河流水污染整治工作。经过短短一年的时间，璧南河污染状况得到根本好转，水质由当初的劣Ⅴ类上升至Ⅳ类。在取得初步成效的基础上，璧山区政府采取同样的“治河模式”，相继对璧北河、梅江河进行了污染治理，璧北河水质达到Ⅳ类水质要求，梅江河水质稳定达到Ⅲ类水质要求。

（二）运用科学治污体系，污染治理初见成效

（1）“河外截污”。依法对涉水工业污染源、养殖场等进行关停取缔和达标整治。创新工作手段，建立环保公安检察等部门联动办案机制，采取司法介入打开重点养殖污染源整治的“突破口”，对养殖规模最大且抵触情绪十分严重的养殖场提起了全国第二例、全市首例环保公益诉讼。启动城乡垃圾收运一体化精品工程，累计实施 45 个生活污水处理工程建设，关停污染源 985 个，规范整治污染源 2 890 个。

（2）“河内清淤”。针对璧南河河面上垃圾漂浮物和淤泥污染十分严重的特点，对流域涉及镇街辖区 73 km 的主河道进行清漂和流域 9 个镇街主河道、城区三条小河沟进行清淤，清除淤泥 13 万 m^3。

（3）“外域调水”。璧南河具有典型的季节性次级河流特征，径流量非常小，平水期、枯水期基本无活水。因此，在从上游的水库中有计划地放水补充河道的同时，推进中水回用工程建设，将璧城污水处理厂处理后的中水回调上游储备，定期放入城区河段冲洗河床、改善水质。

（4）“生态修复”。从河流整治的长远发展来看，实现在截污基础上河流水体

自净功能最大化，维持河流生态系统平衡是流域污染综合整治的发展方向①。对曾经污染严重的养殖场、工业企业进行拆除并复耕，恢复土地的耕作功能。在主河道和部分生态受损较为严重的支流河道两岸种植水草、水菖蒲、鸢尾、灯心草等挺水型水生植物，建造人工湿地，对污水进行“吸污消化”处理。定期投放鱼苗“以渔治水”，加强城区河流水质改造，逐渐恢复璧南河生态系统的良性循环和功能，让受到污染的河流通过良好的生态环境逐步实现自然修复。

（三）建立长效机制，巩固治河成果

璧山区政府先后印发《关于违法占用农村集体土地责任追究办法》《关于进一步规范养殖业发展加强生态环境保护的通知》《关于加强工业企业环保监管的通知》《关于加强第三产业环保监管的通知》等一系列长效防污治污机制文件，分别将产业源头准入、土地供应源头控制、污染源日常监管等职能职责进行明确。在此基础上，依托生态创建平台，将环境保护工作纳入各镇街经济社会发展实绩考核，实施财政倒扣机制，凡是引进一户污染企业，扣减涉及镇街上年公共财政预算收入的1%。推出环保负面清单，以行业禁止+项目禁止或限制的方式，禁止或限制高污染企业进驻，源头控制涉水污染。建立水环境（“三河”干支流、水库、山坪塘、精养鱼池、污水处理厂进出水、自来水厂及农村人饮工程进出水）质量定期监测机制、污染源三级（区、镇街、村居）定期巡查监管机制、河道清漂保洁工作机制、治污防污全民参与机制等配套协作机制，进一步落实环保主体责任，解决协管盲区和责任推诿的问题，有效保障次级河流整治效果。

（四）实施科技治污，对治污途径进行了有益探索

物联网是继互联网之后的又一次信息技术革命，环境保护是物联网技术应用的典型领域②。物联网应用到水污染整治工作中去，对有效提升水环境质量具有深远的意义。

在重庆市生态文明建设大会提出建设全市一体化的环保物联网的背景下，璧山区锁定“尽职的巡逻队、便捷的举报箱、实时的交易所、权威的裁判长”四大

---

① 罗固源，付永川，等．三峡库区次级河流污染整治的对策分析[J]．专家论坛，2007，19（3）：209-211．

② 蒙海涛，张骥，等．物联网技术在环境监测中的应用[J]．环境科学与管理，2013，38（1）：10-12，86．

功能定位，实施“智慧环保”工程，实现污染源和环境质量的动态管控、预警预测分析和快速响应，在探头落地、数据融合、监管上网和推广应用等四个方面取得了初步成效。分类安装在线监测、视频监控、工况监控和电子标签四类探头，将全区所有国控、市控企业的在线监测数据全部接入物联网。在璧南河安装水质在线监测、视频监控设备 3 套，将监测数据全部接入物联网。形成覆盖到村社的金字塔式的四级监管体系，真正做到环境监管“横向到边、纵向到底”的环保监管网络全覆盖。

建立物联网调度中心，探索设计“环境智能分析预警系统”，促使对前端感知的有效预警，强化中心调度，制定《物联网监管问题分类及调度规则》，对前端感知、监管巡查、公众监督等反映的问题进行分类，再按照监管网格划分和任务调度规则有序分派任务至具体执法人员手机终端，并跟踪、督促任务办理，实现 80%的任务系统自动调度，为大范围推进智慧环保建设、有效治污防污积累了经验。

四、次级河流水污染治理面临的问题

璧南河水污染整治是整个次级河流水污染治理的缩影，由于启动时间早，效果明显，对次级河流整治起到先行先试的作用。“十二五”以来，国家、省市大力推进次级河流整治，已经取得明显成效，但还面临着以下问题。

（一）水环境保护意识淡薄

人们对水环境保护和水污染治理的重要性缺乏足够认识，环境保护意识较为淡薄，多年的环境污染现状使得老百姓已经习以为常，只有当自身利益受到直接损害时才会去寻求赔偿和保护；一些企业主缺少社会责任感，不愿意在环境保护设备方面增加投入和加强管理，甚至经常闲置环保设备并偷偷排污，往往以牺牲和破坏环境为代价，追求经济效益最大化。

（二）基础工作相对薄弱

一是污水处理设施不完善，已建成投运的污水处理厂站运行不稳定，二、三级污水管网雨污分流效果较差，工业污水混流收集、雨污分流不彻底、管网破损溢流等情况仍未彻底解决。二是基层环境执法难，基层环保人员编制与机构不健全，经费难以保障。三是统计体系不完善，水环境统计数据缺乏权威性。

（三）水污染防治长效管理机制不健全

污染源从产生到进入河道涉及环保、市政、农业、水务等多个部门，各职能部门在实际工作中互相扯皮、推诿。跨行政区域流域的水污染防治，谁是责任主体没有明确规定。面临水污染问题时，位于同一流域内不同行政区的地方政府在做出治理决策时出于理性动机，只会最大限度地反映本地区的利益。所以，上游地区往往将治污成本转嫁给下游地区。城镇水资源管理分割，上下游管理分割，水资源开发利用与水污染防治管理职能分离。“九龙治水”表面上集中了各方力量，但实际上各部门协调配合力度不够，缺乏完善、统一的流域治理规划和政策，反而在人员和资金等方面造成浪费。

五、次级河流水污染整治建议

（一）建立全社会共同参与的新机制

有效且长效的次级河流水污染整治机制一定是“以行政手段为主要特征的政府治理，以市场为导向的企业治理，以社会舆论、社会道德和公众参与为主要特征的公众推动治理”的有机结合，是全社会共同参与的治理[①]。按照生态文明体制改革和“水十条”要求，积极推动形成“政府统领、企业施治、市场驱动、公众参与”的社会共治模式。政府要当好“掌舵者”，制定水污染防治规划，建立信息公开制度，完善公众参与机制，定期公布环境质量和治污进度，保障公众的环境知情权，使公众了解当地的环境状况，更加有效地参与到水污染防治的监督和管理中去。企业要严格守法，落实主体责任，主动淘汰落后设备和工艺，加强污染治理设施建设和运行管理，开发和运用节水治污的环保产品和技术。媒体要加强宣传，及时报道群众关心的环境热点问题，发挥舆论的引导作用，提高公众的环

① 贺震．科学治水良法先行[J]．环境经济，2015，18（6）：4-12．

境保护意识。充分发挥环保公益组织作用，维护群众环境权益和公共环境利益。

（二）建立统一协调的流域管理体制

厘清辖区范围内负有次级河流水环境监督管理职责的各职能部门的具体职责，细化工作内容，强化沟通、协调和配合，避免职能交叉重叠、权责分离。完善次级河流上下游之间的协作联动工作机制，加强在污染治理、水质监测等方面的沟通与协调。

（三）创新排污监管的工作模式

在次级河流水污染整治上，以发展网络化、智能化、服务化、协同化的环保物联网为抓手，创新排污监管的工作模式，从以往监管被动、依靠人力和经验转变成主动高效的监管模式。加强对次级河流水环境质量监测的网络建设，对污染排放实施实时监控和管理，解决对偷排偷放、治理设施闲置等行为取证难的问题，消除企业的侥幸心理，使企业难以抵赖，有力威慑违规排放行为，提高精准管理和精准治污水平。

（四）完善水污染防治政策和机制

一是完善流域上下游跨行政区的生态补偿制度，在次级河流上下游间建立交界断面水质交接制度，未达到水质要求的，上游行政区人民政府应当对下游地区给予补偿；对下游地区因特殊的水环境质量要求，需要上游地区限制开发建设或者采取专门的生态保护措施的，下游地区应当对上游地区采取横向资金补助等方式，给予补偿。二是构建企业环境信用评价制度，开展企业环境信用评价，向社会公布评价结果，推进评价结果信息共享[①]。三是实施工业污染治理成本单独核算制度，鼓励专业污染治理公司承担工业污染治理设施的建设、运行和维护，加快实现水污染治理的专业化和市场化[②]。三是创新水污染治理的 PPP 项目融资方式，推进农村面源污染治理、污水处理工程、城镇生活垃圾收运及处置等领域打包实施 PPP 模式，提升整体收益能力，扩展外部效益。

---

① 贺震．科学治水良法先行[J]．环境经济，2015，18（6）：4-12.

② 王海宁，等. 中国水污染防治工作的问题与对策[J]．环境科学与管理，2009，34（2）：24-27.

六、结 语

次级河流污染是三峡库区当前所面临的最为突出的水环境问题之一。近年来，次级河流整治已经取得一定的经验。但是，持续巩固和有效提升次级河流水环境质量还是一项任重道远的工作，有待进一步研究。

深化改革 严格执法 加强重点流域生态保护

贵州省黔西南布依族苗族自治州环境保护局 陈先华

摘 要：黔西南布依族苗族自治州水资源极为丰富，地下水贮存条件与运动规律十分复杂。为加强全州水生态环境保护，州环保局以马岭河为例，探索重点流域生态文明制度改革，提出“远近结合、标本兼治”、“科学规划、综合防治”、“突出重点、分类指导”三原则，明确流域治理的主要任务和内容，严格环保准入，严格环境执法监管，推广防治技术，加强宣传教育，多管齐下，取得了可喜成效。

关键词：水生态环境 流域生态保护 环境执法

黔西南布依族苗族自治州位于黔滇桂三省（区）的结合部，即贵州省西南隅、云贵高原东南端。东与黔南布依族苗族自治州罗甸县接壤，南与广西隆林、田林、乐业 3 个县隔江相望，西与云南省富源、罗平县和六盘水市的盘县特区毗邻。黔西南州位于珠江上游，水资源极为丰富，有南、北盘江、国家级风景名胜马岭河流域——万峰湖风景区等重要水体。州境内河网密度为 0.146 km/km^2，有 10 km 以上河流共计 106 条，流域面积大于 20 km^2 的河流 102 条。有 120 多座大小湖库和水库，其中仅大型湖库就有万峰湖、龙滩电站库区和平班电站库区等 10 余座。有千人以上集中式饮用水源点 97 个（其中县城以上集中式饮用水源 16 个）。全州为喀斯特岩溶地貌发育，岩层透水性强，且地下水贮存条件与运动规律十分复杂，空间分布难以把握。为全面加强黔西南州的水生态环境保护，就推进马岭河等重点流域的生态文明制度改革，严格环境执法监管，加强流域生态环境保护，促进流域经济社会可持续发展做出积极探索。

一、马岭河流域的基本情况及水环境基本现状

马岭河峡谷属国家级风景区，峡谷景区总面积约 450 km^2，重点景观 56 处。马岭河作为兴义市境内南盘江的主要支流，距兴义市区约 4 km，全长 74.8 km，集雨面积 1 250.2 km^2，上游干流为楼下河，主要支流有六条，即：泥堡河、木浪河、纳省河、弯塘河、锅底塘河和顶效河。近年来，随着工业化、城镇化的推进和矿产资源开发，马岭河流域经济社会快速发展，同时也导致了化学需氧量和氨氮等主要污染物的排放量不断增加。在全州各级各部门的共同努力下，水污染防治虽取得一定成效，但水环境恶化趋势未能得到有效遏制。马岭河水污染问题已经逐渐成为制约流域经济社会可持续发展的突出问题，严重破坏了风景区的旅游资源，当地群众和游客反应强烈。

二、马岭河流域主要污染源分析

（1）从盘县入境进入马岭河的上游干流楼下河，由于受盘县片区煤矿企业排放的废水及其他工业企业排放废水的污染，入境水质污染严重。

（2）普安楼下片区有 21 家煤炭开采企业。一些整合后新开工建设的煤矿污水处理设施还未建成，老矿井废水未经处理直接外排；一些煤矿污染设施较小，处理能力不能满足涌水量而无法将生产的污废水进行完全处理，直接从泥堡河和楼下河流入马岭河；甚至一些煤矿业主的环保意识淡薄，夜间偷排生产废水，造成水体污染。且矿山环境污染严重，煤矸石就近堆放，在雨季煤炭废水问题更为突出。

（3）在马岭河流域沿岸，有大小工业企业 50 多家，每天排入马岭河的工业废水量高达 1 万 t 之多。一些企业污水治理设施正在建设当中，还未投入运行，其生产废水是直接外排；有的企业虽然建设了污水治理设施，但由于其处理能力达不到要求，明里暗里也在偷排；更有甚者，一些小微企业根本没有任何治理设施，加工过程中产生的大量高悬浮物废水，直接排入伍寨河，最终也进入马岭河。

（4）城市及流域沿岸乡镇污水处理等城市基础设施建设滞后，城镇生活污水

直接流入马岭河；马岭、楼下等集镇生活垃圾及废水，未进行收集处理，最终进入马岭河。

（5）马岭河流域范围内农业生产仍占有一定比重，耕地面积较大，再加上流域范围内山势陡峭，坡耕地多，水土流失较为严重。在生产中大量使用的化肥、农药以及土壤中的有机质，经雨水冲刷后进入河中。清水河、万屯、马岭等地的芭蕉芋、生姜等农作物加工，因工艺简单造成大量废水和废渣直排。

因受到上述工业、农业及城市生活污水的污染影响，加之马岭河水量特别是在旱季水量较小，因此，马岭河的承载能力弱，水体水质差。

三、实施马岭河流域治理的工作目标

通过集中防治，计划到 2015 年年底，使马岭河流域水质得到初步改善；到 2017 年年底，农业面源污染得到有效治理，生活污染治理取得明显成效，工业企业污染得到彻底整治，废水排放基本实现循环利用，有效控制马岭河流域内工业企业和城镇生活的化学需氧量和氨氮排放，使马岭河流域的水污染问题得到根本解决，干流水质明显改善，断面水质稳定达到规定功能区标准。

四、实施马岭河流域治理的基本原则

（1）坚持“远近结合、标本兼治”的原则。立足当前、着眼长远，系统推进、分步实施，着力解决流域水体化学需氧量和氨氮污染问题。

（2）坚持“科学规划、综合防治”的原则。针对流域内的经济社会持续发展、环境保护及生态建设等方面的因素，大力推进污染综合防治。

（3）坚持“突出重点、分类指导”的原则。针对流域的突出环境问题和环境保护薄弱环节，着力解决重点行业和重点污染源污染问题。

五、实施马岭河流域治理的主要任务和内容

按照 2015—2017 年三年环境保护工作的总要求，以“十二件环境保护实事”

为抓手，强化农业面源污染治理，推进流域内重点城镇污水处理和垃圾处置等环保基础设施建设，加快楼下片区煤矿“一矿一污水处理站”建设等工业企业治理，切实加强监管，确保企业污水稳定达标排放。

（一）有效控制农村农业面源污染

（1）优化农业种植结构和布局。切实开展农业科技培训，引导农民积极调整种植结构，实施科学种植，大力发展绿色农业、生态农业和有机农业，有效解决农业面源污染问题。

（2）加强流域畜禽养殖污染防治。对流域内畜禽养殖业开展清理，积极推广集中养殖、集中治污。加快规模化养殖场的环境污染防治，不断提高畜禽养殖的环境保护管理水平。

（3）实施绿化工程，建设流域生态走廊。结合珠防工程，建设流域防护林、水源涵养林等生态隔离带，进行流域水土流失综合防治，恢复植被，涵养水土，保护水质。

（4）加强流域农特产品加工业的污染防治。对流域内农特产品加工业进行全面清理整治，重点加强芭蕉芋、生姜加工行业的水污染防治，各加工点必须建设污水处理设施，或集中建设规模加工企业，集中进行污水处理。

（二）深化工业污染防治

（1）认真排查普安县楼下片区煤矿废水排放情况。对未建成污水处理设施的煤矿，督促其在2015年年底前按照“十二件环保实事”要求，实施“一矿一污水处理站”建设。对已建成设施但达不到处理能力的煤矿，根据煤矿企业整合情况，督促企业按照环保“三同时”要求，扩建改造污水治理设施，提高处理能力，满足处理要求；对现有设施处理不能达标排放的煤矿企业实施限期治理，限期治理达不到要求的，责令停产。切实加强煤矿企业污水处理设施运行监管，加大巡查力度，确保企业污水处理达标排放。

（2）认真排查清水河园区和义龙试验区煤炭洗选企业污水排放情况，对未建成污水处理设施的一律责令停止生产，限期于2015年年底前按要求建成污水处理设施。对已建成设施但达不到处理能力的，督促企业按照环保“三同时”要求扩建改造污水治理设施，提高处理能力，满足处理要求；对现有设施处理不能达标排放的实施限期治理，限期治理达不到要求的，责令停产。切实加强煤炭洗选企业污水处理设施运行监管，加大巡查力度，确保企业污水处理达标排放。

（3）加强对清水河园区和红星工业园区工矿企业及贵州兴化、贵州宜化以及兴义市辖区涉及马岭河流域工矿企业污水排放的监管。根据企业排污情况，实施“一厂一策”的监控方式，加大巡查力度，确保企业污水处理达标排放。

（三）加快生活污染治理

（1）建成普安楼下污水处理厂及其配套管网。2015 年年底前完成前期工作，2016 年年初动工建设，年底建成投运。

（2）进一步完善兴义城区及马岭镇、清水河镇污水收集配套管网建设，完善雨污分流体系，不断提高污水收集率。到 2016 年年底，确保兴义城区污水收集率达到 90%以上；全面提升兴义市桔山污水处理厂、下午屯污水处理厂及马岭镇、清水河镇污水处理厂的处理能力和水平，加强对出水水质的监测，采取强有力的措施，实现处理出水稳定达标；重视污泥处理处置和资源化利用，城镇污水处理厂的污泥要进行无害化处理，避免二次污染。

（3）进一步完善顶效、万屯等城镇污水收集配套管网建设，完善雨污分流体系，不断提高污水收集率。到 2016 年年底，确保顶效片区污水收集率达到 80%以上。加强管理和对出水水质的监测，采取强有力的措施，确保污水处理达标排放；重视污泥处理处置和资源化利用，城镇污水处理厂的污泥要进行无害化处理，避免二次污染。

（4）实现村镇生活污水处理。以社会主义新农村建设为契机，全面实施农村小康环保行动计划，制定规划，用 3～5 年时间，实现流域范围内千人以上村寨均建有生活污水处理设施。

（5）统筹城乡垃圾收运及处理，提高城镇垃圾收集处理率，稳步推进马岭河流域城镇垃圾收运体系和无害化处理设施建设。

（6）切实开展景区整脏治乱，景区生活污水实现达标排放。对进入马岭河形成瀑布的支流设置垃圾拦网，并及时清除漂浮物。

（四）强化重点工业污染源及河流水质监测

加强环境应急能力和应急装备建设，完善环境应急监控及重大突发事件应急体系，提高预警和突发事件监测装备水平，有效防范重大环境应急事件，全面开展建设项目、污染防治设施、城市集中式饮用水源地、重要生态功能区和矿山生态环境监察，建立完善的环境监察、监测制度程序，不断提升环境监察、监测水平，努力维护生态环境安全。

六、保障措施

（1）严格环保准入，控制新增污染。严格执行国家产业政策，严把环保准入条件，严守土地和信贷两道“闸门”，控制高污染行业向流域区域扩张。加快产业结构优化升级，大力发展高技术、高效益、低消耗、低污染的产业，发展循环经济，推行清洁生产，加快形成节能、环保、高效的产业体系。

（2）加大执法监督，提升监管能力。完善监测制度体系，对马岭河、楼下河、顶效河等县（市）界河流域断面开展定期监测，对重点监控企业和单位增加监督性监测频次，实行适时监控、动态管理，掌握流域水质变化动态，为监管提供技术决策依据。严格环境执法监管，全面实行重点污染源监管责任制，将监管责任落实到人。严厉查处各类环境违法行为，做到有法必依、执法必严、违法必究。对重大的环境违法案件，实行挂牌督办，建立环保执法责任追究制度。重点推进楼下片区煤矿“一矿一污水处理站”建设，对无污水治理设施却仍在生产的煤矿企业，环境保护部门必须报请当地政府责令停产治理；对设施处理能力不足、废水超标排放的企业要实施限期治理；对有污水治理设施，但运行管理差，运行不正常的企业要责令限期整改。

（3）推广防治技术，提高防治水平。加强化工、酿造等重点行业清洁生产工艺、工业废水处理与排污监控技术的开发应用，提高工业污染防治水平。加强农业面源污染防治技术的应用，推广生态施肥、病虫草害生态控制、畜禽粪便无害化处理与资源化利用、生活污水净化处理和生活垃圾分类处理等清洁技术，提高农业面源污染防治和农村生活污染防治水平。

（4）保障资金投入，创新体制机制。建立政府主导、企业为主、社会参与的污染防治投入机制。地方政府要将治污经费纳入财政预算，增加对河流水污染防治的投入，着重支持基础性、公益性治污项目的建设。充分运用市场机制，拓宽环保投融资渠道，鼓励社会资本投资经营污染防治设施，大力发展环保产业。

（5）加强宣传教育，形成齐抓共管。结合实际制定马岭河流域实施水污染防治专项宣传计划，组织新闻媒体宣传推广先进经验，揭露、曝光反面典型，充分发挥新闻舆论的作用。广泛开展环保教育，普及环保知识，增强全社会的环境忧患意识和责任意识，形成人人关心环境、珍惜环境、保护环境、美化环境的良好社会氛围，形成社会公众参与机制。领导干部要增强环保意识，切实加强对企业负责人的环保培训，增强其落实环保优先方针、做好环保工作的自觉性。积极推进企业环境诚信建设，建立企业环保监督员制度。

新《环境保护法》后的阜新市细河综合治理功效

辽宁省阜新市凌河保护区管理局　刘彦鸿

摘　要：细河在阜新市穿城而过。随着阜新工业化步伐的加快，工业废水、生活污水、城乡垃圾等给细河的生态环境造成了严重破坏，水质环境恶劣，有的断面水质达到劣Ⅴ类。为了恢复良好的细河生态环境，辽宁省委、省政府及阜新市委、市政府从2014年起对细河进行综合治理，并且取得了阶段性成果和实质性突破。

关键词：新《环境保护法》　阜新细河　综合治理　功效

一、细河污染状况

细河在辽宁省阜新市穿城而过，曾经水流清澈，鱼虾成群，水草丰腴，林木成荫。但随着阜新工业化步伐的加快，“煤电之城”在创造辉煌的同时，工业废水、生活污水、城乡垃圾等给细河的生态环境造成了严重破坏，水质环境恶劣，生态环境脆弱，有的断面水质达到劣Ⅴ类，重要干支流断流、河道被侵占的现象时有发生，草木植被日渐稀少，一定程度上影响了沿河居民的生产生活，细河从此成为远近闻名的“臭水河”，特别是在汇入大小凌河后，给流经省内其他城市和地区的生态环境造成了不同程度的污染和破坏。

2014年4月24日，第十二届全国人民代表大会常务委员会第八次会议修订《环境保护法》，自2015年1月1日起施行。新《环境保护法》修订及施行以来，阜新市细河综合治理迎来了新的春天。2015年辽宁省委、省政府将其列为民生实事之一，列入2015年省、市政府工作报告，目的就是要全面恢复细河的生态环境，确保稳定达到Ⅳ类水质，实现“清美细河，汇融凌河”的美好愿景，还阜新人民的母亲河应有的地位和尊严。

开展细河综合治理，需要辽宁省辽河凌河管理局（以下简称“省辽河凌河局”）和阜新市政府联合成立领导小组，严格落实沿河县区和相关部门的职责，加大督查考核工作力度，统筹规划，分步实施，治标工作采取以细河综合治理“543”工程为措施，治本工作采取了对重点污染源的整治，总投资 3.5 亿元对细河实现标本兼治。

二、细河治理措施

（一）以治标为突破，全力开展细河综合治理工程

总投资 1.4 亿元的细河综合治理“543 工程”包括韩家店河、王营子河、五道桥河（含支流转角庙河）、汤头河和清河 5 条污染河流的生态恢复工程，阿金歹桥、新阿金桥、新地桥和东梁桥 4 个生态示范点工程，长营子桥段、阜新城市中心段和九营子河口段 3 个生态示范区工程。与此同时，阜新市千方百计筹措资金，加大向上争取力度，实施了一批优化“543 工程”项目，主要包括伊吗图湿地扩容改造工程、公官桥湿地建设工程、汤头河入细河汇流口湿地工程、细河城市中心段（祥宇上品）清淤工程、细河三一八公园处石方挖运等工程。按照有关规定，细河综合治理工程严格规范工程建设管理，认真执行工程基本建设程序，落实了工程建设“项目法人制、招投标制、监理制、合同制”，确保工程项目安全、规范、科学、合理实施。“543 工程”由省辽河凌河局统一组织可研、初步设计及专家评审；省发改委、省环保厅、省辽河凌河局予以资金支持并全程跟踪、服务、协调。工程的可研和初设由沈阳农业大学按照生态治河的理念进行规划，由阜新市水利勘测设计研究院进行设计，由阜新市公共资源交易中心统一挂网招标。整个工程共分为 12 个子工程、38 个标段，现已全面实施。

细河综合治理工程自 2014 年全面开工建设，截至 2015 年 9 月主体工程已全部完工。累计完成清污 400 万 m^3、石笼砌筑 5 万 m^3、混凝土浇筑 1 万 m^3、植树 10 万株、水生植物栽植 34 万 m^2，建设橡胶坝 1 座、潜坝 16 座，新建及加固堤防、铺设堤顶路 6 120 m，建设湿地 20 余处、凉亭 3 座、观赏栈道 1 100 m。过去

的黑水河如今实现了河清滩绿、堤固水长、鱼游蛙鸣、鸟语花香的华丽转身。现在的细河已经成为阜新市人民心目中的景观河、生态河、文明河，两岸优美的景观带吸引每天数万人到这里休闲锻炼。

细河综合治理工程的实施，进一步改善了阜新的城市形象，完善了城市功能，提高了城市品位，让阜新更加宜商、宜居、宜业。

（二）以治本为重点，全力开展污染源整治行动

按照党的十八大“尊重自然、顺应自然、保护自然”的生态文明理念，阜新市参照省出台了《阜新市凌河流域河流断面水质目标考核暂行办法》，严格落实市县区“河长”、“段长”责任制，同时设置10个考核断面，每月抽取监测数据，建立水质达标会商机制和水质监测数据分析机制，对考核不合格的县区实行生态恢复补偿金的扣缴，进一步强化监管职责，努力营造守护细河、保护细河的良好氛围。

阜新市共投入资金 2.1 亿元，加大了水环境整治的工作力度。一是对沿河化工企业实行搬迁，推动化工企业进园区，污水实现集中处理。二是对沿河煤矿、洗煤厂、煤泥坑采取了关闭、整改等措施，对不能达标的实行一票否决制，立即关停，对大煤矿如清河门矿、五龙矿等要求立即整改，并通过上耙式浓缩机等措施实现达标排放。三是加大了截污干管的建设力度，实现对生活污水、工业废水等的统一收集，集中送到污水处理厂进行处理。四是在现有污水处理厂20万t处理能力的基础上，对蒙古贞污水处理厂、东梁温泉城污水处理厂、皮革基地污水处理厂、氟化工基地污水处理厂实施了提标改造工程，预计所有污水处理厂建成后可实现处理污水能力30万t，满足阜新城市污水处理能力需求。五是实施标准化排污口建设，省辽河凌河局及阜新市先后修建标准化排污口6个，治理整顿清理排污口 13 个。六是加大巡河护河工作力度，对私设排污口、偷排污水、倾倒“三堆”等现象，始终保持高压态势，发现一起处理一起，保护细河生态环境不受侵犯。

截至2015年10月，考核阜新市的高台子断面水质达标率实现了100%。1—10月省辽河凌河局的监测报告显示，COD（化学需氧量）、BOD（生化需氧量）、溶解氧、氨氮、总磷、氟化物等各项指标均达到Ⅳ类水质要求。

对重点污染源的整治有效保证了细河水质的稳定达标，为大小凌河的“健康”

注入了新鲜血液。

三、开展细河综合治理所取得的功效

如今，经过治理后的细河穿城而过，与城市发展一脉相承，筑造起了清美细河、宜居城市的如诗画卷，产生了良好的生态效益、经济效益、民生效益和社会效益。

（1）生态效益初露端倪。细河综合治理工程的实施，水质改善了，环境变美了，生物多样性得到恢复，城市 20 km 长的水面形成了人、水、林、景相融的景观带，特别是占地 1 000 亩的细河伊吗图湿地，荷花盛开、蒲草碧绿、野鸭戏水、苍鹭低飞，各类候鸟达到 40 种，其中国家二级保护种类有 4 种以上，主要有大天鹅、白琵鹭、红隼、凤头麦鸡等，并已出现天鹅种群，成为人们休闲观光的好去处。

（2）经济效益显著提高。细河综合治理工程的实施，不仅改善了城市形象，提升了城市品位，还有力地带动了细河两岸土地的增值，促进了房地产项目的开发。人们纷纷到细河两岸买房置业，吸引民间资本向细河两岸集聚，让商人、群众都切实感到了治理后的成果。目前，通过细河治理，还腾空两岸土地近千亩，土地出让金可达 5 亿～10 亿元，促进房产开发百余万平方米，有效带动了阜新经济社会发展。

（3）民生效益日益增强。过去细河未治理前，河水发臭，植被稀少，给人们生产生活带来诸多不便。细河治理后，有效提高了人民群众的幸福指数，人们开始到河堤上、凉亭里游走，老人在广场上健身、跳舞，孩子们在细河边玩耍嬉戏，细河两岸到处都是人与自然和谐相处的场景。百姓对党和政府开展细河治理工作啧啧称赞，共同守护母亲河生态环境的责任感和紧迫感与日俱增。

（4）社会效益不断提升。2015 年阜新市人大常委会通过设立 6 月 26 日为“细河守护日”。当天，阜新市在月亮湾广场开展“守护母亲河，全程在行动”等一系列活动，向广大市民群众展示了细河综合治理工作的成果，得到了全社会的认可和支持。守护好、治理好、保护好细河成为全市人民的重要职责和神圣使命。新华社、辽宁电视台、阜新日报等媒体多次报道了细河治理的成效。阜新因细河治理工作的开展，美誉度和影响力不断提升，营造了良好的对外开放和招商引资环境。

专题四　生态文明建设探索与实践

适应新媒体环境下的新变化
引领环境保护工作的新常态

内蒙古自治区阿拉善盟环境保护局 张 涛

摘 要：随着新媒体时代的到来和公众对环境问题的高度关注，环境舆情事件屡屡发生。分析新媒体与舆论传播新变化，探索新媒体为环保工作带来的机遇和挑战，找到环保工作与新媒体对接的有效途径，正确引导舆论，把公众对环境问题的关注转化为解决环境问题的正能量，是新形势下环境保护工作的重要内容。

关键词：环境舆情 新媒体 机遇 公众参与

当前，环保工作如何适应新媒体时代的到来和环境保护的新常态，提高运用新媒体宣传环保、引导舆论的能力，让我们的声音最响亮，让我们的信息最可信，把公众对环境问题的关注转化为解决环境问题的正能量，已成为环境保护部门迫切需要解决的问题。内蒙古阿拉善盟盟委书记云喜顺同志在 2015 年第一次盟委（扩大）会议上提出，开展“科学发展隐患排查化解年”和“科学发展舆论引导提升年”活动，要求全盟各级各部门深刻汲取腾格里环境污染事件的沉痛教训，主动适应互联网等新兴媒体成为宣传思想工作主渠道的新常态，建立健全信息发布机制和政策解读机制，做到重大问题上不缺位、关键时刻不失语，全面提升驾驭舆论工作的本领、化解舆论危机的水平、与媒体打交道的能力，切实把阿拉善的故事讲好，把阿拉善的声音传播好，把阿拉善的形象展示好，为促进经济社会发展凝聚强大正能量。

一、新媒体与舆论传播的新变化

“新媒体”是相对于电视、报刊、广播等传统媒体而言，在新技术支撑体系下出现的媒体形态，如数字杂志、数字报纸、数字广播、手机短信、移动电视、网络、桌面视窗、数字电视、数字电影、触摸媒体等，向用户提供视频、音频、语音数据服务、远程教育等交互式信息和娱乐服务，以此获取经济利益的一种传播形式。

（一）新媒体传播路径多样化

新媒体可以通过主流媒体方式线性传播，也可以通过存储、读取方式非线性传播，它完成了由点到点、点到面的一对多、一对一、多对多、多对一的网状传播方式。

（二）新媒体传播内容和手段多样化

从内容上看，新媒体既可以传播文字，也可以传播声音和图像；在传播特征上，新媒体具有交互性与即时性、海量性与共享性、多媒体与超文本、个性化与社群化等特点。

（三）新媒体改变了舆论传播格局

博客、微博、微信、论坛、贴吧等新媒体同电视、广播、报纸等传统媒体竞争主流地位，以其独特的优势被广大民众迅速接受。新媒体环境下的网络舆论虽不能完全代表社会主流声音，但又是不能忽视的社会情绪“晴雨表”，新媒体的出现从内容和形式上都极大地促进了健康传播的发展。但是，当人人都成为信息的发布者时，自媒体的去权威化和海量信息的出现又会带来各种各样的问题，也给新媒体的健康传播环境带来许多困扰和挑战。因此积极应对新媒体带来的网络舆论的新变化，化消极因素为积极因素，对于满足合理诉求、疏解不良情绪、构建和谐社会，实现舆论效果与促进环保事业发展的有机统一具有重要意义。

二、新媒体给环保工作带来的机遇和挑战

（一）新媒体的发展为环保工作带来了机遇

（1）促进法律实施。环境保护部门可以充分发挥各类网站、移动载体等新媒体的作用，大力宣传新《环境保护法》，提高法制宣传覆盖面和影响力，提升宣传效果，营造人人关注、广为知晓的社会舆论氛围和法治环境。

（2）拓宽了传播环境信息的渠道。在互联网中，公众可以主动选择自己感兴趣的事件或话题关注，信息的反馈也非常及时，能够在很短的时间内聚集其具有共同关注点和兴趣偏好的广大网民，为环境科普、信息发布、形成舆论创造了条件。

（3）推动全民参与。通过新媒体的宣传，可以有效激发公众参与意识，构建全民参与环境保护体系，促进全民树立正确的生态道德观、价值观、政绩观和消费观，在全社会营造尊重自然、顺应自然、保护自然的生态文明理念。

（4）促进社会和谐。新媒体的交互性带来及时交流和网络互动，在一定程度上反映不同利益群体的诉求，成为环境保护部门了解社情民意、解疑释惑的重要窗口，也成为公众表达意愿、维护知情权、监督权、参与权的重要渠道，有助于促进理解和信任，避免误判和过激行为的发生，促进社会的和谐稳定。

（二）新媒体的发展也对环保工作提出了挑战

（1）我国已进入社会转型期和环境敏感期、环境风险高发与环境意识提升叠加期。过去，人民群众“盼温饱”、“求生存”。现在，“盼环保”、“求生态”，对清新空气、清澈水体、清洁土壤的需求越来越迫切。环境污染问题引发社会和群众广泛关注。

（2）环境事件的高发性和突发性带来巨大舆论压力。过去，能源资源和生态环境空间相对较大。现在，环境承载能力已达到或接近上限，资源约束趋紧、环境污染严重、生态系统退化，新媒体环境下极易引发环境舆论事件。

（3）运用新媒体的公众人数多、环境信息需求海量，但环境保护部门信息

的发布能力不足，缺乏被媒体认可并能引导舆论的信息，不可避免地带来一些问题。

三、新媒体环境中环保工作的新策略

（一）主动了解新媒体、善用新媒体

新媒体已经天翻地覆地改变了信息的传播方式，以网络为平台的民间舆论场影响力显现，网络日渐成为新闻舆论的独立源泉。无论新闻事件开始于传统媒体还是互联网，最终这个事件都会在网络形成热点。在舆论形成的过程中，微博、微信、论坛等各种力量相互传输融合，使舆论迅速聚集、发酵和放大，形成蝴蝶效应。因此环保工作者应该主动去了解和认识新媒体，以及新闻热点传播的新机制，从而提升驾驭舆论工作的本领、化解舆论危机的水平，做好环境宣传和舆论引导工作。

（1）提高认识，将被动宣传转变为主动宣传。近些年来，环保管理部门已经加大了对运用新媒体宣传环保工作的力度，如新闻发言人制度的设立、新闻发布会的举办，试图提高其应对媒体的能力。然而，从提高舆论引导力方面看，离善待善用媒体新要求的差距仍不小。这固然与善用媒体的技能缺失有关，但更主要的则是观念意识问题。我们的不少同志对媒体仍是防范的、消极的、被动的，不能主动学习用现代的方式运用媒体、善待媒体，心目中对媒体的态度不是“把它管住”，就是“随它去”。在群众关心的问题上，推诿搪塞，不敢讲真话实话，以至于常常陷入被动应对的状态。无论是自身素质所及，还是制度要求所限，对环保官员而言，“少说话”、“不说话”似乎仍然是首选的应对方式。但这显然是不可行的。

（2）创新工作方式，建立新的宣传平台。目前，环保工作已经探索将环境保护部门网站作为新的宣传平台。但仍然跟不上新媒体时代要求，微博、微信、博客等依然未被大多数环境保护部门采用。但这些往往是大众接触最多、了解信息的最快捷方式，这就导致了环保宣传工作相对滞后。因此，环保工作应当在原有宣传工作的基础上建立新的宣传平台，及时公开环境信息动态，更加高效、快捷

地开展宣传。

（二）着力提高突发环境事件的应对处置能力

近几年，因突发事件引发的环境污染事件成为网络媒体报道的热点问题，针对诸如“京津冀地区雾霾”、“腾格里沙漠污染事件”、“红豆局长事件”、“环保局局长下河游泳”及“PX 事件”等，环境保护部门借助媒体相继做出回应。然而，很多回应未能达到预期效果。因此，如何做好突发环境事件的应急宣传工作显得尤为重要。

（1）掌握好新闻传播阶段特点，有效控制和引导舆论发展态势。无论新媒体还是传统媒体都只是一个传播工具，善待善用媒体，提高环保舆论引导力，责任主要在于政府和环保相关部门。提高与媒体打交道的能力，对于化解环境事件带来的舆论压力和维持社会秩序稳定尤为重要。环保工作应当充分利用网络新闻信息传播存在的几个时间节点，即 4 小时内谣言四起、轮廓初现；6 小时内信息多元、广泛传播；8 小时内第一次冲击波、议题明确；12 小时内第二次冲击波、媒体审判；24 小时内第三次冲击波、风口浪尖。要充分掌握时间节点，有效控制和引导舆论发展态势，迅速解决问题，而不是让事件持续发酵，让环保工作处于被动局面。

（2）积极稳妥，正确面对突发环境事件的发生。突发环境事件的突发性和不可预见性给环保工作带来极大的挑战和风险。处理这类问题时，要正确面对，不可遮遮掩掩，要以积极的行动来消除民众可能会造成的恐慌情绪，维护社会秩序的稳定。

（3）建立健全应急宣传预案和工作机制。参照《中华人民共和国政府信息公开条例》《国家突发公共事件总体应急预案》和《国家突发环境事件应急预案》，环境保护部门应当建立并健全应急宣传预案和工作机制。利用新媒体通过授权发布、组织报道、接受记者采访和举行新闻发布会等方式对污染事件进行及时、准确、客观、全面的信息发布。事件发生的第一时间要向社会发布简要信息，随后环境监测和环境监察人员发布初步核实情况、政府和环境保护部门应对措施和公众防范措施等，并根据事件处置情况做好与媒体对接及后续发布工作。真正做到应对突发环境事件不回避、不拖延、不包庇。第一时间亮明态度，第一处置要严格，第一波情绪要议解，避免出现反应慢、处置拖沓、第一处置失当、司法界定不准确、处理避重就轻、企图开脱等现象。同时环境保护部门还要建立事件处置应急机制，要建立专业网解员队伍，以提供判定解析真相。要有危机事件新闻发布环节，主动设置议题，事件是什么，定性要普遍化，不要特殊化；情节怎么样，对象要限定化，不要扩大化；性质怎样定，描述要具体化，不要抽象化，诉求要人情化，不要政策化。

（三）加强信息公开和公众参与

（1）提高认识。党的十八届四中全会《关于全面推进依法治国若干重大问题的决定》提出："全面推进政务公开。坚持以公开为常态、不公开为例外原则，推进决策公开、执行公开、管理公开、服务公开、结果公开。推进政务公开信息化，加强互联网政务信息数据服务平台和便民服务平台建设"。新修订的《环境保护法》也对加大信息公开有所要求。同时，老百姓的知情权、表达权等权利意识在觉醒，且觉醒速度要快于环境保护部门执政能力提升和改变的速度。满足公众知情权，善于利用新媒体平台曝光环境污染、环境违法事件，倒逼企业做好环保工作显得尤为重要。因此，在国家和人民群众的新要求下，环境保护部门更应当适应需求，尊重公众知情权，积极利用新媒体媒介向社会公开环保决策、环保执法、环保政务信息，进一步加大信息公开程度，将环保工作置于社会舆论监督之下，使环保工作科学化、公开化、制度化，以取信于民，取信于社会。

（2）努力推进公众参与和环境信息公开工作。环境保护人人有责，必须充分调动一切因素，动员全社会力量共同参与。环境保护部门应当积极利用新《环境保护法》实施的契机，每年定期向社会发布环境质量公报，普及环保科普知识，增强公众环保意识和公众参与积极性，营造公众监督、关心、支持环境保护的良好氛围。努力做到环评审批全程公开，化解因环境信息不对称而引发的环境纠纷，体现公众参与的正能量。推进企业污染物排放信息公开，促使企业自觉接受社会监督，遏制企业肆意排污行为。把企业环境违法行为记入社会诚信档案，及时公布违法者名单，警示和威慑存在侥幸心理的违法污染环境的企业，促使企业自觉履行环境保护主体责任。

关于营口市生态文明建设的几点思考

辽宁省营口市环境保护局 艾卫平

摘 要：营口市生态文明建设中存在的问题主要是产业结构与经济增长方式的制约、生态规划设计的滞后、环境质量和诉求矛盾的增多、建设投入与设施配套的不足和责任义务与主体意识的淡化。只有提升一个质量、实现两个转变、坚持三个注重，才能推动营口市逐步向着生态文明城市的方向迈进。

关键词：营口市 生态文明建设 问题 思考

党的十八大报告明确指出："建设生态文明，实质上就是要建设以资源环境承载力为基础、以自然规律为准则、以可持续发展为目标的资源节约型、环境友好型社会。"这句话揭示了生态文明建设的本质，但生态文明如何同现实市情相结合，生态文明理念如何转化为实际行动，需要我们每个环保人深入思索，勇于实践，敢于创新。

一、生态文明建设的内涵

生态文明建设是人类有组织、有目的、有计划地建设有序的生态运行机制和维护良好的生态环境，实现人与自然和谐共生的文明状态的活动与过程。生态文明的基本内涵可以从三个方面去理解：一是人与自然的关系；二是生态文明与现代文明的关系；三是生态文明建设与时代发展的关系。

生态文明体现了人与自然的和谐关系。生态文明，是认识自然、尊重自然、顺应自然、保护自然、合理利用自然，反对漠视自然、糟践自然、滥用自然和盲目干预自然，是人类与自然和谐相处的文明。

生态文明是现代人类文明的重要组成部分。生态文明是物质文明、政治文明、精神文明、社会文明重要基础和前提，没有良好和安全的生态环境，其他文明就会失去载体。

生态文明与时代发展紧密相连。2005年，中国政府率先提出“生态文明”这一全新理念，并不断赋予其新的内涵。2007年10月，党的十七大把建设生态文明列为全面建设小康社会目标之一，并作为一项战略任务确定下来，2009年9月，党的十七届四中全会把生态文明建设提升到与经济建设、政治建设、文化建设、社会建设并列的战略高度，作为中国特色社会主义事业总体布局的有机组成部分。2010年10月，党的十七届五中全会提出要把“绿色发展，建设资源节约型、环境友好型社会”，“提高生态文明水平”作为“十二五”时期的重要战略任务。2012年11月8日，胡锦涛总书记在十八大报告中提出，建设生态文明，是关系人民福祉、关乎民族未来的长远大计。把生态文明建设放在突出地位，融入经济建设、政治建设、文化建设、社会建设各方面和全过程。2014年5月和7月，习近平总书记提出了打造生态文明新常态，全面阐述了生态文明新常态的四个维度：民主化、系统化、制度化和法制化。时代要求把生态文明理念与道德准则贯穿于经济、社会、人文、民生和资源、环境等各个领域，发挥导向、驱动作用，使所有的发展都体现生态文明的要求——新的文明时代特点。

二、营口市生态文明建设中存在的问题

（一）产业结构与经济增长方式的制约

1. 经济发展与结构调整的矛盾

（1）产业结构偏重，2014年营口第三、第二、第一产业结构比为7.0：51.3：41.7，对环境污染小的第三产业比重仍然较低，重工业产值占工业经济总产值比重接近83%，冶金、石化、装备制造、镁质材料等已成为营口市支柱性产业。

（2）能源结构偏重，煤炭消费总量增长迅速。2014年，营口市规模以上企业

煤炭消费总量达 1 388 万 t，年增速 4.2%。全市一次能源消耗中煤炭占到 85%以上，远高于 67%的全国平均水平。

2．资源能源不足及利用效率不高的矛盾

一方面，营口人均水资源占有水量为 463 m^3，仅占全国人均水平的 18.3%，仅占世界平均水平的 4.6%，属于严重缺水地区。除水资源外，几乎无石油、煤炭、铁矿石等资源；另一方面，营口正处于工业化和城镇化快速发展阶段，对资源能源依赖强度还将不断增加。

（二）生态规划设计的滞后

生态规划未成体系。2010 年营口市编制了《营口市生态建设规划（2010—2025 年）》，但由于一些原因，迟迟未正式印发实施。此外，营口在生态建设方面先后制定了一些规划，但尚未形成体系，距离生态总体规划的标准要求相差甚远。

建设特色尚未显现。当今世界生态名城建设的特点是问题指向性，彰显特色。比如，日本一些城市的建设重点在于生态工业园和循环经济，而欧洲的一些城市则重点考虑生态社区。因此，营口的生态建设也不宜面面俱到、大而全，要在有限的时间、空间和投入中探索一条有特色的生态文明之路。此外，在社会综合决策中，环境保护部门尚未真正成为经济社会发展各个阶段决策和管理的重要部门，在宏观经济决策中仍处于弱势地位，作用地位仍待提高。

（三）环保质量和诉求矛盾的增多

目前，营口正处于资源环境承载力的高压期和社会环境诉求的高涨期。过去未得到及时或得当处理的环境问题积累下来，集中表现为水环境和大气环境等问题。而随着生活水平的提高，公众对干净的水、新鲜的空气、洁净的食品、优美的环境等方面的要求却越来越高，环境保护的历史欠账与公众诉求之间的矛盾亟须解决。

（四）建设投入与设施配套的不足

投入不足，基础设施不配套是农村生态建设的薄弱环节。目前营口市建制镇

污水处理设施覆盖率低，部分乡镇污水处理设施建成后配套管网建设不同步。乡镇污水处理、生活垃圾转运等环保基础设施建设进展比较缓慢，生态环境承载能力较为脆弱。营口市大部分乡镇和工业园区未建立专门的环保机构，部分已经建立环保机构的地区存在人员业务水平参差不齐、职责不明确、管理不规范的情况，面对面广量大的环境保护工作任务，基层专业环保队伍亟待建立完善。

（五）责任义务与主体意识的淡薄

生态文明建设是一个需要多方配合、相互协作的系统工程，需要社会各界的认同与合作。调研发现，当前营口市生态建设更多涉及的只是政府和企业，主要表现为：一方面，社会公众普遍缺乏对生态建设的认识，参与的主动性和积极性不足；另一方面，居民资源节约型的消费方式和生活方式还没有真正形成，对短期的、小范围的、与自己关系密切的环境卫生问题关注度高，对长远的、广泛意义的生态保护问题关注度低，对生态环保工作的长期性、艰巨性、紧迫性认识不足。如果我们不能改变这些状况，就很难将生态文明建设变成每一位社会成员主动参与、积极创造的自觉行为，从而影响营口市生态文明建设的步伐。

三、营口市进一步提升生态文明建设的几点思考

（一）提升一个质量

环境质量显著改善是生态文明建设取得实效的重要标志。要加大污染防治力度，加强环境监督监测信息公开，有效提升空气环境和水环境质量。要继续加大城乡环保基础建设力度。重点完善排水、污水处理等配套设施及休闲、娱乐、文体等公共设施。多方面筹集资金，加大城乡污水处理厂建设力度，提高城镇生活污水集中处理率。加大城乡生活垃圾无害化处置场建设力度，努力实现垃圾的减量化、资源化、无害化。要突出环评审批，严格环境准入；突出环境监管，保持环境执法监管高压态势，不断提高环境质量。

（二）实现两个转变

1. 生态文明理念的转变

由于顶层设计不够完善，现有的解决方案还难以应对复杂多样的资源环境问题，亟须我们解放思想、转变理念，通过经济社会的全面转型，推动生态文明建设方向的转变。与此同时，还要广泛开展生态文明意识教育。利用媒体、宣传等多种手段，以生态文明为重点，构建生态文化体系。树立以人为本、可持续发展的生态理念，以绿色、健康、环保为主题，突出营口生态文明市的特色。

2. 经济发展方式的转变

大力推行清洁生产，积极发展绿色经济、生态环保产业，加强产业规划指导和推进产业结构调整，促进经济建设与生态环境建设的协调发展。根据不同产业的特点以确定循环经济发展的重点和路径，做好循环经济的示范工作，推动经济开发区内的企业之间以及企业内部的循环经济发展。

（三）坚持三个注重

1. 注重规划引领

编制生态建设规划对生态建设极其重要。美国克里夫兰市的精明增长策略、澳大利亚的阿德莱德“影子规划”以及我国杭州市的生态规划，都是以生态文明为目标进行的城市生态规划与建设。生态规划还要求短期、中期、长期目标相衔接。短期应集中解决制约经济社会发展的突出环境问题，控制生态敏感地区范围；中期要全面实施生态工程，以拓展绿色产业为重点，实现环境与经济“双赢”的绿色经济目标；长期来看，则要全面完成生态示范区的各项任务目标，基本实现人口、资源、环境与经济社会的协调发展。

2. 注重制度创新

（1）要发挥市场机制。一是完善污染物排放许可制，实行企事业单位污染物排放总量控制制度；二是着重建立完善生态补偿制度，逐步建立横向生态补偿机制，形成“污染者付费、使用者补偿、保护者得益”的良好导向；三是创新办法，进一步拓宽生态环境建设的资金来源渠道，以社会化、市场化途径解决环境污染损害。

（2）要健全法规条例。一是必须强化生态立法和生态规划的引导功能，以制度化、规范化促进生态保护；二是从严执法。加大对违法超标污染企业的处罚力度，严惩环境违法行为；三是完善生态监管体制。对于那些对生态环境存在重大影响和破坏的行为主体进行严格的市场追偿制和法律问责制。

（3）要完善考核机制。一是建立一个体现科学发展观和正确政绩观要求，把环境指标作为干部任用及其政绩考核的重要指标；二是将企业的生产行为对社会的影响和贡献程度加入生态环境考察指标，加强企业生态目标责任考核，并制定有关惩罚和激励措施。

3．注重治理优化

生态型政府建设首先意味着政府的公共治理理念与目标必须向生态维护和促进导向转变，把资源有限性和生态保护作为政府政策选择、执行和评估时抉择的核心标准；其次意味着政府治理方式的转变与创新。政府要发挥管理和调控作用，努力拓展公共资源的供给，做生态环保的先行者和示范者。

创新生态治理的协调机制，形成生态治理的整合效应。一是加强部门协作。在市县（区）层面上，建立跨部门的组织协调机制来加强政策指导，及时解决基层政府生态文明建设中遇到的各类重大问题，尤其是要建立环境保护部门与各相关部门之间对口协作机制，从制度层面保障生态文明城市的建设。二是加强区域合作。生态环境问题是一个整体性、全局性、公共性和长期性的问题，只有坚持互惠互利、合作共赢的原则，建立多元联动的跨区域生态合作治理机制，才能建设统一、协调的生态文明格局。

总之，生态文明建设需要政府、社会组织和每一个公民的共同参与，是一个长期、复杂、系统的工程，需要一切社会合力的共同努力。生态文明建设没有固定的模式，只有因地制宜，从城市自身的条件出发，才能逐步向着生态文明城市的方向迈进。

发挥环境保护协调促进作用
推进林区生态文明发展之业

黑龙江省伊春市环境保护局 刘学进

摘 要：伊春作为森林资源型城市，生态环境保护责任重大。市环保局为促进地区环境保护与经济社会协调发展，紧紧把握住了六项原则：围绕环保优先优化经济社会发展、围绕科学发展做好生态市建设、围绕加快经济发展方式转变推进污染减排、围绕产业项目建设做好支持服务、围绕惠民生不断改善人居环境质量、围绕全民参与构建生态文明建设新体系。

关键词：伊春市 生态保护 经济社会 协调发展

党的十八大以来，党中央、国务院把生态文明建设和环境保护摆上更加突出的战略位置，做出一系列新决策、新部署、新要求。习近平总书记强调，“走向生态文明新时代，建设美丽中国，是实现中华民族伟大复兴的中国梦的重要内容”；“优良的生态环境是优势，绿水青山就是金山银山”；“要像保护眼睛一样保护生态环境，像对待生命一样对待生态环境”。

国家和黑龙江省出台关于加快推进生态文明建设的意见，国务院发布《大气污染防治行动计划》（“气十条”）、《水污染防治行动计划》（“水十条”），新修订的《环境保护法》自2015年1月1日起施行，生态文明建设和环境保护正在以前所未有的高度和力度加快推进。

生态是伊春的优势，绿色是伊春的品牌。伊春作为森林资源型城市，生态良好，资源丰富，是东北亚天然生态屏障和全球生态系统的重要组成部分，也是我国极为重要的碳储库和碳纳库，生态环境保护责任重大。市委、市政府描绘了伊春未来的发展蓝图，提出要加快推进伊春科学发展、跨越发展、低碳发展，把生态文明作为林区建设的主旋律，建设成生态基本平衡、生态群落丰富、生态产品充足、生态资源优良、生态资产富有、生态制度健全的国家生态富集先导区。市政府还出台了《关于进一步加强环境保护工作的意见》，指导、引领环保工作进入新常态。当前，伊春省级生态市创建工作进入了考核验收阶段，作为环境保护部门在推进林区生态文明发展之业过程中，如何促进环境保护与经济社会的协调发展，是摆在我们面前需要研究探讨的重要课题。

一、围绕环保优先优化经济社会发展

推动林区经济发展，打造国有林区“生态优良，产业发达”的双优势，是实现伊春大发展、稳发展的重要途径。人与自然和谐相处是生态文明的本质特征，建设生态文明的首要任务就是要正确处理好发展与环境的关系，两者既相互制约又相互促进，离开经济发展抓环境保护是“缘木求鱼”，脱离环境保护搞经济发展是“竭泽而渔”。

在推进林区生态文明发展之业过程中，要充分发挥环境保护推动经济保持平稳较快发展的先导、扩容、增效和倒逼作用，以环境容量优化区域布局，以环境管理优化产业结构，以环境成本优化增长方式，准确把握代价小、效益好、排放低、可持续的基本内涵，实现资源优化配置和生产力合理布局，用绿色新政理念，发展绿色经济、绿色能源、绿色产业，遵循低碳城市的发展模式，走出一条林区良性可持续发展之路。

二、围绕科学发展做好生态市建设

丰富的自然资源和良好的生态环境是伊春实现可持续发展的宝贵条件和重要依托，也是伊春最大的特色和优势，更是伊春最重要的资源和资本、最珍贵的品牌和形象。在推进林区生态文明发展之业过程中，要按照《生态市建设“十二五”规划》，落实好省级生态市建设试点创建工作，推进生物多样性保护、湿地保护、农村环境保护、生态功能保护区与自然保护区等生态环境保护工程建设，发展生态主导型产业，加快生态人居建设，为推进二度城市化、建设美丽新伊春、打造现代化国际生态旅游名城做好生态环境保护支撑服务。

要以国家级生态示范区、国家公园、省级生态功能区、自然保护区建设和管理为重点，化区位优势为创建优势，逐步实现由抢救性建设数量型到规范化建设与管理质量型的转变，增强资源和生态环境对经济、社会可持续发展的保障作用。要以“清洁水源、清洁田园、清洁家园、清洁能源”为建设目标，组织实施好农村环境综合整治工程，全面开展农村环境综合整治定量考核，逐步解决农村畜禽粪便、生活污水、垃圾、废弃物燃烧等污染，建设与生态系统相协调的乡村、林场所体系。

三、围绕加快经济发展方式转变推进污染减排

加快经济发展方式转变是深入贯彻落实生态文明建设的主要目标和战略举措，环境保护则是转变经济发展方式的重要抓手。在推进林区生态文明发展之业过程中，要加强污染减排目标考核，将考核结果作为领导班子和领导干部综合评价的重要内容，严格实行“一票否决”和行政问责。对重点区域、重点行业要严格实行污染排放总量控制，进行强制性清洁生产审核。加快城镇污水和垃圾处理设施建设和运营管理，实施火电脱硫、水泥脱硫工程，开展畜禽养殖和机动车污染减排工作，进一步完善总量减排统计、监测、考核“三大”体系，做好污染减排预警调控，确保“十二五”总量减排目标任务全面完成。实行跨行政区界断面水质考核，对污染河流进行环境综合整治，实现上下游同治，大力建设环境基础设施，切实加大环境管理力度，促进流域整体水质的改善。

四、围绕产业项目建设做好支持服务

环境影响评价已经成为工程项目建设的一项重要手续之一，主要污染物排放总量指标作为项目建设的前提条件，从某种程度上也可以讲是一种“一票否决”的要件。在推进林区生态文明发展之业过程中，要全面实施规划环评和区域环评，建设中环境保护要提前介入，充分发挥环境影响评价在指导产业发展、促进经济

结构优化、推进污染减排和保障科学发展中的重要作用，做到以环境保护优化区域经济社会发展。要牢固树立环境保护“服务发展、优化发展”的工作理念，突出服务质量提升和审批速度提速，强化服务手段和服务本领，正确处理好服务发展和环境监管的关系，按照“权限下放、无缝衔接、保障速度、稳定质量、提高效率”管理原则，做好环评审批事项下放工作。同时要强化建设项目环评和“三同时”环境管理，实行建设项目环保第一审批权，严格把住环境危害重、影响范围广、环境影响不可逆转的建设项目准入关口，从决策源头防止环境污染和生态破坏。

五、围绕惠民生不断改善人居环境质量

良好的环境质量是民生之基，环境安全直接关系到人民群众的身体健康，关系到社会稳定和经济社会可持续发展。在推进林区生态文明发展之业过程中，要强化环境行政执法监督，进一步规范依法行政，针对环保“三同时”执行、流域污染、生态、居民居住环境等内容，开展系列环保专项行动，重点打击违法直排、恶意偷排、扰民污染、破坏生态等环境违法行为。加大城镇扰民污染的治理力度，主要解决污水、烟尘、粉尘等工业污染和餐饮业油烟、机动车尾气、饮用水源、噪声等生活污染。做好危险废物、辐射源、重金属和持久性有机物的环境监督管理，确保不危害人民群众的身体健康。妥善处置各类突发环境事件，及时解决群众环境信访。

六、围绕全民参与构建生态文明建设新体系

弘扬低碳绿色、勤俭节约的理念是生态文明建设的社会基础和群众基础。生态文明建设是一个综合系统的社会工程，必须依靠各级党委、政府的强力推进和各个部门的密切配合，依靠全社会的力量积极参与。动员和鼓励全民参与生态和环境保护，对涉及人民群众环境权益的重大决策和开发项目，实行公示或听证，保障公众环境知情权。引导全社会关心环境、珍惜环境和保护环境，形成符合生态文明建设要求的生活观念、生产方式、消费模式，建立起覆盖全社会的环境保护综合体系。

新常态下环境保护与群众工作关系的再认识

黑龙江省哈尔滨市环境保护局经济开发区（平房区）分局 张彦林

摘 要：在新常态下，环境保护与群众工作密不可分，但在处理环境保护与群众关系时，往往存在日益完善的环境建设与群众满意度有反差，环境执法、监管力度不断加强与环境信访量激增有反差，逐年提高的环境质量与群众幸福指数有反差。原因在于法律的原则性和执行的灵活性难以统一，政策的简单化和落实的复杂化难以统一，环境保护部门目标和群众价值取向难以统一，舆论导向和宣传效果难以统一。对策在于完善法律细则，修订、淘汰一些地方法规；政府的决策要加强论证，增强科学性、可行性；环境保护部门要确立以环境质量为目标的价值取向；环境宣传要树立与群众相一致的观念，正确引导。

关键词：新常态 环境保护 群众工作 再认识

在新常态下，全面深化改革和依法治国明确了转型发展的路径和制度保障，建设生态文明的国家意志更加坚定，人民群众空前关注并积极参与环境保护，全国上下有望统一思想，真正迈入既要金山银山，也要绿水青山，保护绿水青山就是金山银山的绿色发展期。但是，环境承载能力已经达到或接近上限，必须推动形成绿色低碳循环发展新方式，才能使环境质量进入改善期。在这期间必定遇到各种困难、阻力，这就需要人民群众的理解、支持和参与。因此，我们需要对环保工作与群众工作的关系进行再认识。

一、存在的问题

虽然环境保护与群众工作目标是一致的，但在新常态下，随着社会公众环境权益观增强，环境公平正义的诉求与环境质量改善的要求快速提升，使环境基本公共服务供给与需求的差距和可达、可行、可接受之间的综合平衡难度加大。在具体实践当中，存在三个方面反差。

（一）日益完善的环境建设与群众满意度之间的反差

虽然，近年来我们一直在环境基础设施建设、生态保护和环保能力建设等方面逐年加大投入，但由于历史欠账，生态退化叠加环境污染、农村环境问题叠加城市环境问题，有些环境投入只是遏制了环境恶化趋势，导致群众满意度还处在较低水平。比如：哈尔滨市在2013年投入减排资金3.48亿元，推动15个重点气污染减排项目、10个水污染减排项目、48个农业源减排项目全面实施，2014年在农村和生态保护方面，争取国家、省专项资金近2.44亿元，完成农村环境连片整治示范项目50个，谋划并实施新项目79个。筹建了应急指挥调度中心，整合了20余个网络数据系统平台，安装了50部车载监控设备，配备了100部无线对讲机和60部现场移动执法仪，遥感卫星、无人飞机、车载设备、GIS等高科技手段，在应对重污染天气、禁烧秸秆等方面初步实现了远程指挥、信息传输和现场快速、高效、规范执法，提高了处理突发环境事件的能力。但在2014年国家统计局社情民意调查中心公布的“公众对城市环境保护满意率调查结果”显示，哈尔滨城市环保公众总满意率只有65.07%。

（二）环境执法、监管力度不断加强与环境信访量激增的反差

近年来，国家通过密集修改、出台包括“史上最严”新《环境保护法》在内的环保法律法规，对地方政府及环境保护部门义务与责任的明确，加大了对环境违法行为处罚打击力度。环境保护部门打击了环境污染犯罪，深化了环保与司法衔接配合。各地环境保护部门也通过按日计罚、查封扣押、移送拘留、限产停产、信息公开、公益诉讼等手段，开展各类环境执法专项行动，加大了监管力度。但是，个别环境问题尤其是群众关心的环境问题总量却不降反升。哈尔滨市在2013年开展了环境安全大排查行动，全市共排查企业2 000余家，督查整改重点环境问题62个，查办居民区扰民污染7 300余件（次）。2014年，排查企业3 000余家，立案处罚156件，监督问题整改到位400余个。但是，环境信访量却由2013

年的 7 300 余件激增至 2014 年的 1.02 万件，同比增长 39.7%。

（三）逐年提高的环境质量与群众幸福指数之间的反差

近年来，随着我国对流域区域的持续环境治理、环境监测体系的建立完善和环境信息的逐步公开，人民群众能够了解到空气、水、土壤和生态等环境质量在逐步改善和提高。但是，由于我国还是一个发展中国家，经济技术发展水平决定很多标准仅仅与世界“低轨”相接，要正确实现与 WHO 提出的指导值接轨，我国还将有更长的路要走。因此，群众在个别媒体负能量的影响下，体现出对食品、饮用水和雾霾污染的担心，影响了群众的幸福指数。2013 年，哈尔滨市松花江干流水质稳定达到Ⅲ类标准，阿什河水质主要污染指标氨氮同比下降 13.6%，城市集中式饮用水源地水质主要指标达标率 100%，环境空气质量（AQI）优良率 65.5%。2014 年，农村水源地水质达标率由 28%提高到 35%；城市污水处理率由 86.7%提高到 88%，松花江哈尔滨段 5 个规划考核断面水质达标率均在 70%以上；市域出境断面水质达标率达到 100%；在大气污染治理方面，推动 15 个脱硫脱硝项目建成投用，测算削减二氧化硫 3 958 t、氮氧化物 4 356 t；推动拆并改造燃煤小锅炉 803 台、淘汰黄标车及老旧车 3.9 万辆、更新新能源公交车 600 台；全市环境空气质量达标天数达到 242 天，同比 2013 年增加 3 天，重污染天数同比减少 15 天。但是，2014 年哈尔滨市公布的“客观幸福指数”（公共安全、国民教育、医疗卫生、社会保障、生态环境、文化体育、收入分配）7 项指标中，生态环境排在倒数第三位。

二、产生问题的原因

在我们积极努力，不断加大环境投入、环境执法、环境监管力度，逐步改善环境质量的情况下，为什么群众反馈与我们对环保工作效果的预期会存在上述三个方面的反差，从主观、客观、思想认识和工作方法等方面分析其原因，有以下四个方面难以统一。

（一）法律的原则性和执行的灵活性难以统一

法律是原则性的，法律的尊严需要维护，法律红线不可逾越。由于我国地域广阔、民情复杂、经济发展水平不均衡且环境问题具有多样性特征，具体违法情形法律不能尽诉，这就需要配套的实施细则、地方法规具有较强的灵活性和地域性。但是，现阶段新《环境保护法》的配套细则和一些地方法规，缺乏法律适用的可操作性及实施的便捷性，导致了环境执法的新困境。比如，新《环境保护法》增加了按日计罚手段，解决了大中型企业环境违法成本低、守法成本高的尴尬局面，倒逼违法企业迅速改正污染行为。但对于基层环境监管来说，面对的是数量庞大的小微企业，部分小微企业主环境意识薄弱，对于环境违法处罚不理解、不履行，环境保护部门只能通过申请法院强制执行来实现，但申请法院执行周期过长，且小微企业也无力承担巨额处罚，不利于实际操作。因此，在行政处罚上对弱势群体一刀切，显失公正。基层执法者需要对相对人的社会、文化阶层、经济水平、违法初衷、违法情节、整改情况进行精细划分、区别处理的配套细则，需要更接地气、灵活的执法手段，确保立法宗旨得以贯彻，公平正义得以体现。

（二）政策的简单化和落实的复杂化难以统一

近年来，对于社会关注、群众关心的环境问题，政府在舆论压力下经常会急于做出承诺，仓促出台政策回应。这些政策在制定上过于急躁、缺乏科学性、调查研究不足，表现出简单化、情绪化的倾向。政策规定的各项内容没有反映客观存在的现实情况，政策规定的各项行为不符合客观事物的发展规律。面对复杂多变的具体环境问题，有些目标定得过高，政策执行容易受到现实条件和政策资源的制约，缺乏可行性、操作性，有的因盲目追求短期成效缺乏系统性、延续性，有的缺乏严谨性被钻空子，形成上有政策下有对策。这都导致了政令不通、政策执行不到位等问题的产生，影响了政府的公信力。近两年，我国长江以北及东南沿海大部分地区出现了雾霾天气，为解决冬季雾霾问题，很多城市对燃煤锅炉进行拆炉并网、改用清洁能源并禁止农民焚烧秸秆。但对没有热网、气源覆盖的锅炉如何整改，农民秸秆如何回收、利用问题，缺乏应对和政策引导。在社会公众参与不足，相关环保产业、资金政策缺位的情况下，单一强调加大处罚力度，简单粗暴的工作方法，导致政策难以达到环境治理效果。

（三）环境保护部门目标和群众价值取向难以统一

面对现行污染指数评价结果与人民群众客观感受不一致问题，在缺乏群众有效参与、监督的情况下，政府目标制定的观念没有得到转变，仍以主要污染物总量控制管理指标为主，使群众关心的环境质量指标弱化。导致环境保护部门依旧以上级交办的具体目标任务为行动指南，追求专业化的阶段性成果。群众自身对于环境问题的专业知识了解比较有限，容易忽视环境问题本身及其背后长期累积的复杂因素，只追求空气、水、食品等看得见、摸得着的最终环境治理结果，对于环境保护部门的阶段性工作既不懂，也不关心，导致价值取向上的差异。

（四）舆论导向和宣传效果难以统一

新闻报道作为保护环境、传递环境文化的重要载体，主要是对有关环境保护的方式方法、法律政策以及如何有效动员公众参与到环境保护工作中来等内容进行宣传，将保护环境、合理利用资源等的环保意识与环保行动渗透到公民的思想理念中，不断引导公众参与环保工作，提高公众的环境保护意识，并对环境保护工作起着引导与监督的重要作用。但是，为追求轰动效应，有些媒体在舆论引导上存在夸大个别事件环境影响的问题，将少数人的利益描述成群众利益，将个别现象描述成普遍现象，导致群众对环保工作的错误认识，在宣传效果上背离了环境报道、宣传的出发点。

三、应采取的对策

在新常态下，为了处理好环境保护与群众工作的关系，争取群众对环境保护工作的理解、支持、参与和有效监督，使人民群众成为我们环保工作力量的源泉，我认为应采取以下对策：

（一）完善法律细则，修订、淘汰一些地方法规

在环保法的框架下，已出台《环境保护主管部门实施按日连续处罚办法》等

4 个配套办法。但还要在环境犯罪案件与公安部门无缝对接，环境犯罪案件的污染治理问题、代处置费用的来源，突发环境事件的损害评估，拒不执行行政处罚的后续手段等方面制定相应配套措施，尽快推出相应的环境保护方面的完整配套的司法解释，并在制定配套实施细则的时候注意环境执法程序上的合法化以及罚款的量化。增强地方法规的民主性，广泛征求群众、环保和其他部门代表的意见，对一些难以实施、定位不准，甚至与国家法律相抵触的地方法规进行修订和淘汰。

（二）政府的决策要加强论证，增强科学性、可行性

面对复杂的环境问题，政府要通过民主决策和科学评估，保证政策的科学性。民主化决策要求在政策制定过程中，既要把基层执行人员纳入决策议程，又要发挥专家学者以及广大政策目标群体的聪明才智。基层政策执行人员来自第一线，有丰富的实践经验，专家学者具有专业知识结构，二者结合，理论联系实际，他们的建议往往具有可操作性。科学评估要求政府对政策问题进行多方面的分析并对被选方案进行优化，既要发挥学术性团体、专业性咨询机构的作用，更要整合政府不同机构内部的各种“智囊团”的作用，使不同部门制定的政策通过“智囊团”这一桥梁得到相互协调、配套，增加政策执行的预期性和稳定性。在加强群众监督的同时，决策者还要赋予执行者灵活多变的手段，疏堵结合，确保政策得到落实。

（三）环境保护部门要确立以环境质量为目标的价值取向

我国环境管理自 20 世纪 70 年代初起步以来，其目标与重心在不断调整与升级，相应的管理模式也在转型，呈现出明显的转型升级轨迹：初期的达标排放阶段；中期的总量控制阶段；目前的质量改善转型升级阶段。随着环境形势的变化，公众对环境质量越来越关注，传统的环境监测评价结果与公众的主观感受存在差异。由此决定我国环境管理重心由总量控制向质量改善转型升级已成为必然趋势。因此，环境保护部门要淡化污染物排放总量等专业指标，建立以改善群众关心的环境质量为目标的工作体系，树立以环境质量为主导的政绩观，把群众满意作为环保工作的最高追求。

（四）环境宣传要树立与群众相一致的观念，媒体不搞新闻炒作，正确引导

要改变环境宣传不接地气，方式单调，对象错位，政治性、专业性过强，群众不愿听、听不懂、不认可的局面。更要纠正个别媒体进行新闻炒作，误导群众的现象。媒体要正确引导群众认知，大力倡导并鼓励群众绿色环保的生活方式，积极参与、监督环境保护工作。环境宣传要贴近群众生活，客观、全面、真实地报道群众关心的环境问题，通过小常识，逐步提升群众环保专业化认知水平，争取群众对环保工作的理解、支持。环境保护部门在公开信息时，要克服回应迟缓、方式不当、内容不足等问题，避免报喜不报忧，在突发环境污染事件后要主动发声，占领舆论阵地，掌握主动权，用科学、理性的手段和方式讲清事实、辨明真相，使群众关注变成污染治理的推力而不是阻力。

南昌市农村生态环境存在的主要问题及对策研究

江西省南昌市环境保护局　黄宝强

摘　要：农村环境保护工作是整个环境保护工作的重要内容。南昌市农村环境存在的主要问题是畜禽养殖业污染严重、生活垃圾处置存在污染隐患、农药化肥造成的面源污染，主要原因在于农村环境保护基础薄弱、监管能力不足等。建议着力解决畜禽养殖污染，建立村镇饮用水源保护区，加大对农村环保的投入，加强农村地区环境基础设施建设，加强乡镇环保能力建设，增强村民环境保护意识，建立农村环境保护长效机制。

关键词：农村　环境保护　问题　对策

农村环境保护工作是整个环境保护工作的重要内容。由于过去几十年的环境保护工作的重心在城市，整体上重城市，轻农村。随着经济的发展和社会的进步，农村环境保护工作暴露出越来越多的问题，这对全面落实党的十八报告提出的生态文明建设的精神，对改善农村环境质量、保障农民身体健康，全面建设生态文明十分不利。农村环境问题已成为制约农业可持续发展、农村生态环境和农民身体健康的重要因素。加强农村环境综合治理，是提高农民生活质量、缩小城乡差别，建设秀美新农村的重要举措。

全面掌握农村生态环境现状，查找存在的问题与原因，是科学制定农村环保工作的对策与措施的前提和依据。加强农村环境保护工作对切实提高农村环境质量，促进农村环保工作有效开展，大力推进农村生态文明建设具有重要意义。

一、农村环境存在的主要问题及原因

通过对收集的资料以及现状调查的分析，笔者认为南昌市农村环境存在的主要问题如下：

（一）畜禽养殖业污染严重

南昌市四个县生猪年出栏量为 340 余万头，每头猪的污染排放量相当于 6 个人的排放量，也就是相当于 2 056 余万人的排放量。绝大部分养殖企业没有经过环评及“三同时”验收，有治理设施的更少。基本上是超标直排，对地表水、地下水造成极大的污染及危害。2013 年对部分养殖污染物排放的受纳水体进行取样监测的结果表明，猪场总排口地表水的化学需氧量超过排放标准 6.4～25 倍。个别村庄因养猪废水直排，造成地下水污染，村民十几米深的井水都是一股臭味，已不适合饮用。

（二）生活垃圾处置存在污染隐患

农村一年生活垃圾产量约为 18 万 t。虽然南昌市的生活垃圾的收集处理模式已经建立，但还有许多偏远的村镇还难以完全收集和处理到位，特别是一些简易的垃圾填埋场和部分乡镇垃圾焚烧炉，给周边环境带来较大的隐患。

（三）生活污水污染随意排放

乡镇和村庄，除了县城所在的城关镇以外，都没有建生活污水处理厂。集镇的人口相对集中，这些人产生的生活污水既没有收集也没处理，而是直接排放到自然水体，对受纳的地表水污染严重。

（四）农村面源污染严重

2012 年，南昌市 4 县氮肥、磷肥的使用量分别已达 26.6 万 t、27.3 万 t，农药使用量达 0.43 万 t。但是化肥、农药有效利用率不到 35%，剩余 65%的化肥、农药全部由土壤、地表水体、地下水体所接纳，造成面源污染，是江河、湖泊、水库富营养化的主要原因。

（五）农村饮用水源卫生达标率低

经过对四个县部分村庄地下饮用水的随机抽样检测和地表饮用水源的取样检测，以及市环境监测站对农村饮用水源的监测，结果表明：南昌市农村地区饮用水源的质量堪忧，主要表现为总大肠菌群和重金属锰超标。在集中供水的乡镇、村，均未设立饮用水源保护区，没有标识牌和界线范围，取水口周边环境复杂，存在很大的安全隐患。

（六）农村环境质量趋势不容乐观

农村环境质量和环境安全缺乏有效监控手段，不像城市有很好的监控措施和技术支撑。目前，农村地区受到的污染不仅没有减少，反而有扩大的趋势，地表水体受到很广泛的污染，农村地区的环境容量越来越小。一些高污染企业为了躲避环境保护部门的监管，有向偏远农村地区转移的趋势，而且农村及乡镇企业发展没有规划好，选址较分散，不易集中治理，使得农村环境质量有进一步恶化的趋势。

二、农村环境存在问题的原因分析

农村环境保护基础薄弱、监管能力不足等是农村环境存在以上诸多问题的主要原因。

（一）农村环境保护政策法规不完善

在政策上没有统筹城乡生态环境建设，造成目前环境保护工作重城市、轻农村的局面。在法规标准上，还不够全面。比如，现有的《畜禽养殖污染排放标准》只适合规模化的养殖场，而普遍存在的散养户缺乏排放标准，造成了执法困难；南昌市农村地区的水环境功能区划没有划定，也造成了执法困难。

（二）环保基础设施薄弱

农村、乡镇几乎没有污水收集系统及处理设施，多数村镇企业排污设施不健全。广大农村地区，无论是硬件还是软件，几乎都是空白，环保基础设施十分薄弱。

（三）资金投入少

南昌市的环保投入占 GDP 的 2%左右，但这些环保投入大多在城市，农村占比重很少。农村环境整治的资金来源主要是依赖各级环保专项资金项目。南昌市近几年争取中央、省级农村环保专项项目 34 个共计 1 943 万元，市级（2008—2013年）安排农村环境整治项目 50 个 1 448 万元。但是，总的来说这些项目分散，资金量较小，对改善项目区局部环境起到一定的作用，但是整体效果不明显。除此之外，投入几乎是空白，零星的项目不能从根本上改变农村环境现状。此外，水务、农业、环保、农工部、卫生（改水改厕）等多部门都有农村环境整治方面的资金投入，但是由于部门之间缺乏协调机制，没有有效的沟通，使得农村环境整治存在多头投入，资金分散，效益不高的问题。

（四）环保监管能力不足

农村环境问题具有小而多、面广分散的特点，更需要专业技术人员的指导。但是现行的领导机制和管理机制还未延伸到农村地区。农村、乡镇基本没有专门的环保机构和人员编制，无监管执法和技术指导能力。乡镇普遍存在环保专业技术人员匮乏，即使有临时人员，变动也十分频繁，对乡镇环保工作十分不利。

（五）农民环保意识不强

农民的环境保护意识还不强，农村环境问题没有得到足够的重视。乱倒垃圾、乱排污水、随意损坏环卫设施等现象比较普遍，农民作为农村环境问题的制造者，同时也是直接的利益相关者，主动参与环境整治的积极性却不高，甚至成为环境治理的局外人、旁观者。

三、对策与建议

（一）着力解决畜禽养殖污染

（1）实行畜禽养殖污染排放和养殖量的双总量控制。一是严格畜禽养殖源头审批，严格执行环保“三同时”制度。二是要求现有的规模养殖企业必须新建或完善污染防治设施，做到达标排放，否则坚决予以关停。三是严控新增规模养殖企业，养殖总量不能扩大，只能逐年减少。

（2）科学合理划定禁养区、限养区、宜养区，并严格执行。逐步将散养户迁入宜养区，形成养殖小区，做到人畜分离，养殖废水、粪便集中处理。

（3）强化对畜禽养殖业的执法检查。形成农业、国土、环保、城管、规划、城建等部门联合执法机制，一旦发现非法畜禽养殖设施建设，予以坚决拆除。

（二）建立村、乡镇饮用水水源保护区，确保农村饮水安全

南昌市四县中相当一部分乡镇实现了集中供水，南昌县多用抚河、干渠、赣江地表水源，进贤县多用军山湖、抚河、干渠地表水源，但这些地表水取水口均没划定饮用水水源保护区，未设立标识标牌。

为确保农村地区饮水安全，让农村居民喝上干净安全放心的水。必须尽快启动乡镇集中供水水源地保护区的划定工作。要在饮用水水源保护区设立标识标牌，并建立巡查制度，消除安全隐患。

（三）加大对农村环保的投入

各级政府应每年安排一定比例的农村环境保护财政预算和环保专项资金，支持农村开展环境治理。要整合涉农环境保护资金，优化资金配置，集中资金重点解决危害农民群众身体健康和影响区域可持续发展的突出农村环境问题，开展农村环境集中连片整治，通过分期分批开展农村环境集中连片整治，起到以点带面、全面提升和改善农村环境面貌的目的。

（四）加强农村地区环境基础设施建设

（1）做好乡镇环境保护规划。在乡镇集镇所在地，必须规划好污水管道以及污水处理设施。

（2）逐步开展基础设施建设。在有条件的乡镇逐步开展生活污水处理设施的建设，建好垃圾收集设施。

（3）规范乡村企业和规模化养殖企业的排污行为。乡村企业必须严格执行环保“三同时”制度，做到达标排放。规模化养殖企业，必须在一定期限内建设污水（粪便）处理设施，做到达标排放，否则坚决予以关停。

（五）加强乡镇环保能力建设

逐步在市县环境保护部门设立专门的农村环保处（科）室，在有条件的乡镇设立专门的环保机构，给予乡镇一定的专职环保编制，公开招聘环保专业人才从事专业工作，以更好地发挥环境保护部门对农村环保工作的指导、协调和服务职能。为农村环境治理提供管理、技术等方面的支持。乡镇政府应明确分管环境保护的领导并逐步建立环保监察员制度，指导、协调镇村开展环境保护工作，组织村民参与环保工作，把环境监管触角延伸到农村每个角落。

（六）增强村民环境保护意识

加强宣传教育，通过多种形式的教育活动提高村民的环境保护意识。充分发挥农村社区自治功能，制定环境友好型村规民约，引导村民自主开展形式多样、有效的环境保护宣传教育，增强村民环境保护意识，引导农民养成良好的环境卫生习惯。提高农民参与南昌环境整治的积极性和主动性，充分发挥政府的引导作用和农民的主体作用，推行以农民为主体的农村环境治理模式，提高农村环境治理效率。

（七）建立农村环境保护长效机制

农村环境保护贵在长期坚持，建立长效机制是根本保障。应着手研究建立政府主导、各部门分工协作的机制、投入保障机制、长效管理机制、考核评比机制、生态补偿机制、引导性政策机制以及部门之间的协作沟通机制等，确保农村环境保护工作取得实效。

关于汕尾市农村环境污染防治的几点思考

广东省汕尾市环境保护局 叶国灿

摘 要：汕尾市农村环境污染主要来自畜禽养殖业的污染、种植业的化肥农药污染、生活垃圾污染、小企业的污染、生活面源的污染。主要原因在于一些农村领导生态环境保护意识淡薄、政府履职不够到位、农业生产方式粗放落后、生态环保机构不健全。解决、改善汕尾市农村环境污染问题，需要全面提高农民生态环保意识，完善农村生态环保规划，建立健全农村生态环保机制，促进农业生产方式转型升级，加大农村监察执法力度，强化农村生态环境监督考核力度。

关键词：汕尾市 农村 环境污染 防治对策

近年来，随着城市环境保护力度的不断加大及城市环境保护设施的逐渐完善，我国先后实现了“奥运蓝”“APEC蓝”“阅兵蓝”，城市环境保护工作效果显著。可是曾经作为“世外桃源”的农村环境污染却有越来越严重的趋势，极大地影响了农村居民的生活和身体健康，一定程度上制约着农村生产力的发展。因此，农村环境保护已经成为中国环境保护的重要内容。切实加大农村环保力度，加快解决农村突出环境问题，对于我国全面实现生态文明社会具有重要意义。鉴于此，笔者将以汕尾市农村环境现状为出发点，具体分析汕尾市农村环境污染问题，以期找到相对应的有力防治对策，使汕尾市农村环境得到进一步的改善。

一、汕尾市农村环境污染的现状

（一）畜禽养殖业的污染

畜禽养殖业在汕尾市农村生产结构中一直占有重要的位置，在推动农村经济发展的同时也带来严重的生态问题。目前，农村畜禽养殖业主要集中在养鸡、养牛、养猪等种类上，尤其以规模化养殖小区和零散养殖户养鸡大棚占的比例较大。畜禽养殖产生了大量粪便，由于畜禽养殖场业主环境意识差，畜禽粪便随意堆放，并随雨水进入水系。并且，畜禽粪便经过发酵后会产生大量的氨氮、硫化氢、粪臭素、甲烷等有害气体，这些气体不但会破坏生态，而且还会直接影响人体健康。因此，畜禽粪便成为继工业污染、生活污水垃圾污染之后的第三大污染源，是造成农村环境污染的主要原因。

（二）种植业的污染

汕尾市种植业以化学肥料、化学农药为主要污染源，造成对空气、地表水、土壤和地下水的综合污染；速溶性化学肥料有效利用率不到一半，使用中释放温室气体，灌溉时随水流失污染水源，造成水体富营养化，过度施用造成土壤板结，盐碱化，部分有毒农药破坏生态，产生有毒成分在植物及土壤中积淀。

（三）垃圾“围村”的污染

汕尾市农村生活垃圾产生排放量正快速增长，造成河沟水渠水质污染、土壤结构遭到破坏。同时，城市生活垃圾以填埋和建设垃圾焚烧发电厂的方式向农村大量转移，出现了垃圾“围村”的景象。而焚烧垃圾产生的有害气体，又进一步污染了农村周边大气。经过农村垃圾污染过的水、土壤和空气给农产品质量安全带来了严重的威胁，给当地群众的身体健康带来了严重的隐患。

（四）小企业的污染

受农村自然经济的影响，汕尾市农村小企业如石灰、红砖等生产企业大部分是一种以低技术含量的粗放经营为特征、以牺牲环境为代价的经济形式。这些企业在生产过程中经常排出浓烟和废水，造成的污染治理困难，对人体更是有直接的危害。而且这些小企业布局不合理，污染物处理率显著低于城市工业污染物平均处理率。因此，这些污染型小企业给农村生态带来的破坏已经不容小觑。

（五）农村生活面源的污染

汕尾市农村生活垃圾乱堆乱放的情况较为普遍，大部分乡镇生活污水几乎没有集中收集处理，家庭化粪池设计建设不规范，外排的污水不达标，通过农村周边的溪流直接向下游排放。或在降水和灌溉的过程中，通过农田地表径流、农田排水和地下渗漏进入水体而形成生活面源污染，污染问题日益突出，严重影响着农民的身体健康。同时，这些有害垃圾随意大量堆放，不仅占去了大片的可耕地，还可能传播病毒细菌，其渗漏液污染地表水和地下水，导致生态环境恶化，严重制约了农村的可持续发展。

二、汕尾市农村环境污染的原因分析

（一）生态环境保护意识淡薄

从领导层面看，农村领导面对环保问题大部分只停留在口头上，并没有把环保工作落在实处；只看重农村经济的增长，忽视农村环境污染的防治问题，甚至以牺牲农村生态环境为代价，给农村引进了一些污染型产业来促进农村经济的发展。从企业层面看，农村企业在环保监督的薄弱环节开展生产，这些企业老板为了自己的利益，不顾法律的约束，没有对生产过程产生的污水、废气进行适当处理，随意排放，严重威胁到农村居民的身体健康。从农村普通群众看，提及环保问题，他们只要求别人，却没有注意到自己的生产生活方式已经对环境造成了破坏，比如随意砍柴伐木、乱扔垃圾等，对生态环保这一问题的认识还十分模糊，根本没有形成保护农村生态环境的正确理念。

（二）政府履职不到位

一是农村环保规划缺位。长期以来，我国一直在重视城市环境污染问题，却忽视农村生态环境也在潜移默化过程中受到破坏的事实。汕尾市也不例外，对农村生态环保规划工作没有落实到位。二是农村环保宣传教育不到位。农村环保事业起步较晚，导致农村环保宣传教育工作不能及时落实，且相关部门在农村环保宣传工作上流于形式，没有把工作深入到农民群众中去。农民群众认为生态环保可有可无的错误理念根深蒂固，使环保宣传教育工作落实更有难度。最后，农村环保执法检查不到位，部分环保执法人员在农村环保执法中存在有法不依、执法不严、违法不究的现象，国家环保执法的相关规定不能落实在农村环保实际工作上。

（三）农业生产方式粗放落后

汕尾市农村生产方式大部分以粗放型农业为主，这是一种高投入、低产出的生产方式，意味着农村必须牺牲较多农业资源来保证一定的经济产量。而这种生产方式给农村环境带来的影响非常恶劣，如粗放型的种植业会使农村植被受到破坏，使农村生态功能受到破坏；畜禽养殖业所产生的粪便若没有得到规范处理也将对农村的水体、大气造成污染等。

（四）生态环保机构不健全

从机构的地位来看，环境保护部门的机构地位呈现“倒金字塔”型结构，即环境保护部门中央和省级机构力量较为强大，专业化色彩突出，高级研究人才较多。相比之下，作为农村这一级环境保护部门的力量明显要单薄得多，甚至根本就没有机构、没有人员。即便有了机构，大部分农村环保从业人员素质水平较低，再加上农村各类环保基础设施配套不足，要有所作为，实属难事。

三、汕尾市农村环境污染防治对策

（一）全面提高农民生态环保意识

农民是保护和改善农村生态环境的参与者和受益者，是防治农村环境污染一支不可忽视的力量。我们应当加强农村地区环保宣传教育的力度，要运用一切方法，特别是群众喜闻乐见的、可以接受的方法，进一步提高农民对环境保护工作重要性的认识。农民环保意识的提高，一方面能够使其清醒地认识到环境保护与经济发展的关系，增强其对自身污染或破坏环境行为的自我约束；另一方面，也是实现农民参与环境决策的重要思想前提。我们可以将环保宣传教育与农村学校的环境专题教育相结合，在农村学校大力宣传环保的重要性，教育农村的孩子从小树立环保意识，通过孩子们的环保行为去影响他们身边的人，达到以点带面的效果。

（二）完善农村生态环保规划

由县（市）政府统筹每个乡镇的生态环保规划工作，对辖区内各类保护区和生态敏感区列出生态红色图；对畜禽养殖业的选址、环保配套设施等做出明确的规定要求；对种植业的生产方式，特别是科学利用农药、化肥等的引导、指导和培训等工作要有明确的规划和落实；对生活垃圾和生活污水的收集、处理都有统一的要求和管理；对要在农村建设的企业要有严格的环保准入门槛。

（三）建立健全农村生态环保机制

进一步建立健全保护农村生态环境的长效管理机制，做到有章可循、职责明确。加大农村环保基础设施建设，建立垃圾收集、运输、填埋及处理系统，科学规划生产、生活、生态等不同功能区，给农村环保机制提供有力的物质支持。此外，还要严防污染产业转移到农村，对已转移到农村地区的超标排放污染企业，实行关停、整改等措施。

（四）促进农业生产方式转型升级

加快推进农业增长动力由主要依靠土地、农资消耗，向更加依赖科技和资本驱动转型升级，发展现代农业，提高农业产出效益。一是加大农业结构的战略调整，大力发展优质粮油业、蔬菜园艺业、规模畜牧业、特色水产业和休闲观光业，以减少农村环境压力。二是加强农村清洁能源建设，加快实施规模畜禽场沼气治理工程和农村户用沼气工程，提高资源综合利用率。三是加大植树造林力度，加强重点林业生态工程和林业产业工程建设，全面开展村庄绿化，改善农村生态环境。

（五）加大农村监察执法力度

一是加大对畜禽养殖业的巡查执法力度，对不符合法规要求的养殖场能整改的坚决要求整改，不能整改的则报县（市、区）人民政府责令关闭。二是加大对农村周边小企业巡查执法力度，对无牌无证的企业坚决予以关闭取缔，对不符合排污要求的企业坚决要求整改，以达到排污标准。三是对生活、种植等形成的污染要掌握底数，采取规范科学的综合整治方案，确保达到国家标准排污要求。四是对非法采矿、非法砍伐森林的行为予以坚决的打击，确保相关生态环境得到保护。

（六）强化农村生态环境监督考核力度

首先，县（市、区）级环境保护部门要切实履行职能，强化对农村环境监督力度，建立农村属地监督责任制，把农村种植业、畜禽养殖业均纳入环保监管范围。其次，加强农村环境监督队伍建设，重点培训其环保监管业务、环保法律知识和相关政策，提高他们对农村环境监督的水平。另外，将农村生态环境日常考核和农村环境年终考核相结合，联合相关部门对重点任务的进展情况进行日常检查，并以其结果作为乡镇年度发展考核的重要依据。

汕尾市的农村环境污染程度还不算严重，但也出现了全国其他地方相似的问题。如果不及时防治，就会出现整个农村面源污染严重的状况。因此，我们要未雨绸缪，及早发现问题、分析原因、寻找对策，并及时采取本文所提到的全面提高农民环保意识、加大监管考核力度等措施，力争消除汕尾市农村环境污染的隐患，从而使汕尾的山更绿，水更蓝，空气更清新！

重庆市潼南区农村面源污染防治及治理研究

重庆市潼南区环境保护局　代正旭

摘　要：治理农村面源污染问题是推进新农村建设、完善农村社会现代化治理体系的抓手。重庆潼南区采取治理违法建设、治理违法排污、治理安全隐患、治理监管缺位等有效措施，治理农村面源污染防治中存在的畜禽养殖业污染、生活污水无序排放和垃圾的二次污染等主要问题，取得了显著成效。实践证明，解决潼南区农村面源污染问题，必须在转变观念、借鉴先进经验、创新机制、多元治理上下工夫。

关键词：农村　面源污染　防治　制约因素　对策

一、潼南区农村面源污染现状及已有举措

（一）潼南区农村面源污染现状

（1）畜禽养殖业污染问题影响较为严重，构成潼南主要环境压力源。潼南区现有的养殖场数量多、粪污量大，按现有年存栏生猪量估算，日产粪污总量超过10万t，环境压力较大。更严重的是，由于规模化、集约化的养殖生产仍处于起步阶段，大量中小型养殖户既无法像大型养殖场那样配备专业治污设备，也无法像家庭散养户那样对禽畜粪便进行有机化处理或自行降解，形成了污染大户、治理难题和矛盾焦点。

（2）农村生活污水、垃圾难以收集、转运、处理，成为二次污染源。随着潼南区各个小城镇规模的扩大，人口集中度提高，产生的大量生活污水和垃圾未能得到有效治理，对环境造成一定影响。据初步测算，全区每天产生生活垃

圾 200 多 t，产生场镇生活污水约 4 万 t，排放化学需氧量约 16 t。目前全区 22 个镇街均无生活污水处理场和垃圾处理场，场镇污水未经有效治理直接排入环境，影响了农村的水环境质量；场镇生活垃圾占用农田或沿江堆放，污染了土壤、水和空气环境。

（3）农村污水无序排放，已影响到当地地表水系。潼南区的水产养殖面积为 1 825.9 hm^2，其中：水库养殖面积为 1 262.4 hm^2，次级河流养殖面积 413.9 hm^2。据统计，年投放饲料 1.2 万余 t，年投放肥料 1 600 余 t，年投放药物 100 余 t。大量饲料、肥料以及药物的投放，使水库、河流的水质下降，影响到农民生产生活用水水质。除此之外，一些乡镇农村生活污水处理工作滞后，对农村环境构成威胁。

（二）潼南区农村面源污染治理的已有举措

（1）清理环评“三同时”，治理违法建设。潼南区环境保护部门对照摸底清单，全面清理环评、“三同时”制度执行情况，对建设项目 “验明正身”。对于未执行环评、“三同时”的建设项目，责令停止违法行为或限期改正。符合相关规定能够办理环评、“三同时”而没有办理的责令补办；对通过治理之后达标的给予办理；对确属高能耗、高污染的企业，坚决用环保的手段和倒逼机制将其淘汰。

（2）清理排污权，治理违法排污。潼南区环境保护部门全面清理排污许可证制度的执行情况。按照突出重点，有序推进的原则，确保国家重点监控企业、市重点监控企业、区重点监控企业等重点排污单位排污许可证的全覆盖，扩大其他排污单位办理的覆盖面。对符合《重庆市环境保护条例》排污许可条件规定的排污单位，对其补办排污许可证，对存在不能达标排放等问题的排污单位对其限期整改。

（3）清理风险源，治理安全隐患。潼南区全面清理辖区范围内的环境风险源，将其统计并做成工作台账。在上述工作基础上，对风险源企业进行风险评估，督促风险企业制定管理制度和应急预案，完善风险源防范设施，储备必要的应急救援物资。在清理风险源的过程中开展分类对待，对环保问题可治可防的企业，尽可能将其环境风险降到最低；对存在严重隐患的企业，则依法责令企业进行停产整治。

（4）清理监管点，治理监管缺位。潼南区环境保护部门在风险源清理之后，进一步理清监管点位、排污口的区位，将环保防治监管工作做实做细、落实到每个点位上。利用技术层面和管理层面的监管权，明确规范各监管环节的职责和权限，规范管理措施和技术手段，加大检查执法力度，从而及时消除监管盲点。

二、潼南农村面源污染防治与治理的主要制约因素

（一）潼南区辖区环保基础设施建设严重滞后于农村生产方式的变革

过去，由于经济条件和环境机制的制约形成了“历史欠账”，潼南基层政府提供环保基础设施等公共服务的能力非常薄弱，加之缺乏有效的公共服务投融资机制和政策，农村环保基础设施建设总体上处于空白状态，导致农村地区成为污染治理的盲区和死角。从潼南区现有环保基础设施的梳理来看，全区养殖场中只有不到 30 家建有一定的环保设施，基本能达到要求。

（二）潼南区基层农村环保监管能力受到机构设置和干部观念的限制

当前潼南区环保局在镇街无法设立分支机构，使主动监管、有效服务的触角难以下沉到基层。据调研了解，潼南区绝大多数养殖场都是“先上车后补票”，无任何环保手续就开始养殖，造成环保监管失位。环保监管能力受限，其深层原因在于基层干部的环保观和发展观滞后，对待环保工作往往“说起来重要，忙起来不要”，追求短期政绩而忽视了长期的环境价值。

（三）潼南区农村面源污染防治资金无法满足新形势下环境治理的需要

潼南区当前在污染防治资金来源上主要依靠环保业务经费，缺少成本分担机制，使大型环保设施建设和日常运营费用筹措得不到保障。尤其是在潼南区经济社会发展进入快车道以后，依靠原有的环保资金只能维持部门运转，很难实现事前检测、主动预防的环保工作要求，已经远远不适应新形势下的环境治理要求。

（四）潼南区养殖主体防治污染积极性不高，环保宣传教育尚未扎根于群众

由于受人力、资金条件和观念的限制，潼南区的环保宣传教育、常识普及等工作还没有真正深入到农村，导致部分基层干部、群众的环境意识不高，环境法制观念和依法维权意识不强。例如潼南畜禽养殖户在养殖场选址上，具有较大随意性，缺乏规划，全然不顾区政府关于划定禁养区、限养区的相关规定。全区生猪养殖场呈现出遍地开花之势，极易出现污染物肆意排放现象，造成局部面源污染严重。

三、潼南区农村面源污染防治的对策及其建议

（一）以转观念为抓手，用新思路完善潼南农村污染防治顶层设计

（1）以涉农服务业和土地规划引导农村产业集约布局。一方面，可通过对村集体用地纳入整体规划，合理连片分布生活区、种植区、养殖区、工业区；与此同时，将农技中心、兽医站、饲料加工厂、理赔点等涉农生产性服务业分别向特定区域集中，以上述涉农服务网点的集中布局带动各项产业按照既定的功能分区集聚。

（2）以市场化机制实现农村生活环境治理长效机制。潼南可将农村生活垃圾收集处置体系作为重点，逐步建立和完善农村垃圾收集、中转、运输、处理体系，因地制宜开展农村生活垃圾收集处理。在农村生活环境治理方面可以推行市场化、专业化运作，通过竞价投标、专人承包、签订合约等方式，由承包人包干管护保洁责任，或采取公开招标方式，将管护保洁责任落实给专业公司（队伍）承担，通过分类处置的市场化做法调动各方积极性。也应积极考虑与重庆正在推进的PPP投融资模式改革相对接。

（3）以综合利用引导畜禽养殖产业向生态化转型。大力发展生态养殖，因地制宜推广干清粪、有机肥生产、沼气化处理、农牧林种养结合等多种形式的畜禽养殖污染防治实用技术和生态养殖模式。同时，新建、改扩建畜禽养殖场应进行环境影响评价，建设综合利用和无害化处理设施。定期组织开展畜禽养殖业污染

防治监督检查，加强对畜禽养殖环境污染的监测。

（二）以外地经验为借鉴，结合潼南实际细化污染防治做法

（1）从浙江病死猪漂流事件汲取教训，建立畜禽养殖统保与病死处理联动模式。在浙江发生病死猪沿江漂流事件后，为了根治病死畜禽带来的环境难题，浙江龙游区实行的生猪统保与病死猪集中炭化处理良性联动模式。潼南区可在上述做法基础上加以改进，从畜牧养殖财政补贴中拿出部分专项资金，采取政府、养殖户、畜禽收购企业三方分担的方式为畜禽养殖投保，将禽畜养殖保险和无害化处理联系起来，在病死发生后将无害化处理作为理赔的先行条件，将激励手段和约束措施相结合保障养殖户及时有效处理病死禽畜。

（2）从辽宁畜禽养殖污染做法中吸取经验，形成养殖与种植业三位一体机制。辽宁省盘锦市通过扶持推广沼气池和有机肥厂的建设来解决畜禽养殖污染，开展“大型沼气、蔬菜、养殖”新型“三位一体”有机蔬菜基地的试点工作。潼南区可考虑借鉴其他地区生态农业、多位一体的发展模式，更多地引进绿色技术、环境友好生产方式。也可以大力推广潼南本地“渔菜共生”、“猪—气—鱼”的做法，不断提高养殖业、种植业、副业三位一体的新型生产方式。

（3）借鉴宁波农田生态修复示范区种植业面源污染防治经验，采用生态技术从源头治理污染。宁波运用景观生态学的原理和方法，通过农药化肥减量增效工程技术的集成应用，增强农田生态系统功能，进而减少农业面源污染，可作为潼南未来污染治理端口前移、防治结合的重要借鉴。

（三）以机制创新为突破口，提高潼南环境保护部门监管的主体地位

（1）以执法独立为重点，变“多龙”治水为专业对口。环保职能被分为污染防治、资源保护、综合协调管理三块，分属发展改革、国土、农业、渔政等近20个部门。在潼南面源污染防治上需要建立“大环保”的新格局，赋予环保局从事前审批、事中执法、事后落实的全流程权限，并将各类涉及环境治理、防控的相关事项纳入环保局范围，实现各类环境问题综合整治和执法刚性。

（2）以环境监测为支撑，变事后处罚为事前监管。潼南区环保局可先行建立健全农村环境监测体系和农村环境健康危害监测网络，全面开展环境监测、环境

执法、环境管理“三下乡”活动。包括对农村饮用水水源地和基本农田等重点区域的环境监测，定期公布区域农村环境状况；对畜禽养殖户环境影响进行动态监测、提前预警等做法，将事后处罚变为事前监管和动态监控，做到环境问题早发现、早治理。对重大项目引进落户，要将环境影响评价作为前置条件，坚持生态优先。

（3）以刚性执法为突破，变单兵突进为联动机制。潼南区可尝试组建起环保系统自有的执法队伍，与相关职能部门对口科室进行对接，成立环保—工商机构、环保—公安机构、环保—检察机构、环保—司法机构等综合性的内部联动机制，一旦发生环境污染，可以迅速启动行政和司法程序，进行行政处罚、司法审判和强制执行，这样不仅可以解决原先外部联动机制下多个部门之间漫长的申请、审核、审判、复议等过程，也降低了成本，提高了工作效率，这将会极大地改变环境保护部门形象，提升向污染群体作战的能力。

（四）以多元治理为载体，落实潼南农村面源污染防治的资金筹措体系

（1）实行区、乡、村分级财政补助制度，实现环境治理共建共管。建立乡村垃圾污染防治长效机制，在潼南区城区外新建若干个次中心垃圾无害化处理场，在区级财政对农村大型环卫设施的购建给予补助之外，由各乡镇成立相应的垃圾清运公司，形成农村垃圾由农户初级分类、保洁员二次分类和乡镇中转站工作人员第三次分类的处理模式。同时可由区财政给予每名卫生保洁员一定补助，实行区、乡、村三级联合财政补助制度，使乡村垃圾清理做到有人管、有车运、有地放、有落实。针对农业所产生的面源污染，财政应重点补贴农业废弃物治理等关键领域。如对于养殖项目，重点补贴牲畜粪便的处理，通过发展沼气将粪便等废弃物转化为清洁能源，以减少污水的排放；对于农膜使用带来的农业面源污染，应对采用替代农膜的农户实施价格补贴来降低传统农膜使用量，减轻农业面源污染。同时加大对替代性农膜产品研究的企业实施财政补贴，双管齐下来减少由于农膜使用而产生的农业面源污染。对亲环境的耕作技术、科研成果的推广予以免税，以鼓励其快速广泛地运用于生产中。另外，将财政补贴由流通环节转向环境友好型生产环节，即逐步将单纯的农业补贴转化为农业污染补贴。

（2）形成跨区域环境联合治理方式，确保污染防治全方位无死角。潼南区在

当前农村环境治理中采取的划片包干、分级负责做法有一定积极意义，但人为按照乡镇行政区划进行的划分，可能导致出现“三不管”地带和防治空白区，也不利于环保设施的集中使用和环境治理联动。因此可考虑形成潼南区内各乡镇的跨区域环境联合治理，比如在有条件的乡镇建设场镇污水处理厂，综合处理生活污水，配套供给周边乡镇，无须另行投资；或者建设场镇畜禽排放物无害化处理站，不以行政村为单位，而是按照覆盖半径和周边养殖量决定设置，由区级直接负责维护避免责任划分难题。

（3）加大环境宣传力度，激发农村居民环保认同感和主体责任感。大力开展农村环境宣传教育活动，引导农民采用有利于环境保护的生产生活方式，增强农村防治污染的能力，自觉保护农村生态环境和人居环境，形成良好的环境卫生和符合环境保护要求的生活、消费习惯，弘扬生态文明，发展生态文化。通过宣传、生态监察、农村环境调研、创建环境优美乡镇等工作使潼南区广大群众进一步认识到农村环保的重要性和紧迫性，树立起环保理念并增强环境保护的自觉性和责任感。

环境保护舆情引发的社会问题与对策

重庆市武隆县环境保护局　邓　涛

摘　要： 环保舆情频发的主要原因是环境质量改善缓慢、突发环境事件增多、环境保护与经济利益常常存在冲突、公民环境要求提高等，处置不当会引发邻避冲突效应制约经济社会发展、激化群体性事件影响社会稳定。为此要加强正面宣传，建立舆情队伍，完善舆情管理机制，多方合作配合，建立环保舆情风险评估机制，加强监督巡查，注重环保问题的及时解决，妥善化解舆论压力。

关键词： 环保舆情　频发　原因　危害　应对

近年来，随着工业化、城镇化进程步伐加快，我国生态环境污染问题也在不断凸显，环境污染投诉不断增加，各种环境污染事件时有发生，涉及化工、医药、石油、采矿、光伏、农牧业、交通运输业等，影响着人们生产生活的方方面面。互联网的普及发展，使网络成为了社情民意的集散地，对环境保护工作的影响力越来越大。环境污染问题通过网络的发酵放大，更容易使个人偏激言论扩展为非理性的社会情绪，局部问题上升为全面问题，一般问题上升为社会问题，自媒体的兴起加剧了这一情况的外显程度。

习近平总书记指出“小康全面不全面，生态环境质量是关键”，可见环境问题已成为实现全面小康的瓶颈。生态环境问题与社会大众息息相关，成为老百姓关注的热点和焦点，如何正确认识环保舆情引发的社会问题，提升网络舆情应对能力，及时有效地正确引导，消除环保舆情带来的负面影响，具有十分重要的意义。

一、环保舆情频发的原因

回顾近几年，类似厦门及宁波 PX 事件、松花江苯泄漏污染、兰州自来水苯污染等环境危机事件频繁发生，究其原因主要有以下几点：

（一）环境治理难度大，改善缓慢

长期以来高投入、高消耗的粗放发展模式，带来经济高速发展的同时，对资源的掠夺式开发、各行业污染物排放量飞速增加也极大地破坏了环境。然而，产业结构调整转变缓慢，污染治理速度远远赶不上污染物产生量增长的速度，短期内很难使生态环境得到恢复或彻底性根治。

（二）突发环境事件多，危害严重

当前，我国突发环境事件处于高发态势，制约着经济社会持续发展。突发环境事件往往涉及面广、危害严重，产生的环保舆情容易引发较大的社会影响，并持续很长一段时间。例如，2014 年 4 月 10 日，兰州自来水苯污染引发民众“疯抢瓶装水”；2010 年 7 月 16 日，中石油大连储油罐输油管线发生起火爆炸事故致大连海域污染。

（三）环境利益相互纠缠，易于激化

现实中，环境保护与经济利益常常存在冲突，部分地方政府以牺牲环境发展经济，在项目审批立项、执法监管等方面存在违法违规行为。近年来，环境问题还与征地拆迁、贫困等其他的社会问题交叉在一起，利益诉求方大多以环保问题为突破口，形成恶性循环。这也是环保舆情易于激化，一旦爆发难以平息的原因之一。

（四）公民环境要求提高，意识增强

一是当前网民呈现出全民化、高学历化的特点，“70 后”、“80 后”网民受过良好的教育、有着较高的学历，他们对涉及平等及民主法治的事件格外关注，善

于发出自己的诉求声音。二是十八大以来，生态文明受到前所未有的重视，新《环境保护法》、公众参与办法对公民、NGO 组织参与环境保护提供了保障。随着公民环保意识的逐步增强，公众对生活环境的要求也日益提高，尤其是涉及生态环境的重大项目，地方政府如果盲目追求经济效益和政绩，必然会引发民众的不满和恐慌，招致舆论的强烈反对和声讨。

二、环保舆情的发展趋势

（一）由传统媒体向自媒体飞速发展

中国互联网络信息中心（CNNIC）第 36 次《中国互联网络发展状况统计报告》显示，截至 2015 年 6 月，我国网民规模达 6.68 亿，手机网民 5.94 亿，农村网民 1.86 亿。

庞大的手机网民拥有群体，是“大众麦克风”时代，人人拥有着话语权，不受时间、地域限制。2013 年 8 月 11 日，有着 3 000 万粉丝的某微博大 V 曝光重庆攀渝钛业向长江排污；2015 年 1 月 22 日，重庆叫停烟熏腊肉、露天焚烧，15 小时内，37 万余名网友通过手机新闻客户端、微博、论坛等参与讨论；2015 年 4 月 20 日，微信公众号“感知成长”发布渝北臭气扰民数十万人受影响的帖文，4 小时内阅读人数突破 10 万人。环保舆情发生地已由传统网络论坛、媒体报刊等，向 QQ 群、微博、微信等自媒体转化，所产生的影响更加剧大，难以消除。

（二）微博微信平台交织传播

微博和微信是中国社会主要的两大信息源，扮演着社会舆论场域的意见制造者和社会动员力量。微博为社会制造新闻和话题，而微信则为个体制造信任和情感支持，个体在微信中寻找到久违的社会信任和情感依赖。微信更多的是一种圈群传播，基于一个一个的私密朋友圈和微信群，微信的朋友圈间更易获得及时的信息资讯，垃圾信息较少，熟人圈传播具有信息互动快捷、可信度、到达率、转发率高等特点。这种微博制造信息话题，微信利用圈子动员传播的格局将在很长一段时间内存在。

（三）公众多方面持续关注环保

各地方受公众关注的环境污染问题不尽相同，由于诸多原因，重庆环保“热点多，燃点低”，极易在多方面引发环保舆情。

三峡库区及次级河流水污染将持续受关注。三峡库区水环境保护是中央交给重庆的“四件大事”之一。生态文明建设是三峡库区后续工作规划的重要目标，三峡工程对库区环境、生物、气候和群众生活的影响非常广泛和直接。2013年重庆环保局在网络上监测到有关三峡库区及次级河流投诉79条，其中境外媒体参与8条，网络大V参与4条，NGO组织投诉12条，公众投诉55条，8起较大环境舆情事件中有5起涉及三峡库区及次级河流水体污染。某大V微博曝光攀渝钛业长江排污口重金属超标，网友浏览量达350万次，评论2 800次；NGO组织曝光南岸区桐君阁排放超标污水，浏览量4 291次，评论20次。

空气质量改善将持续受关注。AQI爆表常见报端，重庆也不容乐观，2013年10月，天涯论坛重庆版的帖文“并非耸人听闻，你们的孩子准备活多久？——从雾重庆到霾重庆”，浏览量10 161次，评论272次，引起了不少网友的关注吐槽。2013年网络上有关大气的投诉共277条，网友仅在论坛中发布重庆空气质量的帖文就有106条，跟帖1 702次，浏览量47 244次。

环境诉求随五大功能区划分发生变化。重庆五大功能区划分后，区域的发展定位各有侧重、各有特色。物流中心、综合枢纽、制造产业等都会向都市功能拓展区和城市发展新区规划布局，渝东北生态涵养发展区和渝东南生态保护发展区，是重庆的大生态区，主要为了在发展中加强生态保护、在增强生态涵养中加快发展。但生态红线能否坚守也给两区带来考验。生态文明的建设和结构产业的调整，一些利民项目在局部地区可能引起纠纷，今后环境污染网络投诉将向都市功能拓展区和城市发展新区倾斜；生态红线保护的诉求将向生态保护区和生态涵养区转移。

三、环保舆情引发的危害

（一）环保舆情引发邻避冲突效应，制约经济社会发展

以PX为例。PX用途很广，几乎渗透了我们衣、食、住、行各个方面。2000

年以前，我国发展比较缓慢，但供需关系相对平衡，2000 年国内自给率为 88%；2000—2010 年，中国 PX 项目迅速发展，生产能力一跃成为世界第一；2010 年至今，国内市场需求持续走高，而 PX 建设步伐放缓，产能开始无法满足需求。有专家预测，如果中国不增加 PX 产量，到 2015 年，中国 PX 进口将达到 1 300 万 t 左右，PX 自给率将降至 50%以下。原料受制于人，导致了化纤产业链的利润整体前移，更多地向 PX 环节聚集。换言之，海外原料供应商获得了更多的利益，而民族制造业备受挤压。日本、韩国等向中国出口 PX 产品，较国产材料价格都要高出很多。凡是和 PX 有关的产品价格都会传递到终端环节，最终还是转嫁到消费者身上。

厦门海沧 PX 项目被叫停，是民意改变决策的开始，受此影响，全国多个城市的 PX 项目花费高额投资，却纷纷被停止，公众几乎妖魔化了 PX、逢重化工必反对。2007 年厦门海沧投资 108 亿元，年产值 800 亿元的 PX 项目被数千激愤市民上街反对，被迫迁址漳州古雷，两年内连续发生两起特大爆炸事件。2011 年，大连因市民抗议运动叫停投资 95 亿元，年产值 260 亿元的 PX 项目；2012 年，宁波镇海 PX 项目总投资估算约 558.73 亿元，因数百村民反对，宁波市政府公开声明坚决不上 PX 项目。

（二）环保舆情诱发激化群体性事件，影响社会稳定

据不完全统计，我国自 1996 年以来，环境群体性事件一直保持年均 29%的增速，2005 年以来，环境保护部直接接报处置的事件共 927 起，重特大事件 72 起，其中 2011 年重大事件比上年同期增长 120%。

2014 年 3 月 30 日，广州茂名市民反对 PX 项目与当地警力发生冲突，和以往多起 PX 事件一样，茂名 PX 游行事件也有外媒的影子。为此，4 月 3 日，人民日报特针对外媒报道刊发了辟谣文章。这一举措证明，PX 项目或者说环境舆情已经成为国家层面的大问题。少数境外势力插手其中，导致事态不断扩大、加剧，严重影响社会的和谐稳定。群体性事件相互感染的特征，可能会使非理性的冲动情绪在不同的群体间传递，严重时多起群体性事件聚集在一起，造成强烈的社会震荡，甚至动摇政权的合法性基础，影响社会稳定。

四、如何应对环保舆情

2013年10月，重庆市在全国环保系统中率先成立了互联信息办公室，指导组织区县成功应对了多起环境突发舆情，特别是在应对攀渝钛业和桐君阁制药厂污染事件，市领导作了“务实、有效、科学、妥帖”的批示。通过一系列措施，重庆的环境污染投诉量在不断上升，但环保舆情事件发生量在不断减少。主要做法是：

（一）加强正面宣传，放大环保主流声音

围绕生态文明建设等环保中心工作，在电视、广播、报纸、网站等媒体，通过多种形式宣传环保知识、环保法律法规、区域环境治理进展及成效，通过传统媒体和新媒体及时关切回应群众关注的热点难点环境问题，对热点环境舆情和社会情绪进行正面引导，向社会公众发布正确的环境工作信息，增强环保宣传的覆盖面、传播力和影响力。同时，加强环境信息公开工作，市县级环境保护部门出台《环境信息公开目录》《环境信息公开管理办法》《环境信息公开指南》等规范环境信息，保障公民的环境知情权。

（二）建立舆情队伍，全天候监测研判处置

建立市—县—乡三级舆情队伍，坚持24小时轮流值班，运用专业技术手段，时刻关注媒体和舆论中有关环境污染的信息和评论，对舆情迅速分析研判，及时回应公众疑问，最大限度地掐灭舆情滋生苗头。

（三）建立健全制度，完善舆情管理机制

制定舆情工作手册，明确工作职责、舆情处置流程及纪律要求；健全突发环境事件网络舆情监测预警、联动处置、新闻发布、舆论引导等机制；强化舆情值班、精准研判和及时报告制度，提升舆情处置水平；坚持每周和每月分析、研判舆情走势，提出应对建议，发挥参谋部和作战部的作用。

（四）多方合作配合，打造环保统一战线

每年邀请人大代表、政协委员视察座谈，为环保工作鼓与呼；横向与市级相关部门开展的战略合作，积极寻求信息共享和技术支持，聘请专家名人，为环保工做出谋划策；纵向培养各区县环保新闻发言人和网络评论员，为环保摇旗呐喊；引导了本地区活跃的民间环保组织，对环保工作进行监督，打造环保宣传教育和舆论引导工作统一战线。

（五）设立环保类重大项目部署的舆情风险评估机制

对直接关系人民群众切身利益且涉及面广、容易引发社会稳定问题的重大项目决策时，应首先对此类项目可能存在的环保舆情风险进行先期分析、预测和评估，确定风险等级，做出风险评估结论，并在项目的各阶段制定舆情应对预案进行防范，着力从源头上降低风险发生的概率。

（六）加强监督巡查，把环境舆情化解在萌芽状态

夯实执法队伍的能力，严格监管执法化解矛盾和积案；畅通污染有奖举报渠道，建立引导环保志愿者监督举报环境违法机制；建立完善环保物联网建设，确保及时发现环境污染问题。

（七）注重问题解决，妥善化解舆论压力

面对环境污染问题，及时处理和解决现实问题才是重中之重。诸多舆情推至高潮都是因为相关政府、企业不作为，问题迟迟得不到关注和处理才酿成舆情危机的。抓住“两个第一时间”，第一时间着手污染问题的调查和处理，以最快的速度阻止污染问题继续恶化，并积极加强与当事方、受害者和网民的沟通；第一时间发布权威信息，滚动公布最新消息，满足公众知晓信息的心理需求，打消网民的猜测及怀疑，预防谣言的产生和传播，从根本上降低网络舆情的负面影响。

阿坝州生态保护红线划定的调研与思考

四川省阿坝藏族羌族自治州环境保护局　邓真言佩

摘　要：阿坝州松潘县是四川省生态红线划定试点县，这是维护州生态安全的需要、是推动州可持续发展的必然要求、是切实改善州环境质量和保障民生的有力举措。阿坝州生态保护红线划定工作面对生态系统复杂多样、红线划分比例高、各县划定生态保护红线的积极性不强的难点摸索出了从宏观上处理好三个关系：生态红线划定与区域功能定位的关系、强化生态保护与加快区域发展的关系、生态红线划定与各类规划布局的关系，从操作上把握好三个原则：强制保护原则、分级管理原则、规范识别原则的经验。

关键词：生态保护红线　划定　难点和对策

2011 年国务院提出划定生态保护红线任务以来，各级政府对于划定生态红线都非常重视，开展了大量探索性工作。与生态保护相关的行业部门也在研究制订生态红线划定方案，不断推进红线落地。2013 年，阿坝州松潘县被纳入全省生态红线划定试点县。生态保护红线划定是一项复杂的系统的改革工作，涉及面广、影响深远，为此，我们对全州开展生态保护红线划定进行了调研、分析和思考。

一、生态保护红线划定的要义

党的十八届三中全会通过的《中共中央关于全面深化改革若干重大问题的决定》明确提出，要加快生态文明制度建设，用制度保护生态环境。划定生态保护红线的部署和要求是生态文明建设的重大制度创新。近年来，随着阿坝州城镇化、工业化的快速发展，资源约束也逐步趋紧，生态系统退化，可持续发展面临严峻挑战。生态是阿坝州生存之本，环境是阿坝州发展之基，良好的生态环境是全州乃至全省、全国可持续发展的必要条件。及时划定生态保护红线，强化生态保护与建设，对维护生态安全、保障人民生产生活条件、增强可持续发展能力具有重大现实意义和深远历史影响。

（一）划定生态保护红线是维护全州生态安全的需要

由于经济社会活动对自然利用强度不断加大，阿坝州自然生态系统受挤占、破坏的情况日趋严重，呈现出由结构性破坏向功能性紊乱的方向发展。据统计，阿坝州 63 万 hm^2 沼泽草地和湖泊，已有 11.33 万 hm^2 干涸，草原缺水达 40%。草畜矛盾日益尖锐突出，全州草地超载率 61.19%，掠夺式经营使草原植被遭到毁灭性破坏，草原生态日趋恶化。全州水土流失面积较多，干旱河谷的干旱化、半荒漠化仍在继续扩大。据观测，岷江上游地区约有 1/3 的面积正向半荒漠过渡，山坡中上部不少地段正由栎林、小叶林向灌丛过渡，交通比较方便的地方，已由灌丛林向稀疏灌丛和以草本植物为优势的半荒漠过渡。只有划定生态保护红线，按照生态系统完整性原则和主体功能区定位，优化国土空间开发格局，理顺保护与发展的关系，改善和提高生态系统服务功能，才能构建结构完整、功能稳定的生态安全格局，从而维护生态安全。

（二）划定生态保护红线是推动阿坝州可持续发展的必然要求

经济社会发展既要注重当前，又要注重长远。随着城镇化进程的不断加快，阿坝州在川西北生态经济示范区建设过程中，资源消耗也会不断增加。科学划定生态保护红线，引导人口分布、经济布局与资源环境承载能力相适应，有利于促进各类资源合理开发、科学利用，提升环境承载力、改善自然修复力、形成生态生产力，为经济社会与资源环境全面、协调、可持续发展预留更多的空间和更大的可能。

（三）划定生态保护红线是切实改善环境质量和保障民生的有力举措

近年来，随着阿坝州经济社会发展和人民生活水平提高，全州干部群众对环境质量的要求和期待不断提升。当前阿坝州环境污染虽然并不严重，但部分区域空气环境质量有向变差的趋势发展，如汶川县映秀、漩口和桃关一带，茂县土门园区等区域。部分流域、个别乡镇和部分农村饮用水源地为基础设施建设或经济发展让路的事情时有发生。水环境质量也有变差的趋势。畜禽养殖业环境污染问题突出，成为阿坝州农村的最大污染源。划定并严守生态保护红线，将环境污染控制、环境质量改善和环境风险防范有机衔接起来，强化水源涵养地、生态屏障区、生态脆弱区的保护建设，才能确保环境质量不降级，并逐步得到改善，从源头上扭转生态环境恶化的趋势，建设“天蓝”、“地绿”、“水净”的美好家园。

2013年，划定并严守生态保护红线不断在国家层面得到强化，社会各界对生态保护红线的理解和认知程度也在不断提升。2015年1月1日实施的《环境保护法》规定“国家在重点生态功能区、生态环境敏感区和脆弱区等区域划定生态保护红线，实行严格保护”。2015年4月25日《中共中央 国务院关于加快推进生态文明建设的意见》规定：在重点生态功能区、生态环境敏感区和脆弱区等区域划定生态红线，确保生态功能不降低、面积不减少、性质不改变；科学划定森林、草原湿地、海洋等领域生态红线，严格自然生态空间征（占）用管理，有效遏制生态系统退化的趋势。划定生态保护红线是国家要求，政策规定，我们必须深化认识，把思想和行动统一到中央、省的决策部署上来，认真做好生态保护红线划定工作。

二、阿坝州生态保护红线划定的难点

划定生态保护红线是加快生态文明建设，实行最严格的源头保护制度、损害赔偿制度、责任追究制度，完善环境治理和生态修复制度等制度设计的前提和基础。但阿坝州划定生态保护红线面临许多难点。

（一）阿坝州生态系统复杂多样

阿坝州地处青藏高原东南缘，是我国地势最高一级的青藏高原向川西南山地和四川盆地的过渡地带，自然保护区、森林公园、风景名胜区、世界文化自然遗产、地质公园等较多。珍稀、濒危并具代表性的动植物物种多，生物多样性复杂。高山、湖泊多，干旱河谷面积大，可利用的土地少。阿坝州的主导生态功能是生物多样性保护、水源涵养等生态调节功能，独特的生态区位特点，决定了其在全省乃至全国重要的生态地位，其生态环境的好坏对长江、黄河下游经济社会发展起着决定性的影响，对维持全省乃至全国生态平衡、保障生态安全具有重要地位，相对于其他地区更难划。

（二）阿坝州生态保护红线划分比例高

根据《四川省生态保护红线划分方案》，阿坝州划定生态保护红线面积占国土面积的比例高达 67.79%，全省排第一，高出全省平均比例（47.70%）20 个百分点。阿坝州地处川西北高原，受地理、经济、交通、气候等条件的限制，建设用地在全省范围内占用面积较少。近 10 年来，阿坝州交通、通信、农业、林业、水利等基础设施建设迅猛发展，经济社会快速增长，城镇化进程不断加快，使建设用土地面积呈逐步上升趋势，致使建设用地更加紧张。“十三五”及今后一段时间，阿坝州纳入了国家生态文明先行示范区建设，交通、通信、清洁能源、水利、电力、农业、林业、城镇等基础设施建设和以生态为基础的矿产、旅游、工业等产业结构升级重组，第一产业比重下降，第二、第三产业比重逐渐加大，需要更多的土地资源作支撑。尽管阿坝州地域面积广阔，但可开发利用的土地资源少，而交通、水利、旅游及城镇化推进等的建设导致本就很稀缺的可利用土地资源逐渐减少，发展与用地矛盾日益突出。阿坝州是集老、少、边、穷、病于一体的落后地区，还需要加快发展，生态保护与经济发展的矛盾较为突出。如何划定生态保护红线，使其既能够贯彻执行国家要求，又能满足阿坝州经济社会发展需要，是摆在州政府面前的难题。

（三）各县划定生态保护红线的积极性不强

生态保护红线划定的责任主体是地方各级政府，尤其是县一级人民政府。2013 年，阿坝州松潘县作为全省试点县先期开展了生态保护红线划定工作，积累了宝贵经验。今年，按照全省的统一要求，全面启动了此项工作。为阿坝州全面开展生态保护红线划定工作奠定了基础。但由于全国、全省生态文明建设相应的配套政策措施还不完善，地方政府生态保护红线划定工作的积极性不强。如生态补偿机制在国家、省、州层面未完全建立，其他政策措施也并不明确，同时由于省级工作方案尚未出台，地市州级也不好具体操作，担心划多了会影响县域经济社会发展，划少了会错过国家的优惠政策，观望、等待现象普遍存在。

三、阿坝州生态红线划定的对策思考

生态保护红线划定是一项复杂的系统的改革工作，涉及面广，影响深远。当前，正值阿坝州加快发展转型，全力建设川西北生态经济示范区的关键时期。如何科学、合理地划定生态红线，使其既符合国家和省的工作要求，又能体现阿坝州生态系统特点，既能达到保护生态环境的目的，又能促进经济社会发展呢？笔者认为，应当从以下两个层面重点把握。

（一）从宏观层面讲，要重点处理好三个关系

（1）处理好生态红线划定与区域功能定位的关系。阿坝州作为生态保护的“屏障地区”和“核心地区”，我们一定要强化大局意识和责任意识，立足国家和四川省主体功能区定位，进一步理清生态功能区与生态保护红线的关系，始终坚持“生态立州、环保优先”的理念，将“建设生态阿坝”作为主攻方向，认真做好生态保护红线划定工作。

（2）处理好强化生态保护与加快区域发展的关系。阿坝州既是发展滞后区、特殊贫困区，也是生态脆弱区、生态敏感区。在生态保护红线划定工作中，既要考虑生态效益，也要考虑经济效益和社会效益，力求综合效益的最大化。要立足经济社会发展、产业培育转型等需求和自身监管能力，突出合理性、协调性、可行性，科学确定生态保护红线范围，实现保护与发展“同步”，经济与生态“共赢”。

（3）处理好生态红线划定与各类规划布局的关系。划定生态保护红线是一项系统工程，涉及领域广、范围大。我们要根据生态红线的功能和类型，加强与主体功能区规划、生态功能区划、区域产业发展规划、土地利用总体规划、旅游发展规划、城镇建设规划、交通建设规划及其他重大基础设施建设规划等的衔接，增强生态保护效果。

（二）从操作层面看，要重点把握好以下三个原则

（1）强制保护原则。按照国家和四川省的要求，阿坝州《全国生态功能区划》中的重点生态功能区、生态脆弱区、敏感区、禁止开发区以及法律法规已明确定性且必须划入的区域，应当全部纳入生态保护红线管控范围。我们要本着实事求是的原则，认真、全面、系统地进行清理，做到“应进必进”。

（2）分级管理原则。生态系统和生态红线的尺度特征决定了生态环境管理的分级特点。我们要根据自身的生态服务功能类型和管理严格程度，确定生态环境保护的空间红线，实行分类、分区管理，做到“一线一策”，划定的红线目标要具备可实现性，配套的管理制度和政策具有可操作性，做到性质不转换、功能不降低、面积不减少、责任不改变。

（3）规范识别原则。要按照技术规范，立足自身实际，认真识别已经开发建设、正在开发建设、通过规划已确定将开发建设的国土空间。当前，阿坝州生态保护红线划定工作的主要任务是：对照《四川省生态保护红线划定建议方案》，进一步优化调整七类区域，结合县域产业发展规划、城镇建设规划、土地利用规划、交通建设规划以及其他重大基础设施建设规划，识别出区域已开发建设或重点规划建设的国土空间，将其标识注明并建议调整到红线管控范围外。要按照操作规程，认真收集、整理各行业（部门）提供的情况，拿出较为准确的国家级生态保护红线管控范围和面积。

以体制机制创新为突破的生态文明城市建设实践

贵州省贵阳市生态文明建设委员会　孙华忠

摘　要：贵阳市在生态文明城市建设实践中，坚持理念创新引领实践、体制创新开展实践、立法创新推动实践、规划创新统筹实践、司法创新保障实践、平台创新促进实践，形成了独具特色的“贵阳模式”，先后获得了“国家环境保护模范城市”、“全国生态文明建设试点城市”、“国家循环经济试点城市”等荣誉称号，为我国生态文明城市建设树立了榜样。

关键词：生态文明城市　建设　实践　贵阳模式

贵阳是贵州省省会，是全省经济、政治、文化和科教中心。总面积 8 034 km^2，人口 472 万，辖六区一市三县。贵阳平均海拔 1 100 m，年平均气温 15.3℃，夏季平均气温 23.2℃，空气清新、气候凉爽，享有“爽爽的贵阳・中国避暑之都”的美誉。贵阳作为西部欠发达、欠开发城市，发展相对滞后，但保存了良好的生态环境，形成了独特的生态比较优势。近年来，在环境保护部等国家部委和贵州省委、省政府的关心支持下，在社会各界的积极参与下，贵阳坚持不懈地走生态文明建设的发展道路，取得了初步成效，在国内外具有一定的影响，“生态”已经成为贵阳最靓丽的名片。2014 年，贵阳市森林覆盖率 45%，人均公共绿地面积 11.2 m^2，建成区绿地覆盖率 43.5%；地表水水质达标率 95%以上，集中式饮用水水源水质达标率为 100%；环境空气质量优良天数为 314 天，空气质量优良率达 86%，比 2013 年提高 9.8 个百分点。贵阳市还先后获得国家循环经济试点城市、国家信息化建设试点城市、全国低碳试点城市、全国生态文明建设试点城市、“中国人居环境范例奖”、“国家森林城市”、“国家园林城市”、“国家节水型城市”、“中国优秀旅游城市”、“中国避暑之都”、“国家卫生城市、“全国文明城市”等荣誉称号。2015 年 1 月 23 日顺利通过创建国家环境保护模范城市考核验收。

近年来，贵阳市围绕“走科学发展路，加快建生态文明市”这一发展方向和目标，坚持从顶层设计入手，创新体制机制，全力推进生态文明城市建设，很多实践在全国开创了先河，形成了独具特色的“贵阳模式”。

一、坚持理念创新引领实践

自 2007 年以来，贵阳市始终将生态文明理念贯穿到经济社会发展的各个方面，坚持理念创新，引领生态文明城市建设实践。连续三年以市委 1 号文件出台建设生态文明城市的意见，相继印发了《关于建设生态文明城市的决定》（筑党发[2008]1 号）、《关于抢抓机遇进一步加快生态文明城市建设的若干意见》（筑党发[2009]1 号）、《关于提高执行力抢抓新机遇 纵深推进生态文明城市建设的若干意见》（筑党发[2010]1 号）等文件，明确“走科学发展路，建生态文明市”的战略部署，提出了生态文明建设的根本宗旨、奋斗目标和工作措施，致力把贵阳建设成为生态环境良好、生态产业发达、文化特色鲜明、生态观念浓厚、市民和谐幸福、政府廉洁高效的生态文明城市。

2013 年，中共贵阳市委九届三次全会立足新起点、把握新要求，围绕既要“赶”又要“转”的双重任务，提出“紧扣一个目标、守住两条底线、强化三种意识、狠抓四个关键”，打造贵阳发展升级版的总体构想，保持一个较快的发展速度，持续提升改善生态环境，加快建设全国生态文明示范城市，奋力走出一条西部欠发达城市经济发展与生态改善双赢的可持续发展之路。

2014 年，中共贵阳市委九届四次全会进一步提出，把握好新常态，抢抓好新机遇，应对好新挑战，扮演好新角色，在 2015 年前率先实现全面小康的基础上，到 2020 年建成全国生态文明示范城市，进而率先向基本实现现代化阔步迈进。

从 2007 年至今，贵阳市委、市政府坚定不移、一以贯之以建设生态文明城市的理念引领实践、引领发展，从来没有动摇过，也从来没有改变过。

二、坚持体制创新开展实践

党的十八大第一次把生态文明建设纳入中国特色社会主义“五位一体”总布局，明确要求以更大的政治勇气和智慧深化重要领域改革，加强生态文明制度建设，稳步推进生态体制改革。从现实情况看，生态文明建设涉及多个部门，存在职能交叉、职责不清的情况，影响了生态文明建设的整体性、系统性。贵阳市委、市政府贯彻党的十八大精神，创新行政体制，做出组建生态文明建设委员会的决定。

2012 年 11 月 27 日正式挂牌成立贵阳市生态文明建设委员会，将与生态文明建设有关的“四局、四办”的职能整合划转，集中统一行使。也就是环保局、林业局、园林局、森林公安局，发改委的循环办、工信委的节能减排办、城管局的节水办和精神文明委的生态文明办。赋予生态文明建设委员会三大职能：一是统筹规划，统筹全市生态文明示范城市建设规划任务的落实，制定涉及生态文明城市建设发展的目标任务，确保 2020 年建成生态文明示范城市。二是组织协调，围绕建设生态文明示范城市年度目标任务，统筹协调相关部门和区（市、县）推进目标任务的完成。三是督促检查，按照目标和任务，会同相关部门对生态文明建设的目标任务进行督促检查和目标考核，确定各相关部门和区（市、县）年度目标任务的分值。在机构编制方面，贵阳市生态文明建设委员会配备党委班子成员 10 名，其中，设专业技术领导 3 名（三总师），总工程师主要负责全市生态文明建设项目、工程的策划、施工组织及目标考核，总规划师主要负责全市涉及环境保护、林业发展及生态文明建设各种规划的编制、完善，并相应地推进规划的落地实施，总经济师主要负责全市生态文明建设年度目标综合调度、推进和考核。内设机构 21 个，行政编制 81 人。全委系统副县级以上干部 27 名，科级干部 168 名，在职职工 2 720 人，下属 40 家直属单位。贵阳市生态文明建设委员会的整合组建，确保了贵阳生态文明建设实践有了具体的统筹部门，建立了科学的体制保障，实现了生态文明行政体制的创新突破。

三、坚持立法创新推动实践

为了将贵阳市生态文明建设实践纳入法制化轨道，以法律保障和支撑生态文明建设工作，2009 年 10 月，贵阳市率先在全国出台了《贵阳市促进生态文明建设条例》。2013 年 4 月经过修订完善，出台了全国第一部建设生态文明城市地方性法规《贵阳市建设生态文明城市条例》，对生态文明建设的规划、行政管理、司法保障、公众参与等各个环节做了法律规定。目前已实施两周年，这两部条例的颁布实施，使贵阳市推进生态文明建设的各项目标任务有了强有力的法制保障。

近几年来，贵阳市还围绕环境保护、水源保护、林业保护等生态文明建设的关键领域，制定了《贵阳市禁止生产销售使用含磷洗涤剂规定》《贵阳市阿哈水库水资源环境保护条例》《贵阳市生态公益林补偿办法》《贵阳市大气污染防治办法》《贵阳市民用建筑节能条例》《贵阳市机动车排气污染防治条例》《贵阳市公园和绿化广场管理办法》等一系列法规和规章，进一步健全了生态文明建设的法制体系，更好更全面地为生态文明建设保驾护航。

四、坚持规划创新统筹实践

科学规划是提升城市综合竞争力、实现创新发展的重要前提和根本保证，更是引领城市生态文明建设的重要手段和载体。

2007 年 11 月贵阳市成立了省市相关部门和专家为成员的贵阳市城乡规划建设委员会，城乡规划体系得到不断完善。结合贵阳实际，编制《贵阳市城市总体规划（2009—2020 年）》，打造“山中有城、城中有山；城在林中、林在城中；湖水相伴、绿带环抱”的生态文明城市。2009 年完成了《贵阳市生态功能区划》编制，在国土空间布局上分成优化开发区、重点开发区、限制开发区和禁止开发区，并针对不同区域提出具体措施和发展方案。

2012 年，国家发改委批复《贵阳建设全国生态文明示范城市规划（2012—2020 年）》（以下简称《规划》），贵阳市的生态文明城市建设上升到了国家层面，成为全国生态文明建设的“探路先锋”。《规划》确定，到 2020 年将贵阳建成全国生态文明示范城市，为全国生态文明建设发挥示范作用。2014 年 1 月，贵阳市委、市政府出台《关于进一步优化规划工作职能的意见（试行）》，在贵阳市行政区划内明确都市功能核心区、都市功能发展区、城市发展拓展区、生态保护发展区，编制《贵阳市城市功能分区规划》，提出“一城两带六核”的空间布局。同时，着手编制《贵阳市城市环境总体规划》，确定环境承载上限、生态保护红线、环境风险底线。贵阳在生态文明城市建设实践的过程中，全市各级各部门注重学规划、懂规划、用规划、守规划，以规划为指导，全力推进生态文明建设，努力实现规划目标。

五、坚持司法创新保障实践

2007 年，在全国成立第一家贵阳市中级人民法院环境保护审判庭、清镇市人民法院环境保护法庭，统一生态司法管辖权。

2013 年初，成立贵阳市公安局生态保护公安分局和贵阳市检察院生态保护检察局，将环保法庭更名为生态保护法庭，建立了生态保护“两庭三局”的司法体系。同时，还在区（市、县）一级成立相应的生态保护专门司法机构，在全市构建起完整的生态司法机构体系，为加强生态司法保护奠定了坚实的组织保障。在此基础上，探索生态环境执法联动的新模式，先后出台了《贵阳市生态环境保护联动工作方案》《贵阳市生态环境保护司法联动工作方案》《贵阳市生态环境执法信息调度与案件信息公开和共享制度》《生态环境执法社会公众联动制度》，创新生态环境“司法、行政、公众三联动”机制，整合司法、行政、公众等各方资源，形成强大的执法合力，严厉打击破坏生态环境的违法行为，用最强硬的执法保护生态环境。

六、坚持平台创新促进实践

打造生态文明贵阳国际论坛，使之成为贵阳市生态文明建设交流与合作的高端平台。2009—2012 年，贵阳市连续四年成功举办生态文明贵阳会议，在全国引起良好反响，2013 年经党中央和国务院批准升格为生态文明贵阳国际论坛，成为全国唯一以生态文明为主题的国家级国际论坛。目前，论坛已成为政要、专家、学者、智库等多方参与，共同探讨人类社会发展潮流和趋势、探索生态文明建设道路和方向的官、产、学、民、媒共建共享的国际平台，成为展示贵阳、贵州以及全国建设生态文明成果的重要窗口，向国际社会传播生态文明理念，发出了中国声音。通过举办论坛，加快论坛成果的转化，贵阳市生态文明建设实践的思路更加清晰，机制体制创新更加有效，体系更加完善，奋力走出一条西部欠发达城市经济发展与生态改善的双赢之路。

2014 年 3 月，习近平总书记在参加十二届全国人大二次会议贵州代表团审议时，要求贵州要守住发展和生态两条底线。2015 年年初，习近平总书记又在参加十二届全国人大三次会议江西代表团审议时要求，要像保护眼睛一样保护生态环境，像对待生命一样对待生态环境，把不损害生态环境作为发展的底线，对破坏生态环境的行为，不能手软，不能下不为例，防止形成“破窗效应”。

2015 年 1 月 1 日，被称为史上最严厉的新《环境保护法》正式施行，3 月，中共中央政治局审议通过《关于加快推进生态文明建设的意见》，进一步深化了生态文明建设的战略布局，要求牢固树立“绿水青山就是金山银山”的理念，协同推进新型工业化、城镇化、信息化、农业现代化和绿色化。4 月，国务院又正式发布《水污染防治行动计划》，明确了十条严厉的措施。生态文明建设实践有了更加坚实的制度保障。

围绕这些新形势、新情况和新要求，下一步，贵阳市委、市政府将牢牢守住生态和发展两条底线，围绕建成全国生态文明示范城市的目标，全面打造贵阳发展升级版，在全省建设生态文明先行示范区中“做表率、走前列、做贡献”，在全国生态文明城市建设中树样板、做示范，奋力走向生态文明新时代。

黔东南州生态文明建设的探索与实践

贵州省黔东南苗族侗族自治州环境保护局　李志刚

摘　要：作为全面深化改革的重要组成部分，生态文明建设上升到了前所未有的地位和高度。但目前国家尚未有统一的规范可供操作，各地都在结合实际探索前行，无成熟范本可供参考。黔东南州通过实践认识到建设生态文明，关键在于找准病症，建立制度、落实责任、执行监督及责任追究，理顺政府各部门的职能职责，形成合力，齐抓共管，方能出成效。

关键词：黔东南州　生态文明　探索　实践

党的十八大将生态文明建设列入“五位一体”的中国特色社会主义建设事业总体布局中，新《环境保护法》的颁布实施、大气法的修订、中央全面深化改革领导小组第十四次会议审议通过的《环境保护督察方案（试行）》《生态环境监测网络建设方案》《关于开展领导干部自然资源资产离任审计的试点方案》《党政领导干部生态环境损害责任追究办法（试行）》等，生态文明建设顶层设计从制度到法律进一步丰富与完善。本文总结了黔东南州生态现状、存在的主要问题与不足，以问题与目标为导向，结合顶层设计与州情实际，对生态文明建设进行初步的探索。

一、黔东南州生态文明建设现状

黔东南苗族侗族自治州为少数民族自治州，位于贵州省东南部，素有“九山半水半分田”之说。境内原始生态保存完好，有雷公山、云台山、佛顶山等原始森林。早在2007年，州委、州政府就把“生态黔东南”作为发展的重要支点，提出“生态立州”的发展战略，也是黔东南后发赶超、同步小康的重要资源与比较优势。

（一）生态资源

（1）矿产资源：黔东南苗族侗族自治州矿产有重晶石、汞、煤、铁、锰、锑等47种，重晶石冠甲中华，保有储量占全国的60%。

（2）水能源：黔东南苗族侗族自治州水能蕴藏量332万kW，可开发的水能资源244万kW，境内有长江、珠江的重要支流清水江、都柳江，长江、珠江上游的重要生态屏障区。

（3）生物资源：黔东南苗族侗族自治州森林覆盖率达62.2%；有各类植物2 000多种，在种子植物中，有中国特有属24属，占全国特有属的11.7%，有秃杉、篦子三尖杉、银杏、鹅掌楸等重点保护树种37种，占全国重点保护树种的10.5%；药用野生植物400余种，盛产太子参、松茯苓、五倍子、天麻、杜仲等名贵药材；有野生动物上千种，草鸮、麝羊、彪豹、毛冠鹿、娃娃鱼、中华鲟等10多种被列为国家重点保护动物。

（二） 环境质量现状

2015年全州环境质量数据显示，16个县市城市空气质量优良天数比达到99.7%；全州城市（县城）及乡镇集中式饮用水源地水质达标率为100%，清水江、都柳江、舞阳河水质出境断面100%达到或优于规定水质类别标准；全州581个区域噪声监测点位达标率为99.82%，125个交通噪声监测点位全部达到国家标准；全州实施监测的电磁辐射、放射性同位素及射线装置全部达标，射线装置及放射源办证率均达100%。

二、当前存在的主要问题

（一） 重点污染物减排工作压力大

重点减排项目设施运行状况不佳，管网建设滞后，污水收集率低，部分县城污水处理厂超负荷运行。同时存在雨污、清污合流和运行不稳定等问题，进水水质波动大、进水浓度低问题普遍，日处理水量、进水浓度与年度减排目标任务要求差距大，减排压力大。

（二） 建设项目历史欠账多

全州建设项目“未批先建”和“久拖不验”现象仍然较为突出，由于建设项目历史欠账较多，在新《环境保护法》实施前后全面清理建设项目的基础上，仍存在部分“未批先建”的项目环评审批手续未完善、未申请建设项目竣工环境保护验收、环保“三同时”执行不到位。

（三） 环保基础设施薄弱

目前全州各县均已建成垃圾填埋场，但垃圾收运仅限于县城周边区域，黔东南州州域广，乡村分布点多面广，对农村及城镇垃圾处理处于无序管理状态。全州除凯里外，无医疗废物处置场所，规划的片区医疗废物集中式处置中心项目进展缓慢，乡镇集中式生活污水处理设施建设严重滞后。

（四）库区水生生物带来环境风险

三板溪、白市电站库区水生植物防控情况基本稳定，但库区部分河段及库岔等处漂浮物堆积现象仍较普遍，库区湖面清洁工作尚未全覆盖，且随着入夏后气温的攀升，库区水生植物疯长风险依然存在，库区外来入侵水生植物暴发防控仍然十分严峻。

（五） 饮用水源保护区设施不完善

多数水源保护区标识、标牌、一级保护区隔离设施、道路警示标识等设施不完善；一级和二级保护区内有道路、桥梁穿越但未配套建设应急设施和储备应急物资，应急预案指导性不强。

（六）部分地表水达标任重道远

受黔南州福泉上游总磷超标排放影响，清水江流域黄平县重安江、凯里市湾水、旁海、台江施洞、剑河猫鼻岭、剑河南加、锦屏茅坪等断面水质均未能达功能水体标准。

（七）环境监管能力无法适应新需求

环境监察执法人员在编率、持证率低于标准化建设西部标准，部分县持证上岗人员仅 2 人，难以正常开展监察执法工作。全州环境监测实验用房紧缺，监测人员在编率仅为 55%，尚未完全具备国家环境质量监测和污染源监督性监测中所规定的监测能力。全州大部分县尚未成立环境应急机构，环境宣教、环境信息、危险废物管理等能力建设与国家标准化建设要求差距大。

（八）农村面源污染不容忽视

全州基层环保能力相对薄弱，监管的触角真正深入到农村仍需时日，主要原因为机制未建立、人员及经费得不到保障。对目前实施的农村环境综合整治项目，存在前期工作不够扎实，部分县市未深入项目实施地进行认真详细调查与核实，未能因地制宜选取适合当地环境污染整治工艺，工程建设内容布局不够合理，环境整治效益不高。

（九）产业园区环境管理有待规范

矿产资源、水资源开发利用等规划未按要求开展环境影响评价，已编制的规划环评质量较差，提出的环保措施未落实，没有发挥规划环评的指导作用，制定产业发展规划时考虑环境保护因素不多，部分产业规划无环境保护相关内容，园区无专门的环境机构。

三、黔东南州生态文明建设的探索与实践

目前黔东南州委已经成立生态文明建设委员会，办公室设在州环保局，为副县级单位，州环保局局长任办公室主任，另外配专职副主任，各县市均比照州委成立了生态文明建设领导小组和生态文明建设委员会，并在各县市环保局设立了办公室，具体负责日常工作组织和调度工作。

（一）积极推进改革，强化生态引领

（1）州委进一步强化“生态立州”的发展战略，颁布实施了《黔东南苗族侗族自治州生态环境保护条例》，出台了《关于加快推进全州生态文明建设的实施意见》，同时《黔东南州加快推进生态环境保护工作实施意见》《黔东南州生态文明建设目标考核办法（试行）》《黔东南州关于做好领导干部自然资源离任审计试点工作的贯彻实施意见》等办法和制度也要相继出台，为守住发展和生态底线提供制度保障，让中央层面顶层设计在地方尽早落地生根。

（2）全面启动生态红线划定工作。制定了《黔东南州生态保护红线（生态功能保障基线）划定工作方案》，初步划定生态保护红线面积占全州国土面积的42%。

（3）积极推进国家重点生态功能区建设，以生态促扶贫，争取国家政策支持。目前黔东南州黄平、施秉已经纳入国家重点生态功能区转移支付范围。

（二）以项目建设为抓手，强化统筹与调度

（1）列出年度生态文明建设“十大工程”，作为黔东南州全面推进生态文明建设的年度工作抓手，将建设任务进一步细化分解到各县市人民政府、州直各相关部门。

（2）加强资金保障，统筹安排重大生态保护项目资金，建立地方生态文明建设财政专项资金，搭建社会资本融资平台，努力形成多元化投资格局，为生态文明建设各项工作稳步推进提高保障。

（3）加快凯里市创建国家环保模范城市创建步伐，州市共建共创，完善城市功能，提升城市品质，打造靓丽名片。

（4）实时调度项目进展并加强督查督办，州委、州政府督查室适时开展督查，实行月调度与个案特报制度，强化责任追究，对不担当、不作为、不执行、不落实，未能按期完成生态建设项目任务的，追究党纪政纪责任。

（三）狠抓主要污染物减排，全面完成上级下达指标

（1）加快重点减排项目建设，确保按时建成投运。对工作迟缓的县市采取约谈政府主要领导、区域限制等行政措施强化工作落实。

（2）加强现役减排设施运行监管，不断提升现役减排项目的精细化管理水平。加快现役污水处理厂污水的收集管网建设，不断扩大服务范围，完善雨污、清污分流。

（3）进一步调整优化产业结构，拓展减排空间，加强对“两高一资”和产能过剩项目的调控；加大淘汰建材、造纸、煤炭等行业落后产能的力度。

（四）以问题为导向，着力推进环境综合治理工作

（1）水环境治理方面。建立库区水生植物打捞长效机制，投资近 7 000 万元加快移民迁建集镇的生活污水和生活垃圾处理设施建设，严格落实库区湖面打捞工作制度，及时清除库区水葫芦、水白菜等外来入侵水生物种。

（2）大气环境治理方面。加强对重点行业监管力度，确保实现稳定达标，完成辖区内加油站、油罐车、储油库油气治理工作及机动车环保检测站的审查和规范管理。

（3）固体废物治理方面。加强危险废物产生单位及危险废物处理单位的检查，全州合理布局生活垃圾焚烧发电项目及医疗废物处置项目。

（4）农村环境综合整治方面。扎实开展项目建设前期工作，项目设计方案编写人员进村入户进行详细调查与核实，充分尊重村民意愿，同时加强项目建设管理与后期维护。

（五）多措并举，进一步加强全州环境监管能力

（1）将环境监管能力建设、经费保障等纳入各级政府考核指标体系，切实解决人员、装备、执法保障能力紧缺问题。

（2）建立和完善党委、人大、政府、政协环保工作专项督查、检查、视察常态工作机制。

（3）强化司法支撑，与法院、公安部门、检察部门建立联席会议、联络员、案件会商、信息共享、案件移送、联合调查、奖惩等制度机制。

（六）齐抓共管，形成网格化监管体系

（1）制定《关于开展黔东南州环境监督管理网格化责任块划分工作的通知》

和《黔东南州环境监察网格化监管制度》，在全州环境监察部门实行环境监察网格化管理，切实解决责任不强，工作不力问题。

（2）州委专题研究和明确生态文明建设各职能部门环境监管职责，进一步明确各级党委、政府环境监管主体责任、各相关职能部门监管职责和工作措施，建立州、县（市）、乡（镇、街道办）、村（居）委会四级纵网格和各相关职能部门各负其责的职责横向网格环境监管网格体系。

（七）切实做好经济社会发展环保服务工作

（1）要抓好环保产业培育。充分利用深化改革契机，发挥黔东南州的“后发”优势，着力引进国内外环境综合治理先进技术，积极拓展黔东南州环境资源市场化和污染物资源化范畴，壮大黔东南州环保产业。

（2）严把项目准入关。严格执行环评“一个规定、两个名录、四个一律不准”要求，在全州经济社会发展“赶”而“转”关键时期，把好环境准入关口，坚决守住生态底线阵地。

黔东南州是一个生态大州，也是我们后发赶超的重要资源。天蓝、水清、地绿、山青，在美丽黔东南司空见惯，但得之不觉，失之难寻。州委、州政府高度重视生态文明建设，结合当地实际积极开展探索之路，当前蓝图绘就，方向清晰，职责明确，各部门齐抓共管，形成工作合力，持之以恒、久久为功，相信一定能实现生态美、百姓富的双赢目标。

实施“三纵一横”生态保护战略 加速推进新疆和田地区生态文明建设

新疆和田地区环境保护局 邹 杰

摘 要：和田地区属干旱荒漠性气候，生态系统脆弱。推进和田地区生态文明建设，保护和恢复林草植被，遏制生态恶化的趋势，促进地区经济和社会可持续发展，就要实施“保护和治理和田河流域，保护和治理克里雅河流域，建设沙漠公路绿色走廊工程，营造民丰—皮山绿色屏障”的“三纵一横”生态保护战略。

关键词：和田地区 生态文明建设 三纵一横 战略

一、新疆和田地区基本概况

和田地区位于新疆维吾尔自治区最南端，南依昆仑山脉，北临塔克拉玛干大沙漠，总面积 24.81 万 km^2，边境线 210 km。下辖 7 县 1 市，91 个乡（镇）、13 个街道办事处、26 个农林牧场，1 388 个行政村、116 个社区，总人口 225.82 万人，其中维吾尔族占 96.3%、汉族占 3.5%、其他民族占 0.2%，有维吾尔、汉、回、哈萨克、蒙古、塔吉克、柯尔克孜等 22 个民族。和田地区属干旱荒漠性气候，年均降水量 35 mm 左右，年均蒸发量高达 2 400 mm，四季多风沙，每年浮尘天气 220 天以上，其中浓浮尘（沙尘暴）天气在 60 天左右。境内有大小河流 36 条，年径流量 74 亿 m^3。河流季节反差极大，夏季洪涝，秋冬严重干旱，春季极为缺水，4—5 月来水量仅占全年的 7%。和田地区农业人口占 85%以上，现有耕地 325.76 万亩，是一个典型的少、边、穷传统农业地区。

（一）干旱少雨多风沙，生态系统脆弱

和田绿洲深处内陆腹地，系典型的内陆干旱区，气候干燥，绿洲外部环境十分恶劣，生态系统非常脆弱，沙漠化始终严重威胁着绿洲的生存。受沙漠气候的影响，形成春旱、风沙、土地盐碱化三大自然灾害，常年风沙弥漫，土地沙化严重威胁和田的村镇和田野，春夏之际多以强劲的西北风和东北风为主造势而成风沙季节，干旱少雨，浮尘扬沙直接摧残着和田的生态系统，七县一市均处于被沙漠包围、半包围的严峻态势之下。

（二）绿洲沿河流呈“珠状”分布于盆地的边缘

和田绿洲是和田人民历代繁衍生息的地方，全地区具有经济意义的绿洲共有24大片，而这24大片又由大小不等的203块小绿洲组成。每片绿洲零星分布在各河流洪积冲积扇或洪积冲积平原上，大部分分布在海拔1 500 m以下的地区，每片绿洲的面积与河水量相对成正比，绿洲外部与戈壁沙漠相邻，被沙漠和戈壁分割成互不相连的自然块。最大的绿洲是分布在喀拉喀什河及玉龙喀什河中游的和田、墨玉、洛浦绿洲，面积548.2万亩，占全地区绿洲总面积的37.56%，养育着98.88万人，占全地区总人口的57.14%，各绿洲之间相隔甚远，如皮山县的53片绿洲，呈带状分布在皮山河、桑株河、村瓦河沿岸，每块绿洲间相隔几十千米，甚至100 km以上。

（三）气候对和田环境的影响

由于和田所处塔克拉玛干大沙漠的南隅，属内陆干旱的沙漠气候，多年降水量均在35～50 mm，年蒸发量高达2 400～2 800 mm，最长连续无降水日数达298天，最低降水年份不足5 mm，并逐年下降，气温在逐年上升。和田地区土壤地质轻，加之春夏强劲的大风，造成和田地区生态环境的恶化。浮尘天数从新中国成立初期的160天左右增加到现在的220天左右，直接影响和田地区的空气质量。

二、加快和田地区生态文明建设的必要性

和田地区每年浮尘天气 220 天以上，号称“死亡之海”的塔克拉玛干大沙漠在终年盛行的西北风和东北风交叉影响下，每年以 3～5 m 的速度向东南、西南扩张。历史上皮山、民丰、策勒县曾三度搬迁，和田地区有 134 块绿洲时刻受到被外围沙漠侵吞的威胁。在和田这样一个环境制约性贫困地区，必须从生态环境的保护和改善入手，制定长远合理的生态保护战略，保护已有绿洲，逐步遏制塔克拉玛干大沙漠的扩张，促进人与生态环境之间的和谐发展。

三、和田地区“三纵一横”生态保护战略

根据和田地区特殊的自然环境格局，实施“三纵一横”生态保护战略，以水资源的合理配置，建立自然保护区、实施节水农业、土壤改良和河流的有效保护为中心，以林业防风治沙屏障为重点，沙漠公路两边的防风固沙网以保护和建设相结合紧密配合进行综合治理，把大沙漠分隔开来，避免沙漠的合拢和绿洲的减少，使和田地区的生态环境趋于良性发展。

（一）一纵：和田河流域生态保护和治理

玉河、喀河两河汇合后穿越沙漠进入塔里木河的区域，两河汇合后称为和田河。和田河是目前唯一穿越塔克拉玛干沙漠的河流，是贯通塔克拉玛干沙漠南北的绿色通道。

基于此，和田地区正在玉河、喀河流域实施农业节水工程（亩毛灌 800 m^3），主要用于天然林封育保护工程和生态退化带恢复工程，恢复和改善和田河绿色的生态功能。“一纵”目标实现，喀河、玉河—和田河—塔里木河这条绿色通道贯穿塔克拉玛干大沙漠，是遏制大沙漠肆意扩张的天然屏障，对包括和田地区在内的绿洲安全有着十分重要的保障作用。

（二）二纵：于田县克里雅河

于田县克里雅河位于塔克拉玛干沙漠腹地，北纬 37°11′～39°30′，东经 81°20′～82°31′，海拔 1 356～1 085 m。南起于田县绿洲，北至塔里木盆地与阿克苏地区沙雅县交界处。年径流量 17.06 亿 m^3。沿河两岸生长有大面积的胡杨、红柳和芦苇等荒漠植被，形成了一条东西宽 9～15 km、南北长 335 km 深入塔克拉玛干沙漠腹地的绿色走廊，并在河流的尾闾发育了一块面积达 3.2 km 的绿色三角洲——达里雅布依绿洲。

克里雅河在沙漠腹地有两组河道，东部一组是现代河道，洪水可以到达这里，并向北延伸，最后消失在沙漠之中；西部一组是古河道，沿河床遗迹可以看出，古河道绵延 100 多 km，贯通塔克拉玛干沙漠，现在已无河水注入。

和田地区在克里雅河流域实施盐渍化土地改良工程、农田节水工程和达里雅布依自然保护区建设，将提高克里雅河的水资源利用率，改善克里雅河目前断流状况。

加强克里雅河及下游的生态保护，实现“二纵”生态保护战略，合理配置和高效利用水资源，对克里雅河尾闾达里雅布依绿洲实行保护，形成天然绿色屏障与“一纵”相呼应，把塔克拉玛干大沙漠纵向再次分割，可有效遏制沙漠扩张。

（三）三纵：沙漠公路两侧的防风固沙屏障

沙漠公路南起民丰，北至巴州轮台县，全长 500 多 km。横贯塔克拉玛干沙漠。目前正在建设的沙漠公路绿色走廊工程形成第三条沙漠纵向防风固沙屏障。沙漠公路绿色走廊基本形成后，继续扩展两翼，在塔克拉玛干大沙漠形成纵向分隔沙漠。

（四）一横：民丰—皮山近 700 km 绿色屏障

国家投资 13.255 8 亿元，用十年时间，营造民丰—皮山宽 1.5 km、长近 700 km 的大型林业生态体系，用这道绿色屏障把沙漠与绿洲分开，防止沙漠南移。主要实施六大工程：

（1）防沙治沙造林工程：即在塔克拉玛干大沙漠南缘、和田地区绿洲北部外围营造大型防护基干林带，在各河流两岸和风口流沙区即沙漠与绿洲交界地带实行封沙育林育草，营建防风固沙片林。该工程计划营造防护林 22.9 万 hm^2，其中人工造林 4.5 万 hm^2（其中西起皮山东到民丰的大型防护林带 3.2 万 hm^2），封沙育林育草 18.4 万 hm^2。

（2）退耕还林工程：对和田绿洲内近边缘沙化耕地、盐碱化耕地和二、三类低产农田实行退耕还林。

（3）人工种草工程：在和田绿洲农区北部与沙漠接壤区域人工种草，即上述防沙治沙造林工程的基干林带外侧与大型防沙基干带形成一体。

（4）现有植被保护工程：对和田地区内未采取封育措施的国家重点生态公益林依法进行保护和管理。

（5）种苗工程：在现有国有苗圃的基础上，建设地区和兵团的 4 个标准化中心和固定苗圃，规模为 28 hm^2，形成采穗、采种和育苗示范基地。

（6）科技支撑体系建设：结合和田地区实际情况，择优精选 20 项作为重点推广项目进行滚动推广。力争到工程结束时，林业科技成果转化率达到 50%以上，科技成果在适应地区覆盖面达到 30%～50%。

通过这项综合性系统工程的实施，形成民丰—皮山近 700 km 绿色屏障，对促进和田地区生态环境改善乃至经济发展和社会稳定都具有十分重要的战略意义。

和田地区自然生态的保护关系到整个和田地区经济和社会发展，也关系到社会的稳定。“三纵一横”生态发展战略，能最大程度降低风沙的直接危害，恢复天然植被，增加森林覆盖率，减少水土流失，固定流动沙地，对加快和田地区生态文明建设，保护和恢复林草植被，遏制生态恶化的趋势，促进地区经济和社会可持续发展具有十分重要的现实意义和深远的历史意义。

专题五　环境管理制度改革与创新

关于区县基层环保工作急需解决的几个问题

北京市丰台区环境保护局 隆 重

摘 要： 北京市丰台区区域特征明显，社会形态复杂多样，区域环境保护工作要适应新形势、新要求，急需在完善环境保护顶层设计、加快环境基础设施建设、提升环境监管装备水平、加大环境污染治理力度、创新环境监管体制机制、加强环保基层队伍建设等方面取得新突破。

关键词： 丰台区 环境保护 新突破 环境监管

丰台区位于首都北京西南，为城六区之一，属首都功能拓展区，与 8 个区接壤，辖 21 个街道、乡镇，常住人口约 230 万人，总面积约 306 km^2。区域特征明显，永定河贯穿南北，东西狭长，有山、水、林、田、湖，横跨北京二环至六环，有城区、有乡村，社会形态复杂多样，是北京市发展的缩影。近年来，在区委、区政府的正确领导下，区域环境保护工作取得了长足进步。但随着经济社会发展步入新常态阶段，对环境保护工作提出了更新的、更高的要求，要适应新形势、新要求，急需环保工作在以下几个方面取得新突破。

一、完善环境保护顶层设计

目前，环境保护部在全国分三批共启动了 30 个环境总体规划编制试点，丰台区是唯一的市辖区试点。环境总体规划，是区域环境保护工作的纲领、区域发展的战略环评和区域重大环境项目落地的建议书。编制实施环境总体规划，旨在摸清区域环境本底，找准突出问题，发挥生态优势，优化空间布局，调整产业结构，明确城市发展边界，化解人口、资源、环境矛盾，寻求“生态驱动”的共生发展之路；旨在建立规划平台、政策平台、绩效平台、环境管理平台，引导大气治理、水污染治理、垃圾治理等重大环境基础项目落地，进一步扩大环境容量生态空间，改善环境质量、提升环境品质、实现环境代际公平，为区域又好又快、可持续发展提供保障，真正实现经济发展与环境保护相互协调。完善环境保护顶层设计势在必行。

二、加快环境基础设施建设

城市环境基础设施建设是城市发展的民生工程、良心工程，也是环境保护的基础和关键。随着城市化进程的加快和城市规模的扩大，区域人口集聚、增长过快，资源过度消耗，原有环境污染的自净能力远不能适应当前的污染排放，同时，由于相关公共基础服务配套设施不完善，造成大气灰霾、污水直排、垃圾围城、环境破坏、交通拥堵等城市病，对水、污水处理、电、气、热、通信等环境基础设施的需求极其迫切。比如，一方面，区域缺水、资源匮乏，没有水源，连再生水都用不上；另一方面，由于污水处理设施、管线建设、雨洪利用设施建设滞后等原因，大量的生活污水不能收集，造成直排入河，污染环境，雨洪水得不到利用，造成积水、内涝，影响群众的生产生活。急需在不欠新账、或少欠新账的基础上，加大资金投入力度，多还旧账，不断提升区域环境基础设施建设的速度和水平。

三、提升环境监管装备水平

区县基层现有的环境监管装备水平低下、技术相对落后。无论是监测、执法、监管等方面，都还是沿用十几年前的设施、设备、标准。

（1）在现代先进的信息、网络、数据传输、传感器、物联网等技术条件下，环境保护、环境监管的装备水平理应有条件得到改善、提升水平。

（2）在移动监测、即时监测方面，需要有价格适中、可靠、携带方便的装备得以应用。

（3）在实验室一体化检测设备等方面，需要进一步完善和调整相关标准，更多地引入先进的成套设备，减轻实验室人员的劳动强度，提高安全水平，提高工作效率。

（4）在污染排放口在线监测方面，需要研制成套设备，形成采样、传输、分析、决策、监督一条龙的技术装备，提升污染源监管水平。

（5）在机动车尾气排放监管方面，需要研制在线自动监控，与目前的交通管理部门形成互联互通、信息共享，减轻环保机动车尾气排放监管的劳动强度，进一步提高工作效率。

（6）在环境监管系统建设方面，需要研究开发集点、线、面、空间为一体的在线监控成套系统，实现模拟、分析、辅助决策等功能，提升环境监管水平。

四、加大环境污染治理力度

在现实条件下，为实现环境质量改善、环境品质提升，环境保护工作既要完善顶层设计、加强源头管理，加强过程监管，更要加大末端的污染治理力度。需要加大资金投入，采用新技术、新材料、新能源、新设备实施污染治理。要采取行政、经济、法律等综合手段，发挥企业污染治理的主体作用，促进企业加大污染治理力度，提高污染排放标准，从源头减少污染排放。要调动环保产业相关企业的积极性，促进环境治理新技术、新项目的落地，要助力环保技术装备产业发展，支持大气污染防治先进技术、工艺、产品、装备推广应用，发动全社会力量实施污染治理。

五、创新环境监管体制机制

在目前的环保审批、执法、监管等方面，需要有所改革、创新。

（1）在环评审批方面，目前管得太多、太细，作为环境保护主管部门，需要精通所有建设项目类型的工艺、流程、技术、方法，对于环保系统来说，不现实，也没必要；作为建设项目的环评单位，应该对环评文件负责，挣这份钱，负这份责；作为建设项目建设成后的监管，建设单位、施工单位应该对污染排放负责，需要达标排放，排污则缴费、超标则受罚；作为环境保护部门，应该按环评文件的要求，负责监管污染排口的污染物种类、浓度、排放总量，发现违反环评要求、违反相关法律法规的行为，严格执法检查。

（2）在行政执法方面，应该学习先进、嫁接发展，特别是按照新《环境保护法》及其四个配套办法的要求，凡涉及触犯刑律的环境违法行为，相关的程序、流程，应该借鉴公安系统的刑侦程序，严格执行，避免因拖延时间等问题造成证据的流失，无法执行，环境权益得不到维护。同时，要及时研究相关配套的办法，例如司法鉴定的问题，需要指定符合法律程序的、具备鉴定资质的机构进行鉴定。

六、加强环保基层队伍建设

目前，在北京环保系统，街乡镇、社区村没有专门的环保机构和环保工作人员。特别是，街乡镇环保职能由不同科室的兼职环保员承担，且人员流动性大，队伍不稳定，极大地影响了属地环境监管作用的发挥。同时，目前环保公安队伍尚未成立，环保执法在行刑衔接方面缺乏有效手段，将制约新《环境保护法》在一线的落实。既然生态文明建设已列入“五位一体”，实践生态文明，就需要有组织、有机构、有人员，特别是在街乡镇基层，需要从全国的层面、省市的层面，明确环保系统的组织机构、人员编制的保障，否则，事权下来了，责任下放了，但基层没人干活或小马拉大车；对于人员编制，该减的要减、该调的要调、该增的要增，以保障环保工作任务的完成。

连云港市排污权交易现状与发展对策研究

江苏省连云港市环境保护局 房维东

摘 要：排污权交易作为环境管理手段日益受到关注。实践证明，通过开展排污权交易工作，对于抓好污染治理、规范总量控制目标、改善环境质量具有积极作用。本文在介绍排污权交易相关理论知识和国内外工作开展情况的基础上，对连云港市排污权交易现状及存在的问题进行了分析，并提出了下一步发展建议，为相关决策提供一定参考。

关键词：连云港市 排污权交易 发展 对策

一、前 言

排污权交易是近年来兴起的一项控制污染物排放总量的有效手段，在发达国家已经得到了成功实践，国内很多地区也进行了积极尝试。连云港市正处于抢抓“一带一路”交汇点建设重大机遇的关键期，通过开展排污权交易工作，将有效助力环境质量改善和生态文明建设，为把连云港建成“青山碧水蓝天、绿色低碳循环、宜居宜游宜业、和谐幸福浪漫”的山海港城提供重要保障。

排污权交易概述：

1．排污权交易的内涵

所谓排污权交易，是指在特定区域内，在污染物排放总量不超过允许排放量的前提下，内部各污染源之间获得合法排污权，并可以通过货币交换的方式相互调剂排污量，从而达到减少排污量、保护环境的目的。

2. 开展排污权交易的意义

环境政策主要分为行政手段（如排放标准和排污许可证）和经济手段（如税收、交易和补贴）。我国目前普遍采用的是行政手段，该手段虽然可以在一定条件下实现立竿见影的效果，但是也逐渐暴露出管理成本高、效率低等局限，目前已经不能完全满足环境管理需求。排污权交易主要是通过市场机制调节经济与环境的协调发展，能够以较低的经济成本获得最大的环境效益，成为弥补现有政策局限性的有效手段。

排污权交易对企业的激励在于排污权的卖出方由于减排而使排污权剩余，之后通过出售剩余排污权获得经济回报，这实质是市场对企业环保行为的补偿，可以使企业为自身利益提高治污的积极性。而买方由于必须付出代价获得排污权，也必然全力做好减排工作。因此，污染物的总量控制目标将更容易得以实现。

3. 排污权交易在国内外的开展情况

排污权交易的理念于20世纪70年代由美国经济学家科斯、戴尔斯等提出，继而被美国国家环保局（EPA）用于大气污染源及河流污染源管理。排污权交易为美国带来了巨大的经济效益和社会效益，以二氧化硫排污权交易为例，自1990年以来，美国二氧化硫排放总量不仅得到了有效控制，而且还节约了20亿美元的治理费用。此外，德国、日本、澳大利亚等地也广泛开展了排污权交易工作。

我国部分地区也针对排污权交易工作开展了积极探索。2001年9月，在美国环保协会专家指导下，南通天生港发电有限公司与南通醋酸纤维有限公司进行国内首笔排污权交易。2007年，浙江嘉兴成立国内首个排污权交易平台。近年来，排污权交易已经成为各地环保工作机制创新的热点。2014年，国务院办公厅印发《关于进一步推进排污权有偿使用和交易工作的指导意见》，明确将在2017年后在全国全面推广排污权有偿使用和交易工作。

江苏省是国内排污权交易工作的试点地区之一，2008年即在全国率先出台了排放指标有偿使用的价费政策，并在太湖流域开展了化学需氧量排放指标有偿使用试点。2013年以来，江苏省组织多批次企业开展排污指标竞拍活动。2015年8月，全省有77家企业参与排污权指标的出售与购买，涉及化学需氧量、氨氮、二氧化硫、氮氧化物四项主要污染物，现场成交额 1 500 余万元。此外，《江苏省主要污染物排污权核定方案》《江苏省排污许可证发放管理办法》等均已出台，为全面推进排污权交易工作奠定了政策基础。

二、连云港市排污权交易工作开展情况

连云港市高度重视生态文明体制改革工作。近年来，中共连云港市委、连云港市人民政府相继出台《关于加快推进生态文明建设的实施意见的通知》《关于深入推进生态文明体制改革实施意见》等文件，要求建立排污权有偿使用和交易制度，建立排污权交易平台和管理机构，建设项目新增排污权必须通过交易有偿获取，企业提标改造的结余排污权和集中式污染治理设施运营获取的排污权可以有偿转让，并积极探索排污权抵押等融资模式。

目前，《连云港市主要污染物排污权有偿使用和交易管理办法》已经起草完毕，对全市主要污染物指标的分配与管理、排污权有偿使用原则、排污权交易规则及资金管理等工作均进行了明确。此外，连云港市正开展主要污染物排污权核定工作，并于 2015 年年底前完成重点排污单位排污权核定，以发放排污许可证的形式予以确认。

连云港市也积极组织相关企业参与江苏省环保厅组织的排污权交易。2014 年，罗盖特（中国）精细化工有限公司以 98 万元在苏州拍得 194 t 二氧化硫排污权，成为连云港市首家通过市场运作手段获得排污权的企业。2015 年 8 月，连云港市组织江苏尼克尔新材料科技有限公司等企业通过协议购入的方式从省环保厅购买二氧化硫、氮氧化物等排污权指标。

三、连云港市排污权交易工作存在的问题

连云港市排污权交易工作在江苏省起步较晚。经过近几年的探索，虽然积累了一定的经验，但是也凸显了一些问题，归结起来，主要有以下三点。

（1）配套政策和顶层设计不足。国家、江苏省对排污权交易工作整体上是鼓励的，但是相应的法律、法规仍然缺失，省级的排污权交易管理办法仍未正式出

台。目前，包括连云港市在内的江苏各省辖市主要以探索的方式开展排污权交易，江苏省环保厅也主要依托泰州、苏州等已经初步建立交易体系的地区开展排污权交易工作。

（2）排污权核定尚未完成。排污权指标的控制和分配，是形成交易的基础和前提。长期以来，由于江苏省没有形成完善的排污权初始分配机制，企业相对容易从一级市场无偿获得排污权配额，从二级市场购买的必要性就随之降低。直到2015年10月，《江苏省主要污染物排污权核定方案》才正式印发。

（3）连云港市工业污染物排放基数较低。连云港市2014年经国家核定的工业COD排放量为10 139.8 t、氨氮排放量为1 516 t、二氧化硫排放量为53 531 t、氮氧化物排放量为43 819 t。由于新建工业项目必须从国家核定的工业减排量中平衡，并且废气排放指标需要两倍削减替代，而连云港市能够满足要求的污染物指标较少，新建项目的排污指标以从外地购入为主，本地出台相关政策的必要性不足。

四、连云港市排污权交易工作开展建议

连云港市排污权交易工作开展应紧扣污染减排这条主线，以政策制度、技术支撑、监督管理、宣传培训“四大体系”建设为支撑，不断深化和推进排污权交易工作。

（1）以制度建设为引领，切实加强政策制度体系建设。连云港市应尽快出台《连云港市排污权有偿使用和交易管理办法》，明确排污权有偿使用和交易的基本原则、监督管理措施。环保、物价、财政等部门应根据各自工作职责，制定配套的排污权有偿使用交易规则、排污权有偿使用及交易的收费标准、资金管理办法等，并建立排污权交易管理中心，构建起完善的排污权交易制度体系。

（2）以技术支撑为基础，有效做好排污权核定工作。连云港市应按照《江苏省主要污染物排污权核定方案》要求，组织做好重点污染源的排污权核定工作，建立现有排污单位数据库，将区域排污控制总量公平合理地分配到合法排污单位，并核发排污许可证，明确允许排污单位排放污染物的种类、数量以及排污权的使用期限、相关法律责任等。

（3）以监督管理为保障，强化排污权指标全过程管理。强化排污权交易运行的监管能力建设，搭建污染源基础数据库信息平台、污染源排放量监测核定平台、污染源排放交易账户管理平台等，完善污染源“一企一档”动态信息管理系统，全面管理参加有偿分配和排污交易体系的污染源。加强交易后监管的信息化水平，通过与企业污染源在线监控、环境执法检查以及常规环境监测等工作协调统一，将交易指标全过程监管落到实处。

（4）以宣传培训为载体，营造良好的舆论氛围。充分利用电视、网络、报刊等媒体，多渠道深入报道排污权交易的现实意义和国内外的开展情况，向广大群众普及相关基础知识。成立相关工作机构，组织各级政府和重点企业学习交易办法、交易程序、交易规则等，了解排污权交易工作的内涵。

五、结 语

排污权交易是环境管理制度的重大创新，涉及多层面的利益格局调整，技术操作和管理比较复杂。连云港市在排污权交易工作方面仍需要加快工作推进步伐，要及时总结工作经验，完善排污权交易机制，为实现主要污染物总量控制目标建立制度保障。

关于对扬州市环境影响评价现状的调查和思考

江苏省扬州市环境保护局 李盛钦

摘 要：扬州市环评工作存在项目多为系统内环评机构完成、环评流程有漏洞、公众参与不充分、环评单位收费不规范等问题，环评审批也存在程序不够规范、对公众参与的真实性核实把关不严等问题。应在加强对环评市场的监管、推动环评机构与环境保护部门彻底脱钩、强化环评审批集体审议制度、提高项目环评论证的质量、增强环评审批人员廉洁自律意识等方面不断提高。

关键词：环境影响评价 环评审批 主要问题 对策

环境影响评价（以下简称“环评”），是指由专业机构对规划和建设项目实施后可能造成的环境影响进行分析、预测和评估，提出预防或减轻不良环境影响的对策和措施，以及进行跟踪监测的方法与制度。简而言之，就是分析项目建成投产后可能对环境产生的影响，并提出防治的对策和措施。主要涉及四个部门：建设单位、环评机构、评估单位和审批部门。随着环境保护部门地位上升、权力增大，面临的廉政风险也不断加大，违纪违法案件呈现易发多发趋势。特别是环评领域，已成为腐败高危地带。为进一步从源头预防环评领域腐败问题，有重点、有针对性地实施监督检查，自2015年5月下旬起，扬州市环保局纪检组、监察室对全市范围内环评机构及环评审批有关情况进行了深入调查和思考。

一、环评机构的现状及存在问题

（一）环评机构的现状

当前，环评的基本程序是，建设单位委托环评机构进行环境影响评价，然后将环评文件报送审批部门，后者则委托评估单位进行技术评估，最后将环评批文函复建设单位。据调查，目前在扬州市从事环评业务的环评机构共计 40 家，主要类型为科研院所、高等院校和企事业单位。其中，本市环保系统内环评机构 4 家，分别是宝应县环境保护科学研究所（企业性质）、江都区环境保护科学研究所（事业性质）、邗江区环境科学研究所（企业性质）、扬州美境环保科技有限责任公司（企业性质）。本市环保系统外环评机构 36 家。这 36 家环评机构，2013 年在扬州市从事环评业务的情况，分别为：宝应有 2 家、高邮有 8 家、仪征有 22 家、江都有 5 家、广陵有 8 家、邗江有 9 家、市直有 13 家。

（二）存在的主要问题

2015 年 3 月 5 日，环境保护部印发《关于进一步加强环境影响评价机构管理的意见》，明确要求，各级环保行政主管部门不得为建设单位指定或向建设单位推荐环评机构；严禁地方各级环境保护行政主管部门以备案等方式设置准入条件，限制外埠环评机构在本地承接环评业务。经统计，以 2013 年度为例，全市报批环评项目共计 1 227 个，其中，本市环保系统内 4 家环评机构做了 655 个环评项目，占 53.4%；本市环保系统外 36 家环评机构做了 572 个环评项目，占 46.6%（见表 1）。

表 1　2013 年环评项目统计

地区	年度环评 项目总数	系统内 环评项目数	系统外 环评项目数
宝应	167	160	7
高邮	293	—	293
仪征	175	19	156
江都	239	225	14

地区	年度环评项目总数	系统内环评项目数	系统外环评项目数
广陵	128	57	71
邗江	117	102	15
市直	108	92	16
合计	1 227	655	572

从目前扬州市环评机构的现状来看，主要存在以下问题：

（1）由上述统计可见，占10%的环保系统内4家环评机构做了全市53.4%的环评项目，特别是宝应、江都、邗江、市直4个地区，其环保系统内环评机构所做的环评项目数占该地区的88.4%。从制度设计上，环评是按照市场经济要求运行的，但从上述情况来看，很难排除少数环境保护部门存在为建设单位变相指定、推荐环评机构，或者是建设单位为了能顺利审批，有意委托等问题。

（2）由于全市近一半的环评项目是环保系统内环评机构做的，而环评单位、评估单位（大部分是环科学会承担）都是环境保护部门的下属单位。建设单位委托环评机构做环评，审批部门委托自己主管的评估单位进行评估，之间或明或暗的联系，客观上使环评工作的公正性、公信力大打折扣。从实际情况看，在环评的时效、服务、质量等方面，有的存在拖延时间、服务不到位、质量不高等问题。

（3）环评流程有空可钻，环评机构与建设单位之间会因利益驱动达成默契，许多企业要求环评单位编制环评报告，前提条件是要保证通过。而环境保护部门对环评机构“第三方”的监管还比较薄弱，无论是系统内，还是系统外的环评机构普遍存在环境评估信息不公开，公众参与监督不到位，进退考核机制不健全等问题。

（4）环评公众参与，一般有公众调查、专家咨询、座谈会、论证会、听证会等形式，但目前大多数环评项目采用的都是公众问卷调查的形式，主要由建设单位和环评单位来执行，出于自身利益的考虑，往往会故意回避那些可能的主要利益受损者，或者有的是名字对不上号，存在弄虚作假的问题。具体表现为：信息披露不充分，民意征求不全面，交流沟通不顺畅，制约机制不到位。结果是公众的意见和建议，特别是反对意见难以得到充分表达，致使项目建设过程中或建成后受到群众投诉。

（5）据反映，少数环评单位依然存在收费或高或低、故意刁难、吃拿卡要等管理不规范问题，认为与建设单位签了合同就是煮熟的鸭子。有的建设项目投资到位、土建开始，环境影响报告仍未编制，使环评在工程可行性研究中的地位和作用大大降低，环评的目的更是打了折扣。

二、环评审批的做法及存在的问题

（一）环评审批的做法

据了解，扬州市环保系统环评审批均实行按环评等级（报告书、报告表、登记表）规定审批程序。市环保局制定并严格执行《市环保局建设项目环境保护审批程序规定》和《市环保局环评文件内部审查程序》，按照建设项目的污染程度、环境敏感程度，将环评文件分为 A、B、C 三个等级，实行分级审查。C 级审查由审批部门采取处务会讨论研究的方式对环评文件进行审查。B 级审查由审批部门牵头，组织相关职能处室对环评文件实行书面会核，审批部门根据相关职能处室会核意见，采取处务会讨论研究的方式对环评文件进行审查。A 级审查采用召开项目审查会的方式对环评文件进行审查，环评文件在提交 A 级审查前须经 B 级审查同意。项目审查委员会成员由局领导和相关职能处室负责人等组成，经项目审查委员会集体讨论后，通过投票的方式，决定项目的审批。县（市、区）环保局一般按照大厅统一受理、科室现场查勘、确定环评等级、审查环评文件、受理环评文件、做出行政许可的流程审批环评文件，有些项目的环评文件经专家评审，少部分项目的环评文件经集体讨论，大多数项目的环评文件由分管局领导或一把手决定。

（二）存在的主要问题

关于项目的审批，无论从内容和形式上上级都有一系列的政策规定。如环境保护部要求，要对不符合法律规定的建设项目设置“防火墙”，做到项目审批“四不批”，即对国家明令淘汰、禁止建设、不符合国家产业政策的项目一律不批；对不符合城市总体规划及园区产业定位的项目一律不批；对环境污染严重，高能耗、高物耗、污染物不能达标排放的项目一律不批；对环境质量不能满足环境功能区要求且没有总量指标的项目一律不批。经不完全统计，以2013年度为例，全市共劝退否决环评项目96个，其中，劝退94个，否决2个（见表2）。

表2　2013年全市环评项目劝退否决情况统计

地区	劝退数	否决数
宝应	35	—
高邮	8	—
仪征	—	2
江都	25	—
广陵	12	—
邗江	14	—
市直	未统计	—
合计	94	2

从目前扬州市项目审批的现状来看，主要存在以下问题：

（1）环评审批程序不够规范，做法不统一。客观上国家对审批程序没有制定统一完整的规定，但环境保护部自身审批项目程序严格。扬州市主要问题是县一级环境保护部门审批程序不统一，有些县（市、区）环评审批没有制定规范的审批程序，出现主管或分管局领导直接决定的情况。在个别项目上，政府行政干预环评审批的现象仍然存在，进而造成项目建成后环境污染乃至引起纠纷。

（2）由表2可见，环评文件报送审批部门后被否决的很少，全市仅仪征否决了2个环评项目，市级环评项目审批有一审不过，复审通过的情况，但真正否决的环评项目几乎也很少。县（市、区）主要采取的做法是在咨询阶段劝阻或劝退不符合环保政策要求的建设项目。也就是说，只要做了环评的项目基本上都能通过环评审批。

（3）环评审批采用票决制方式决定项目的审批，优势在于运用民主方法，防止个人或少数人说了算。但如果参与票决的人员对环评内容不作深入的了解和研究，对该项目涉及的有关业务不熟悉的情况下，投票就存在一定的盲目性，因此，单纯以票多票少来决定项目批或不批存在一定的局限性。

（4）有的审批部门对环评公众参与的真实性核实把关不严，习惯以形式审查代替实质审查，不重视民意，屡屡出现环评过关民意不过关现象。有的建设单位、环评机构甚至公然造假、愚弄民众、欺骗审批机关，用不正当手段获取环评项目的审批。

三、对策及建议

（一）创新举措，加强对环评市场的监管

当前，按照国家有关规定，环评市场已开放，只要具有相应资质的环评机构都可以在扬州市承接业务。环境保护部门要尽快研究出台对扬州市环评机构监督管理制度及考评细则，从环评收费、服务时效、环评文件质量等方面定期对环评机构进行考核。邀请行业专家、服务对象、管理部门等进行评分，并将考评结果在行政服务中心窗口及环保门户网站进行公示，对连续几次考评靠后的环评机构向上级主管部门提出处理建议，保证扬州市环评服务质量。要积极引导成立环评行业自律协会，建立环评行业诚信档案，强化环评机构执业规范。

（二）深化改革，推动环评机构与环境保护部门彻底脱钩

2013 年 11 月，环境保护部发布《关于推进事业单位环境影响评价体制改革工作的通知》，要求加快环评机构与行政主管部门脱钩，要在 2015 年年底前完成体制改革，现有事业单位性质的环评机构都要转企。2015 年 1 月 26 日，市委、市政府出台《关于着力提升服务水平净化企业发展环境的意见》，明确开放中介服务市场，环评等涉企中介服务机构必须与机关部门彻底脱钩，人员、资产、办公场所“三分离”，实现真正意义上的完全脱钩。上述文件表明了环境保护部及市委、市政府要把环评这个“阀门”拧紧的决心。环境保护部门应按照上级改制的要求，积极推进扬州市环保系统所属 4 家环评机构的改革。目前无论脱钩与否，强调不得推荐、指定或变相指定环评中介机构。要切断中介机构与环境保护部门的利益链，促进中介机构提升服务质量，提高服务效能，降低服务收费，构建“市场导向、行业自律、政府监管”的环保中介市场体系。

（三）规范程序，强化环评审批集体审议制度

2015年年初，在全市环保工作会议上，局纪检组布置工作任务时强调，全市环保系统对项目审批要实行集体审议制度，防止个人说了算。8月中下旬，又对各地有关制度的建立和执行情况等工作进行了督察。从督察情况来看，各地环评审批程序不够规范，制度不够健全，总体情况不容乐观。因此，环境保护部门要建立规范的环评审批程序，特别要实行环评审批分等级、分层次集体审议制度。所谓环评审批集体审议，一个层面是对于重大环评项目，要由局领导和有关职能部门负责人等组成项目审查委员会，集体审议决定项目的审批；另一个层面是对于一般环评项目，要由环评审批职能部门负责人组织部门全体工作人员，集体研究提出项目审查的意见，报分管局领导决定项目的审批。

（四）源头把关，提高项目环评论证的质量

按照《环境影响评价法》规定，对于污染较重的项目，环境保护部门需要组织专家论证或称之为评审。评审时，专家有权对环评文件的质量进行评说。对存在质量问题的环评文件，专家可以要求环评单位进行修改或重做。环境保护部门组织项目环评专家评审时，要充分论证环评的质量、可能产生的污染、污染防治的措施等，凡是不符合要求的项目，该否决的坚决否决。同时，要建立规范统一的专家库，明确参与环评项目专家的准入门槛和责任制度，并实行动态管理，确保每次从专家库中随机抽取专家参与环评评审，以保证环评审批的公正性和科学性，同时要建立一定的责任机制。

（五）筑牢防线，增强环评审批人员廉洁自律意识

首先要对从职人员深化“恪尽职守，廉洁从政”的教育，增强保环境是责任、保廉洁是根本的意识，在环评审批过程中，严格遵守国家的有关规定、政策，把好审批关口，认真履行法律法规赋予环评审批部门的职责。其次要以规范管理为出发点，大力推进分段式审批，合理界定建设单位、环评机构、评估单位和审批部门等相关部门的职责与责任，分离建设项目审批与验收，明确相关部门之间职责责任。第三要以公开透明为目标，不断完善环评政务公开、公众参与制度和技

术支撑体系，要重点强化对环评公众参与真实性的核实把关，按照一定的比例对环评公众参与进行实质性审查，把权力运行的全过程更好地置于阳光之下，让腐败现象“无所遁形”。

泰州市排污权有偿使用和交易试点的几点思考

江苏省泰州市环境保护局　吴建伟

摘　要：泰州市参照其他地市的先进经验，结合自身特点制订了《泰州市排污权有偿使用和交易暂行办法》等一系列文件，试行开展了排污权有偿使用与交易工作，形成了一套行之有效的工作方法与措施，取得了较好效果。针对实践中发现的政策法律、交易、后监管等方面的问题，就下一步完善排污权有偿使用和交易，从年度总量预算管理、核定初始排污权、做好排污权交易的后监管等方面提出了建议。

关键词：排污权　有偿使用　排污权交易　问题　建议

排污权有偿使用和交易，是结合泰州市主要污染物污染防治的工作实际，将排污权有偿出让给排污者，并允许排污权在二级市场上进行交易的一项工作，是促进环境容量资源优化配置，调整优化区域经济布局和产业结构，促进经济发展方式转变的重要手段。

一、泰州市排污权有偿使用和交易的基本情况

“十二五”以来，为了更好地推进泰州市排污权有偿使用与交易试点工作，2013年6月和8月，由市委办、市环保局组成的调研组分别对河南省焦作市、洛阳市以及浙江省温州市的排污权交易工作情况进行了调研，形成了《泰州市探索排污权交易推进绿色发展机制调研报告》。

为防止增加企业负担，泰州市环境保护局根据2012年统计数据，对全市886家符合参与排污权有偿使用和交易试点的企业初始排污权有偿使用费进行了测

算，结果表明，除化工、火电行业在购买排污权时支出较大，一般行业支付费用较小，平均不足 1 万元，对企业投资影响不大。

2014 年，《泰州市排污权有偿使用和交易暂行办法》《泰州市建设项目排污权指标核定细则（试行）》《泰州市排污权有偿使用资金管理办法》等配套政策文件相继出台，市编委办下发了《关于市公共资源交易中心内设机构增挂泰州市排污权交易中心牌子的批复》，排污权有偿使用和交易试点工作于 2014 年 4 月 1 日正式开展。泰州市排污权交易中心编制了一套网上申购平台，新扩改建项目购买排污权直接在网上进行。截至 2015 年 7 月，全市已有近百家新扩改建项目排污权指标实行了有偿使用，总成交额超过 2 000 万元。2015 年 8 月 6 日，江苏省排污权交易活动在泰州市举行，共有 70 多家企业参加，四项主要污染物交易指标总量 2 500 t，交易额约 1 400 万元，是江苏省开展交易工作以来，规模、数量最大的一次交易活动。

二、开展排污权有偿使用和交易的主要做法

（一）规范操作流程

为确保泰州市排污权有偿使用和交易的“公开、公平、公正”，切实做到政府放心、企业满意，排污单位之间或排污单位与排污权交易管理机构之间，必须在指定交易平台上按照规定流程进行排污指标出售或购买。

（二）坚持政府主导

排污权交易是政府监管下的市场行为，要坚持政府搭建平台，企业自主交易的市场运作原则。市法制办主要负责核定相关的政策和管理办法；市物价局主要负责测算排污权交易价格；市财政局主要负责资金的预算，并对资金使用情况及日常财政管理进行督查；市监察局主要对重大问题决策和大额资金使用情况实施检查；市环保局主要负责组织项目申报、排污总量指标的核定、排污许可证的发放与变更、富余排污指标的收回与出售、督促项目的实施、组织完工项目的验收、排污指标的后监管等。

（三）加强价格规范和资金管理

主要污染物排污权有偿使用费征缴标准和主要污染物排污权交易价格按省物价局和省财政厅的相关规定执行，同时各项污染物指标定价可根据实际情况每两年调整一次，待条件成熟时再由市场自行定价。主要污染物排污权有偿使用费和主要污染物排污权交易收入严格按照非税收收入收缴管理制度纳入财政预算，实行“收支两条线”管理，主要用于主要污染物排污权回购、环境污染治理、生态修复、主要污染物排污权交易平台建设以及交易机构日常运行等。

三、排污权有偿使用和交易的主要作用

（1）在区域排污总量控制的前提下，企业可以通过排污权有偿使用和交易，获取新建或改扩建项目所需的四项主要污染物排污总量指标。市、各市（区）政府根据各自的环境容量，预留不超过区域排污总量10%的指标，用于支持对地方经济有带动作用的重大项目。

（2）获得排污权的单位通过调整产品结构、改进技术工艺、关停落后设备、实施减排工程等措施削减污染物排放总量，富余的排污权可由政府有偿回购，也可通过排污权交易市场实行排污权交易，取得相应的经济效益，腾出环境容量，促进减排。

（3）排污企业以有偿使用或通过交易方式取得的排污权为质押物，在遵守国家有关金融法律、法规及信贷政策前提下，可以在全市各大国有商业银行和有关银行申请获得不超过排污权价值80%的融资贷款。

四、目前工作中存在的问题

排污权的有偿使用和交易，可以提高企业治污的积极性，是以经济手段或政策措施推动环境管理的一种有效手段，但其中也存在不少问题。总的来看，全国各地排污权交易试点工作，大都是摸着石头过河，走一步看一步。许多地方的环境保护部门开展排污权交易试点，有的是迫于地方政府的要求，更多的是为了给

新建项目的新增排污量找一条总量平衡的出路。梳理一下，大约有以下几方面比较共性的问题或试点工作中遇到的障碍因素。

（一）政策法规体系滞后，排污权交易缺乏支撑

目前国家、省里对排污权交易在政策上是鼓励的，这在十八大报告中有关生态文明建设章节及省委、省政府《关于落实科学发展观加强环境保护的若干意见》《关于进一步加强污染减排工作的通知》等文件中均明确提出要开展这项试点工作。但在排污权交易的具体实施上，相应的法律、法规仍然缺失，排污权交易试点从审批到交易，都没有统一的标准，仅凭各地的探索。

排污权交易是一个系统工程。排污权有偿使用和交易制度，必须与配套的排污总量分解计划、排污许可等制度整体推进，尤其是排污许可证制度，作为开展排污权交易的前提条件，直接关系到排污权交易的成败。但是期待了多年的国家层面的《排污许可证管理办法》至今尚未出台，这制约了排污权交易的开展。初始排污权的分配是总量控制制度和排污许可证制度最基本、最关键的环节，涉及市场主体的重大利益调整，必须做到科学、合理、公平的分配。

（二）排污权交易与污染减排无法全面兼容

目前将排污权交易和主要污染物减排全面结合有较大的困难，但如果不结合，排污权交易也无法同时获得各方的认可。按现行的理解，排污权交易必须在完成国家和省下达的主要污染物减排指标任务以后多余的量才可进行交易，但实际情况并非完全如此。而目前的减排核算方法也阻碍了排污权交易的正常开展。一些地方勉强完成了减排任务，所有企业减排下来的主要污染物排放指标统统进入了各地的减排“盘子”，没有多余的指标上交易平台交易。另一方面，不少大型企业在政府的鼓励下投资建设减排工程，并将远远超过国家和省下达的减排任务以外的部分全部无偿纳入减排的“盘子”，以完成区域减排任务，而他们并不能将这些多余指标拿到交易平台上通过交易获得经济补偿，实际上也阻碍了排污权交易。在目前情况下，制度设计稍有欠缺，极有可能导致主要污染物排放量的增加。

（三）初始分配存在障碍，有偿分配充满风险

相对于土地、矿产等有形资源而言，排污权作为无形资源的有偿使用缺乏公开、公平、公正、合理的分配程序。从目前出台的排污权交易办法或细则来看，在初始排污权的分配上，对现有企业和新建企业基本上都是分别对待的。出于历史因素及实施难度的考虑，对现有企业的初始排污权大部分都是无偿分配的，而对于新建企业则基本上均要有偿获取，这种分配方式是不能体现公平原则的。即便全部采取有偿分配，也都是承认现有，这就使得有些历来污染重、对环境损害大的企业，用相对较低的成本就能占有大量的排污权指标；而一些污染轻、效益好的企业，反而要用较高的成本才能购买较少的排污权，难以实现排污权在各污染企业间实现有效的分配。一旦排污指标初次分配失之公平，一些无法得到排污权的企业可能会冒险违规排污，从而无法达到控制污染的目的。此外，有些地方在排污权有偿使用上没有时间限制，排污权一次购买可以终生排污，这就剥夺了他人的公平竞争权，制约了排污权交易的进一步市场化。

此外，在分配过程中要根据“公平、公正、公开”的“三公”原则合理分配，是一个艰巨的现实问题。

（四）交易体系比较脆弱，交易后监管存在空白

目前开展的交易，双方都是在政府和有关部门外力的作用下形成的，并不是完全的市场行为，这样的交易能否持久、能否取得预想中的成效有待进一步观察。受地方保护及企业为自身发展考虑，出现了排污权交易只有买方，而无卖方的局面，导致排污权交易受到很大限制。

（五）经济形势不乐观，制约了排污权交易

试点成功与否，与经济形势的大背景密切相关。在企业生产不甚景气的情况下，推行排污权有偿使用和交易很可能会遭到来自企业和有关方面的抵制。在现阶段，经济滑坡，企业不景气，效益下降，开展排污权交易势必会提高当地企业的市场准入成本，从而影响到本地招商引资和企业在同类市场上的竞争力，在客观上造成了市场主体在市场竞争上的不公平。

五、下一步工作的几点思考及建议

（1）确定年度出售量实现总量预算管理。根据“十二五”削减目标和前一年减排任务完成情况来确定本年度可以出售的总量，再根据各（市）区的减排任务完成情况来分配各（市）区的可出售量。

（2）核定初始排污权。开展初始排污权核定与出售，开拓二级市场，充分利用总量预算管理系统，为经济发展腾出总量。

（3）做好排污权交易的后监管。一是启动总量控制刷卡排污系统建设。当企业的污染物排放量到达当月分配额度的一定比例时，系统就会自动发出指令，采取措施，杜绝企业超总量排污。二是加强环境执法、严厉打击违法行为。环境保护部门要加大现场检查与监督性监测频次，严格环境执法，对无证排污或超总量排污的违法行为要依法严厉打击。三是做好排污总量的核算工作。一方面要建立健全排污权交易管理台账，并做到“一厂一档”；另一方面要加强排污单位总量核算技术的研究，借助相关技术力量做好排污单位年度排污量的核算工作。四是做好排污总量的监管工作。要将总量指标作为建设项目环保竣工验收、发放排污许可证的重要依据，对长期闲置的排污指标，市环保局应按有关规定强制回购和无偿收回。进入交易市场出让的排污指标其数量不得超过实施工程减排和结构减排措施形成的减排量与年度减排任务的差值。五是加强排污权交易价格及交易资金的管理。排污权交易价格由市场决定，但不应低于排污权交易基准价。排污权交易基准价由物价、环境保护部门根据主要污染物治理的社会平均成本，兼顾环境资源稀缺程度、交易市场活跃程度等因素定期组织测算和审核发布。

嘉兴市环境污染第三方治理的现状分析及对策建议

浙江省嘉兴市环境保护局　单国强

摘　要：嘉兴市环境污染治理长期以来实施的“谁污染、谁治理”做法面临着诸多困境，从而催生、推动了第三方治理的市场。实践中发现，第三方治理也面临着追责障碍、税收障碍、约束机制不完善、企业环境意识欠缺、治污企业技术与能力不足等问题。而破解这些问题的对策，正是嘉兴市第三方治理工作的宝贵经验。

关键词：环境污染　第三方治理　问题　对策

党的十八届三中全会提出“建立吸引社会资本投入生态环境保护的市场化机制，推行环境污染第三方治理”；2014年12月27日，国务院下发《关于推行环境污染第三方治理的意见》；浙江省委十三届五次全会出台的《关于建设美丽浙江创造美好生活的决定》中要求“建立完善过程严管的体制机制，推行环境污染第三方治理”；嘉兴市委改革办把“环境污染第三方治理”作为生态文明体制机制改革的一项重要内容来推进。《环保是怎样炼成的》中的数据显示，GDP水平越高的国家，第三方环境治理在整体环保投资中的占比越高。而我国长期实行的“谁污染、谁治理”模式导致治理设施重复建设严重，而且有的建而不运、有的运而不足。这些都充分表明推行环境污染第三方治理已势在必行。

环境污染第三方治理，是排污者通过缴纳或按合同约定支付费用，委托环境服务公司进行污染治理的新模式，实现由“谁污染、谁治理”向“谁污染谁付费，专业化社会化治理”的转变。推行环境污染第三方治理，有利于提高治污效率，改善环境质量；有利于监管集约化，降低行政成本；有利于环保产业发展，提高经济增长点。

一、嘉兴市环境污染第三方治理现状

（一）治污需求催生了第三方治理的市场

嘉兴市的排污企业虽然大都按照环评要求建造了污染治理设施，但由于污染治理设施实行非专业化、非社会化管理，受技术水平、管理水平等因素的制约，多数运行效率低下。企业虽然投入了大量的人力、物力、财力，但是达不到预期的治污效果。特别是近年来，国家不断提高污染物排放标准，有些标准值甚至比欧美国家都要低很多。一些企业本来凭着原有的治理技术能勉强应对，但现在已经没有能力适应新标准下的要求。例如，2012 年 10 月 19 日，环境保护部发布了《纺织染整工业水污染物排放标准》，化学需氧量（COD_{Cr}）排放限值由原来的 500 mg/L 提高到 200 mg/L。根据该执行标准，嘉兴市的 146 家企业中将有 110 家无法达标排放。又如，嘉兴电镀行业废水执行环太湖流域特别排放限值，重金属镍排放标准是 0.1 mg/L，而美国的排放标准是 4.1 mg/L。按照原先处理工艺，嘉兴市的多数电镀企业难以做到稳定达标排放。

伴随着环境执法的高压态势和高昂的违法代价，迫使企业自发地寻找第三方环境服务公司来帮助治理，催生了第三方治理市场。一些环境服务公司也开始抓住市场需求，增添环保设备，招聘专业技术人员，为排污企业提供治污服务。例如，2009 年一家印染企业因为私设暗管受到环境保护部门的处罚。暗管曝光后，按照原有污染治理设施和自身技术，他们已无法做到达标排放，于是委托嘉兴瑞奕环保科技有限公司进行环境污染第三方运营。又如嘉兴市中王电镀有限公司因自身“缺技术”、“缺管理”，为了不至于在行业整治中因为不能稳定达标排放而被淘汰，于 2014 年 4 月就开始委托杭州市翠鸟环保技术工程服务公司进行专业化治理。

（二）政策引导助推了第三方治理的发展

2014年12月27日，国务院下发了《关于推行环境污染第三方治理的意见》，明确第三方治理针对“环境公用设施、工业园区等领域”，以2020年为界限，提高专业化水平，业态与模式逐渐成熟，涌现一批环境服务公司。嘉兴市环保局早在2014年6月开始，便组织人员赴相关县（市、区），选取部分排污企业实地调研环境污染第三方治理工作，并于2015年7月出台《关于鼓励推行环境污染第三方治理的实施意见》（嘉环发[2015]57 号）。实施意见主要从推行环境污染第三方治理的重要意义、指导思想、主要目标、工作任务四个方面展开，为提升全市环境治理水平和治污效率、降低环境风险、助推环保产业发展提供技术保障和政策支持。环境政策的出台，在一定程度上推动了第三方治理市场的发展。目前，全市共有26家企业已经引入环境污染第三方治理，其中南湖区4家、秀洲区2家、嘉善县2家、平湖市5家、海盐县3家、海宁市3家、桐乡市4家、嘉兴经济技术开发区1家、嘉兴港区2家，已在嘉兴市开展第三方治理运维的公司有17家，其中嘉兴本土9家，外地8家。

（三）实践形成了两种第三方治理的模式

嘉兴市的第三方治理主要分布在印染、电镀、喷水织机等行业，现行的治理模式主要有两种：一是委托治理服务；二是托管运营服务。

委托治理服务面向新改建项目，覆盖工程设计、建设、运营全过程，环境服务企业全部或部分拥有治污设施产权。如嘉兴经济开发区的雅培（嘉兴）营养有限公司，委托嘉兴东方环境科技有限公司负责水污染治理项目的设计、建设和运维。此种模式比较适用新建和改建项目，特别是新建项目。

托管运营服务是针对现有治污装置、设施，环境服务企业不拥有产权，只接受排污企业托管，负责其治污设施运营管理。目前的第三方治理大多数采用此种模式。

二、第三方治理存在的问题

环境污染第三方治理能有效化解政府监管、排污企业、治污企业三者之间的矛盾，顾及了三方利益，是环境治理的必然趋势，也有利于环保产业的快速发展。但是结合嘉兴市现状，其推广仍有诸多问题有待解决。

（一）法律政策层面

一是追责障碍，原来企业违法或超标排污，责任很明确，就是“谁污染谁负责”，但委托第三方治理后发生以上情况如何追责？现行法律还没有明确规定。二是税收障碍，严格意义上来讲，第三方治污企业都存在着纳税不规范的情况，第三方运营项目主要由水费、电费、药剂费、设备费、运维费、人工工资等费用组成，而第三方治理企业与排污企业的结算大多数按吨水费用来计算的，且需开具增值税发票，因此在开票内容方面很难进行抉择，存在较大的税收不规范风险。

（二）市场管理层面

一是缺乏约束机制。第三方治理市场尚未建立市场准入与退出等约束机制，不利于推动技术进步，也不利于形成公平竞争的市场秩序。二是权责约定不清。目前尚无标准合同范本，责任双方的合同约定、权责义务不够清晰，容易引起纠纷。

（三）排污企业层面

一是意识差，不愿做第三方治理。部分排污企业存在“重生产、轻环保”的思想，存在“能偷（排）则偷（排）、能省则省（省电、省药、省设备）”的情况，盲目追求生产效益，缺乏“主动治污”的愿望，不愿意引入第三方治理。二是愿意做，但找不到第三方治理。污染治理是一个系统工程，技术含量较高，部分排污企业很想要委托第三方治理，但苦于找不到合适的治理公司。比如海宁富升裘革有限公司在污水治理方面投入了大量的人力、物力、财力，不但成本高，而且效果差，很想找专业的人来做专业的事，但是一直没有找到合适的第三方公司。

（四）治污企业层面

一是治污企业数量少、类别缺。目前嘉兴本土仅9家环境服务公司，外地进驻8家，而2015年嘉兴市重点监控企业就有447家，治污企业数量明显偏少，而且治污类别主要集中在污水处理方面，行业分布范围也比较窄。二是技术水平不高。我市的第三方治理企业普遍技术储备不足、研发力量薄弱，对于处理一些较为复杂的工业污染问题也会力不从心。

三、加快推进第三方治理的对策建议

以第三方治理为突破口，把市场机制引入环境污染治理可以使众多的生产企业从小而全的生产方式中解放出来，集中力量投入到激烈的市场竞争中去。同时，也能带动环境服务业、金融业的发展，从而促进环境科技进步，使环境保护工作呈现勃勃生机。

（一）修改完善第三方治理的法律法规

第三方治理是以服务合同的形式将企业治污责任转移到第三方治理公司，法律要认可环保服务民事合同有关责任转移的合法性、有效性，与时俱进弥补法律空白，变“谁污染、谁治理”为“谁治理、谁负责”，对相关方的责任边界、处罚对象、处罚措施等做出规定，依法明确责任主体。

（二）建立完善第三方治理的税收金融政策

第三方治理公司并非生产型企业，很多治污费用很难列生产成本，需要规范税收制度、明确纳税方法、实施税收优惠，为第三方治理的实施提供政策保障；银行等金融机构应完善相关政策，为污染治理的第三方企业融资提供便利及相关的优惠政策。

（三）建立完善第三方治理市场的监管机制

制定出台第三方治理管理办法，发布标准合同文本，明确准入、考核、退出办法。对第三方治污企业实行备案管理，从规模实力、技术力量、运营效果、市场信誉等方面，设定第三方治理企业市场准入资质；建立第三方治理企业信用评价体系，对第三方治理企业进行能力评估、等级评定等工作，对不规范运营、偷排漏排等信息行为进行公开曝光，纳入“黑名单”，实施退出机制。

（四）着力培育第三方治理的治污企业

第三方治理企业的发展是环保产业发展的重要组成部分，监督管理部门应积极促进污染第三方治理企业的发展，大力培育不同领域，不同行业“治水”、“治气”、“治固废”的“专科类”或“全科类”治理公司，培育一批技术能力强、运营管理水平高、综合信用好、具有市场竞争力的第三方治理企业，树立第三方治理的典型模式。

（五）大力宣传和推进第三方治理

相关部门应利用经济手段严格环境监管，完善总量控制和排污权交易制度，使企业的运营成本控制与环境治理、环境惩罚成本联动，通过经济杠杆拉动企业积极开展第三方治理。选择有条件的园区和行业，就第三方治理进行试点推进和示范引领，及时总结推广成功经验和成熟做法，对取得良好效果的试点正面宣传，对存在的问题及时跟进解决；选择高污染、高风险行业或经常超标排放、违法排放的企业实施限期第三方治理，促进第三方治理市场的形成和完善。

完善创新“三种机制”
严格贯彻落实新《环境保护法》

江西省新余市环境保护局　黄华磊

摘　要：江西省新余市作为一个重化工城市，环境保护和生态建设的任务十分艰巨。在经济新常态下要想深化环境保护改革，改善生态环境质量，就要探索完善污染第三方治理机制，建立完善多元共治的治理机制，优化完善环保监管执法机制。

关键词：新余市　环境保护　改革　机制

2015年是新《环境保护法》实施之年，也是全面完成“十二五”环保规划的收官之年，改革创新已成为当前推进工作的主基调、主旋律。今年“两会”期间，习近平总书记出席江西代表团审议时，发表了“像保护眼睛一样保护生态环境，像对待生命一样对待生态环境”重要讲话，特别是对环境执法工作提出明确要求，指出“对破坏生态环境的行为，不能手软，不能下不为例”。这些重要讲话，字里行间都体现了党和国家保护生态环境的坚定意志和坚强决心，内容丰富，论述深刻，具有很强的思想性、针对性和指导性。江西省新余市作为一个重化工城市，环境保护和生态建设的任务十分艰巨。环境保护部门作为生态文明的践行者，要在认真学习、深刻领会和全面把握总书记重要讲话的精神实质，切实把握中央、省、市有关环保领域改革的新目标、新任务，坚持用改革的办法解决突出问题，在经济新常态下深化环境保护改革，多角度、全方位贯彻落实新《环境保护法》，改善生态环境质量，满足人民群众对碧水蓝天的期盼。

一、改变传统环境治污模式，探索完善污染第三方治理机制

近年来，新余市委、市政府对环境保护高度重视，不断加大环保工作力度，但由于环保历史欠账过多，环保投入有限，治理模式过于单一，部分污染治理设施治理效果不理想，在新形势下必须要探索新的环境治理模式。为更加有效地改善环境质量，新余市把创新环境治理模式作为全市“小政府、大社会、活市场、优环境”四大改革创新工程重要组成部分，抢抓国家发展环境服务业的有利契机，于2010年开始以试点项目实施为依托，开展了环境污染第三方治理新的治污模式的有益探索。作为全国首家合同环境服务试点市，实施过程中尚无成熟经验可鉴，在推进中遇到了一些困难和问题。

下一步，要继续创新思路和举措，大胆探索解决合同环境服务实施过程中存在的问题，积极营造一个政府主导引导、企业积极配合、社会公众广泛参与的良好发展环境。

（1）加快推进合同环境试点项目建设。一方面，加强已建成项目的日常监管，确保长期效果；另一方面，加快在建项目建设进度，确保按时完成。

（2）进一步拓宽购买环境服务范围。建立《合同环境服务项目储备库》，实行动态管理，对现由政府直接提供，适合采取市场化方式提供、社会力量能够承担的环保公共服务，允许社会力量有序进入，对今后新增的一般性环保公益服务项目，原则上实行购买服务，推进政府购买环境服务工作的长期开展。

（3）加快建立服务绩效评估机制。针对目前服务标准体系、考核体系还不完善的问题，结合试点工作经验，对服务管理机制等进行深入优化，探索建立对区域、流域生态环境治理效果进行定量评估的办法，形成最终的标准体系和考核机制。

（4）继续加大政策支持力度。将合同环境服务试点工作作为政府环境管理体制改革的核心，通过进一步深化改革，放宽市场准入，减少或简化前置审批和项目招标流程，更多依靠市场机制和创新驱动，鼓励社会资本参与发展环保服务业。积极推行“负面清单”制度，清理和废除妨碍公平准入和竞争的规定和做法，在市场准入、资质评定、财政保障、税收优惠等方面，积极研究出台相应的扶持政

策。鼓励金融机构采取多种方式，拓宽环保服务企业融资渠道。

二、改变环保单打独斗局面，建立完善多元共治的治理机制

当前，环境保护任务越来越艰巨，公众的环境需求与落后的监管能力和手段之间的矛盾凸显，如何争取其他部门合作，充分利用外力，解决环保执法单独作战，力量薄弱问题，是摆在当前环保工作面前的一大难题。因此，我们必须从政府、企业、公众三大责任主体的责权利定位入手，建立政府、企业、公众三方联动的环境治理体系。

（1）构建政府环境监管主体体系。理顺环境保护管理体制，成立全市环境委员会，建立健全由环境保护部门牵头，多部门参与，联合执法，共同责任的大环保机制，解决环境保护执法过程中职责不清，衔接不畅，相互推诿，责任追究不明和工作不力等问题，形成打击环境违法行为的强大合力，有效解决群众反映强烈的突出环境问题，改变环境保护部门“单打独斗”的执法工作局面。实行政绩考核制度和评价标准，对涉及减排、机动车尾气污染防治、畜禽污染防治、生态保护、落后产能淘汰等工作指标的农业、公安、工信、交通等相关部门进行年度环保工作考核，并将考核结果列入政府年度综合目标考核指标体系，确保环保各项政策及减排措施落到实处。

（2）构建企业环境治理主体体系。企业在生产经营过程中负有遵守和维护环境与资源保护法律秩序、服从政府环境资源管理、治理污染的义务。为切实解决“违法成本低，守法成本高”的状况，在重点企业建立环保诚信承诺机制，通过实施绿色信贷、环保信用管理、对违法企业进行曝光等，引导企业自觉履行环保承诺，凡履行承诺的企业，在每年治理资金补助、评优、评先等方面给予倾斜，充分调动企业自觉履行环保的积极性。

（3）构建公众环境监督主体体系。公众享有环境知情权、参与权、监督权，同时也负有保护和改善环境的义务。要强化环境信息公开，对涉及环境保护的重大规划项目和重大决策，通过听证会、论证会和社会公示等形式，接受群众评议和监督。丰富环境公众监督形式，健全完善环境信访、环境举报、环保义务监督员和“12369”环保热线等制度，实行环境违法有奖举报，鼓励社会各界依法有序

监督环保工作。完善环境舆论监督制度，健全环境舆论回应机制，认真、及时处理新闻媒体披露出来的问题。进一步加强新《环境保护法》的宣传教育，提高各级领导干部和人民群众遵守环境保护法律法规的自觉性，真正使新《环境保护法》家喻户晓，深入人心。

三、改变重执法轻服务的观念，优化完善环保监管执法机制

新《环境保护法》实施后，对环境监管和环境执法提出了更高的要求，但在实际工作中，由于体制机制不顺、机构编制不强、装备手段落后等诸多原因，暴露出环境执法中存在“不会查”、“不能查”、“简单查”等问题。当前新余市经济社会发展进入新常态，因此我们要深刻认识并主动贴近发展新常态，准确把握现阶段环境保护工作趋势和特征，既要严格执法、善于执法、超前执法，更要推行“保姆式”的服务。

（1）创新环境监管模式。以“统一网络使用，统一数据中心，统一应用平台，统一运维保障”为原则，全面推进监测能力标准化建设，启动集环境监测、自动监控、信息分析处理、应急指挥和科普教育五个中心于一体的“智慧环保”建设，加快重点企业安装在线监控系统步伐，构建全方位、多层次、立体化的监管网络，创新数字环保建设机制。

（2）创新环保服务机制。推进环评审批改革，下放环评审批权限，简化环评审批流程，研究出台项目审批规范性要求，加强对各地的监督和指导，确保权力放得下、管得牢。加大重点项目扶持力度，建立重点项目决策提前介入机制，开通环评审批“绿色通道”，加大对清洁生产企业支持，在上市融资、公司贷款、企业债券发行等方面给予更多的政策倾斜。提高行政许可工作效率，缩短行政许可时间，强化服务意识。切实转变环境保护部门工作重点，将重审批轻监管转变为审批、监管“两手抓、两手都要硬”，特别是一些对环境破坏大、对人们生活影响大、污染重的企业加强后续监管，实行严格的定期检查、定期监测，发现有违反环境影响评价、排污许可规定或其他违法行为的，要依照法律法规严肃处理。

（3）创新环保执法模式。突出预防性执法，按照定区域、定人员、定任务、定责任、定场所“五定”内容，落实好环境监管网格化划分工作，建立市、县（区）、

乡（镇）、村（社区、居委会）4 级监管网格，制定巡查、查处、反馈、监督运行模式，实现对全市企业环境监管零缝隙。进一步加大执法力度，加强重点流域、区域和行业的执法监管，实行多部门、多区域联合执法，充分利用好挂牌督办、企业限批、约谈通报、责任追究等综合措施，打好环境执法组合拳，实现对偷排、漏排等恶意违法行为零容忍。加强基层环境保护管理的能力建设，在人、财、物等方面予以重点保障，提高环境保护人员素质和综合执法能力，实现环境执法行政处罚零错案。

环评制度改革的几点思考

新疆生产建设兵团第十二师环境保护局　张玉红

摘　要：史上最严环保法实施后，作为第一审批权的环评制度给环境保护部门也带来了责任追究风险加大、基层工作压力更重、重“审批”轻“管理”问题依然突出、环评技术服务长期缺位等困扰和问题。其主要原因在于环评管理的程序与审批制度不合理，因此要进行环评制度的四个转型。

关键词：建设项目　环评制度　新《环境保护法》　改革

一、前　言

新《环境保护法》被称为史上最严的环保法。在当今政府简政放权、简化项目行政审批的大背景下，作为第一审批权的环评制度在新《环境保护法》实施后，面临很多突出问题。因此，从存在的问题着手，分析其根本原因，进而提出了环评制度改革创新的四个转变。

二、新《环境保护法》实施中环评制度带给环境保护部门的困扰和存在的突出问题

（一）环境保护部门的责任追究风险更大了

（1）新《环境保护法》提出“谁审批，谁负责，责任追究终身制”，在强化社会各方主体责任的同时，也强化了环境保护部门自身的责任。

（2）2015年3月18日环境保护部下发文件，要求对“未批先建、擅自变更”等环境违法行为，涉及党政机关、事业单位和国有企业的，不处罚、不处分或不移交司法的，环境保护部门接受行政处分。作为基层政府机构的组成部门，似乎环境保护部门追究违法者不易，被追责更容易。

（二）基层环境保护部门的工作压力更重了

（1）“十八大”后，政府简政放权，环评审批权层层下放，“部”里下放到“省”里，“省”里下放到“市”里。面对机构人员和业务水平从部里到基层是“倒三角形”结构，面对的审批业务量从部里到基层数量级形态成为了“正三角形”结构，简言之，最薄弱的基层机构承担的审批业务量最大，新《环境保护法》的实施提出的责任终身制，基层环境保护部门如何应对下放的“权力”？

（2）环评审批制度可依赖的技术把关部门——环境影响评估机构已经被政府纳入了向社会购买服务的名录中，社会化趋势势不可挡，行政审批部门的技术审查依靠谁？

（3）当前正在实施的环保大检查，各地都查处了大量的“未批先建、批建不符”等环境违法案件，多年沉积的遗留问题被要求在短暂的1～2年内解决，如何处理？已经投入运行的项目如何补办环评？是环评替代验收，还是验收替代环评？法律、法规上没有给我们解决问题的途径，执法部门如何办案？不查失职渎职，查了、处罚了，结不了案，又该怎么办？

（三）重“审批”轻“管理”问题依然突出

建设项目环评审批事关各地政府的经济社会发展，也是政府抓项目、抓进度的关键环节，我们必须优先保障政府职能的运转，致使环境保护部门审批工作“不快不行，不批不行”。

（四）环评技术服务长期缺位

环境影响评价文件是作为建设项目环境管理的法定依据，但是长期以来环评机构提供的环评文件质量不高，与建设项目实施情况不相符，技术服务价值得不到建设单位和污染防治管理部门的认可。建设项目环评制度呈现出“什么都管”、

“什么都管不了”、“什么都担责”的尴尬局面。“什么都管”——环评涉及面广；“什么都管不了”——权力与责任不对等；“什么都担责”——出了问题都能追到环境保护部门头上。

我们经常可以听到项目单位说：“环评是干什么的？我不知道，应该就是到环境保护部门拿批文用的，批文拿上就没有什么用处了。”为此，环评机构和环境保护部门一样得不到重视和认可，故此环评文件质量差也不能全怪环评机构不作为。

三、原因分析

（一）建设项目环评管理的程序不合理

（1）环评审批在基本建设程序中相对靠前，很多环评文件都是依据发改委的一纸批文和未批复的可研报告或项目建议书，核准制的项目，连一纸批文都没有，项目建设内容、地点、规模、工艺的不确定性，造成了环评文件与项目实际建设内容的不一致，污染防治措施及污染物的排放与实际不一致。使环评文件成为一堆废纸，普遍出现了 “批建不符、擅自变更”的环境违法行为。

（2）技术服务不到位。环评工作涉及面太广，在建设项目环境影响评价分类管理名录中不难看到上百个行业类型的建设项目，涉及各行各业，同时环评工作依据的技术导则、标准、规范又都在不断地完善过程中，有人讲“环评”什么都评，你们懂吗？近年来环评制度的发展，环评机构培养了大批的“万金油”，随着环评制度执行率的不断提高，环评行业又涌入了大量的“新鲜血液”。他们不需要培训可以直接上岗，环境保护部门的环评审批机构成了他们的培训机构。环评文件的质量仅限于满足批复要求，这苦了后期的污染防治和环境执法部门，没有可参考管理依据。

（二）建设项目环评的审批制度不合理

环评机构是环评制度中提供环评文件的技术服务机构，它本身是具备承担技术服务所需要的人、财、物，并在取得环境保护部颁发的资质证书后方能在资质范围内承揽业务，等同于环境保护部门的设计院，而环评文件的编制又有环境影响评价导则、标准、技术规范等政策法规为依据。环境保护部门是行政管理部门，建设项目环境影响评价审批制度的建立就是通过行政管理部门的技术审查来审查技术服务机构的文件，依据的政策法规标准全都一致，是不是“他妈证明是他妈的现象”，更重要的是非技术部门审查技术文件？而政策法规上也规定了环评机构要对它所提供的技术服务成果承担相应的法律责任。环境保护部门的审批行为存在替环评机构承担法律责任，导致环评机构放松了技术把关，甚至弄虚作假，反正有环境保护部门在前面担着，环评机构挣钱，环境保护部门担责。

四、环评制度改革的几点思考

（一）从微观管理向宏观控制转型

环评制度是环境保护部门参与国民经济、社会发展的有效途径，建议简化建设项目环评管理制度，使环境保护部门从繁杂的项目管理中抽身，健全完善规划环评、战略环评的管理制度。通过政府对规划环评和战略环评的批复，将环境质量目标、环境功能分区、总量控制指标（环境容量）、产业布局等落实到政府的宏观经济发展决策中，体现出政府对环境质量的负责，批复和调整规划环评、战略环评都由政府负责，为环境保护部门减去本不该环境保护部门承担的政府责任。

（二）从“源头”管理向“排污口”管理转型

顺应国家简化行政审批工作的有关要求，项目环评从 “审批”制过渡为“备案”制管理模式，项目环评与规划环评、战略环评确定的功能分区、产业布局、总量控制（环境容量）等宏观政策相符后，直接进行备案管理。环境保护部门将工作重点、主要精力转移至“排污口”的管理。政府担负了环境质量的责任，“排污口”的管理自然也成了政府聚焦环境保护部门的重点部位。环境保护部门可以集中精力干“大事”。

（三）环评技术服务从“前端服务”向“过程服务”转型

从法制层面提高环评机构的法律责任，使环评机构对环评文件负全责，责任终身追究，通过强化责任提高环评文件的质量，并将环评文件的前端审查转移至竣工验收阶段的“排污口”污染物核定。谁设计、谁验收，减去监测部门的验收环节，由环评机构出具建设项目与环评文件是否相符的结论，环境保护部门进行核查，并据此颁发排污许可证。至于项目建设过程中的变更等由环评机构与项目单位按照委托与被委托的关系作变更备案。使环评机构真正成为建设项目单位的设计方和环境保护部门的技术服务方，同时也将环境监理与环评机构委派项目设计代表制度结合，真正落实谁设计、谁监督、谁验收的终身负责制，并有助于提高环评机构的技术服务水平。

（四）环评分类管理从“静态”管理向“动态”管理转型

《建设项目环境影响评价分类管理名录》在具体实施过程中存在一些建设项目在非敏感区内本身对环境影响不大，但是名录要求要编制环境影响报告书，有些非常小的项目处在特殊的环境下影响又很大，建议将《建设项目环境影响评价分类管理名录》与各地方政府制定的“正面清单”和“负面清单”结合，因地制宜地降级或提高评价等级，实现从“静态”管理向“动态”管理的转型。

专题六　环境执法案例剖析

化工厂超标排污按日计罚案解析

江苏省连云港市环境保护局　房维东

摘　要：连云港某化工厂锅炉脱硫塔排放的氮氧化物超标，连云港市环境保护局向该厂下达《责令改正违法行为决定书》，并告知如拒不改正，将可能承担按日连续处罚的法律后果。在对该厂复查时发现，该厂排放的氮氧化物浓度仍超标。连云港市环境保护局再次下达《责令改正违法行为决定书》，在第二次复查时发现该厂已停产，并正在积极推动锅炉烟气脱硝工程项目建设进度。连云港市环境保护局对该厂进行了按日连续处罚。

关键词：氮氧化物　超标　复查　按日连续处罚

一、基本案情

连云港某化工厂（以下简称“某厂”）位于连云港市连云区，是连云港市的老牌国企，以生产纯碱、食用碱、小苏打、氯化钙等产品为主。

2015年7月8日，连云港市环境监测中心站对某厂进行监督监测，监测结果显示该厂 1#-2#UG-130/39-M 型锅炉 1#脱硫塔处理后排放的氮氧化物浓度和3#-4#UG-130/39-M 型锅炉 2#脱硫塔处理后排放的氮氧化物浓度均超过《火电厂大气污染物排放标准》（GB 13223—2011）规定的排放限值要求。7月14日，连云港市环境保护局（以下简称市环保局）向某厂下达《责令改正违法行为决定书》，责令该厂立即停止违法排污行为，并告知如拒不改正，将可能承担按日连续处罚的法律后果；7月20日，市环保局向某厂下达《环境保护行政处罚决定书》，对该厂超标排放大气污染物行为做出罚款5万元的行政处罚。

2015年8月3日，市环保局执法人员对某厂改正情况进行复查，同时开展监督监测。市环境监测中心站于8月5日出具的监测报告显示，该厂1#-2#UG-130/39-M型锅炉1#脱硫塔处理后排放的氮氧化物和3#-4#UG-130/39-M型锅炉2#脱硫塔处理后排放的氮氧化物浓度仍超过《火电厂大气污染物排放标准》（GB 13223—2011）规定的排放限值要求。8月10日，市环保局再次向某厂下达《责令改正违法行为决定书》，责令该厂立即停止违法排污行为，并告知如拒不改正，将可能承担按日连续处罚的法律后果。8月13日，市环保局执法人员对某厂改正情况进行第二次复查，检查时发现该厂已停止生产，锅炉及大气污染物处理设施均未运行，企业正在积极推动锅炉烟气脱硝工程项目建设进度。

二、处理结果

2015年9月14日，市环保局在现场检查和调查的基础上，依据《环境保护法》和《环境保护主管部门实施按日连续处罚办法》（以下简称《办法》）的有关规定，对某厂2015年7月15日至8月3日期间拒不改正环境违法行为，每日罚款5万元，连续计罚20日，合计罚款100万元。

三、分析提要

《环境保护法》第五十九条第一款规定："企业事业单位和其他生产经营者违法排放污染物，受到罚款处罚，被责令改正，拒不改正的，依法作出处罚决定的行政机关可以自责令改正之日的次日起，按照原处罚数额按日连续处罚。"按日连续处罚是新修订的《环境保护法》中规定的罚款制度，即按照违法排污行为拒不改正的天数累计每天的处罚额度，违法时间越长，罚款数额越高，从而实现过罚相当，有效解决"守法成本高，违法成本低"的问题，达到督促违法行为及时改正的目的。本案即是对违法排放污染物受到罚款处罚、且被责令改正后仍拒不改正的排污者执行按日连续处罚。

本案中，当事人及执法主体适格，某厂为国有企业，经调取企业营业执照、组织机构代码证等，对案件当事人认定准确，做出决定的机关符合法定权限，案件承办人员均为具备行政执法资格的执法人员；案件事实清楚、定性准确。某厂超标排放大气污染物，受到罚款 5 万元处罚，被责令改正后仍拒不改正。执法机关根据新《环境保护法》第五十九条第一款及《办法》第十七条、第十九条的规定做出决定，处罚适用的法律依据明确。本案的执法难点在于执法部门对于按日连续处罚程序如何实施的分歧。

（一）拒不改正的认定

第一次复查，监测结果显示某厂仍然存在超标排放大气污染物行为，据此调查部门判定企业拒不改正。但企业提出，作为本市老牌国企，一直是严格遵守各项环境保护法律法规及管理规定的，按照原来的排放标准，企业是达标排放大气污染物的，但随着更严格新标准的实行，开始出现超标现象。对此，企业一直在努力争取资金，加快锅炉烟气脱硝工程项目建设运行进度，只是由于国企对项目资金需要层层审批，目前进展相对缓慢。收到市环保局《责令改正违法行为决定书》后，企业已努力采取措施，主观上并不存在拒不改正的故意。

经会办研讨，执法部门根据《办法》第十三条的规定“责令改正违法行为决定书送达后，环境保护主管部门复查发现仍在继续违法排放污染物的”，认定某厂为拒不改正。

（二）监测数据有效性的认定

在复查之前，市环境监测中心站提出，因人手不足，且启动一次大气污染物监测成本太高，如果不断进行复查，频繁开展同步监督监测并不现实，可否以企业自动监控设备上的监测数据作为超标（达标）证据？

《环境行政处罚办法》第三十六条规定：“环境保护主管部门可以利用在线监控或者其他技术监控手段收集违法行为证据。经环境保护主管部门认定的有效性数据，可以作为认定违法事实的证据。”据此确定，在线监控数据可以作为是否超标的证据，但该厂在线监控设备需要经过市环境监测中心站比对监测合格，且在有效期内。

（三）复查是否需要继续采集证据并重新立案

调查部门提出，复查时只需要监测人员赴现场监测，超标了提供监测报告，直接交司法部门做出处罚决定，不需要调查部门继续采集证据并重新立案。

《办法》第七条规定，环境保护主管部门检查发现排污者违法排放污染物的，应当进行调查取证，并依法做出行政处罚决定。经会办研究，认为如果只有一份监测报告，无法形成完整的证据链来证明拒不改正的违法事实，且再次下达《责令改正违法行为决定书》应建立在调查取证的基础上，因此调查部门应当在现场继续采集证据。从案件的完整性上看，按日连续处罚是针对发生在第一次送达《责令改正违法行为决定书》之后的产生违法行为，应重新予以立案。

（四）取得监测报告至下达《责令改正违法行为决定书》的时限问题

《办法》第八条规定，需要通过环境监测认定违法排放污染物的，应当在取得环境监测报告后三个工作日内向排污者送达责令改正违法行为决定书，责令立即停止违法排放污染物行为。

本案中，市环境监测中心站于8月5日出具监测报告，8月10日，市环保局再次向某厂下达《责令改正违法行为决定书》，符合三个工作日的规定。但是调查部门提出，如果执法人员未能及时取得监测报告，三个工作日内下达《责令改正违法行为决定书》则无法保障。会办认为，环境监测报告的出具日期不代表环境保护部门取得监测报告日期，如两者日期不一致，应完善相关文书流转手续，以证明实际取得监测报告日期。

（五）是否在原处罚决定下达后才可以开展复查并做出按日连续处罚决定

《办法》第十条规定，应当在送达责令改正违法行为决定书之日起三十日内实施复查。原处罚决定做出的时间受立案日期、企业提出陈述申辩、要求听证、审核会办、送达等的影响往往超出30日，而复查是在送达责令改正违法行为决定书之日起30日内的任意一天，因此，开展复查时间不受原处罚决定下达日期的限制。

《办法》第七条规定，按日连续处罚决定应当在原行政处罚决定之后做出。因此，按日连续处罚决定书应当在原处罚决定书之后发出，但按日连续处罚告知书可以先于原处罚决定书发出，不体现具体处罚金额。

在本案中，市环保局于7月20日向某厂下达原处罚决定书，8月3日开展第一次复查，9月14日下达按日连续处罚决定书，未发生冲突。

（六）计罚天数的确定

本案中，市环保局于 7 月 14 日下达《责令改正违法行为决定书》，8 月 3 日开展第一次复查，监测结果显示某厂仍继续超标排放大气污染物，8 月 10 日再次下达《责令改正违法行为决定书》，8 月 13 日第二次复查时发现某厂已停产。按照《办法》第十七条规定的按日连续处罚计罚方式，计罚日数为 2015 年 7 月 15 日起至 8 月 3 日止，共计 20 日。

重拳出击　形成依法严肃查处和制裁环境违法行为的高压态势

——赣州市环境保护局移送赣州菊隆高科技实业有限公司责任人行政拘留案启示

江西省赣州市环境保护局　杨中茂

摘　要：赣州菊隆高科技实业有限公司未批先建、未验先投、长时间超标排污、擅自撕毁赣州市环保局依法对投料车间投料口和配电设备张贴的封条等行为严重违反了环保法的规定。新《环境保护法》实施后，赣州市环保局将该环境违法案卷移交给赣县公安局治安大队。赣县公安局依法对赣州菊隆高科技实业有限公司副董事长谢瑞鸿做出了行政拘留5日的《行政处罚决定》。同时，赣州市环保局也对该公司的环境违法行为依法进行了查处。

该案例证明：新《环境保护法》是环保执法的有力武器；行政执法与刑事司法衔接配合，是整治环境违法行为的有力保障；提高环境执法人员素质，是完成环境监督执法的关键所在；企业严格遵守环保法律法规，是企业生存的基本条件。

关键词：赣州市　环境违法　案件移送　行政拘留　案例启示

一、赣州菊隆高科技实业有限公司基本情况

赣州菊隆高科技实业有限公司位于赣州市赣县工业园洋塘工业小区，设计年产1 800 t甜菊糖甙，主要产品为年提取甜菊糖甙产品1 800 t；年产高A3甙含量

结晶产品 900 t、副产品 50%甜菊糖甙产品 800 t。原辅材料为甜菊干叶、盐酸、食用酒精、液碱、石灰粉、硫酸亚铁等。该公司于 2009 年开工建设，2010 年 3 月委托赣州市环境科学研究所编制了《年产 1 800 吨甜菊糖甙及其深加工项目环境影响报告书》，2010 年 6 月 21 日赣州市环保局下发了《赣州菊隆高科技实业有限公司年产 1 800 吨甜菊糖甙及其深加工项目环境影响报告书》评估意见（赣市环评估[2010]49 号），2010 年 6 月 28 日赣州市环保局对该项目环境影响报告书进行了批复（赣市环督字[2010]106 号），同意项目建设。该公司已建成第一期项目（年产 600 t 甜菊糖甙），2010 年 12 月该公司正式投入生产。目前废水产生量约为每天 500 t，主要污染物为化学需氧量、生化需氧量、色度、氨氮等。

二、新修订《环境保护法》实施前该公司存在的主要环境问题及处理情况

（1）2010 年 3 月，因该公司建设项目环境影响评价文件未经批准，擅自开工建设，违反《环境影响评价法》和《建设项目环境保护管理条例》相关规定，赣州市环保局对其进行了行政处罚，罚款 5 万元。

（2）2012 年江西省环保厅现场检查时发现该公司废水超标排放，对其下达了罚款 100 万元处罚决定。

（3）该公司自投产以来，外排废水一直超标排放，赣县环保局于 2011 年、2012 年、2013 年连续 3 年下达了《关于责令赣州菊隆高科技实业有限公司停产治理通知》，要求该公司停产治理，但该公司环保违法问题未得到彻底解决。

（4）因该公司存在项目废水处理工艺与环评报告及环评批复的处理工艺不一致、部分废水未经砂滤池处理直排、污水处理站厌氧工段产生的沼气未按《报告书》提出的要求集中收集通过不低于 15 m 的排气筒引至高空燃烧排放、固废堆场“三防”措施不完善等问题，赣州市环保局于 2015 年 1 月 4 日下达了《关于退回赣州菊隆高科技实业有限公司年产 1 800 吨甜菊糖甙及其深加工项目环保验收申请的通知》，停止对该项目的“三同时”竣工环保验收，并要求公司立即停止非法排污行为。

三、对该公司环境违法行为适用行政拘留处罚案情简介

2015 年 3 月 16 日，赣州市环保局执法人员对赣州菊隆高科技实业有限公司进行了季度性监督检查。经查，该公司存在以下主要环境违法行为：

（1）年产 1 800 t 甜菊糖甙及其深加工项目环保设施未经验收，未取得排污许可证的情况下，主体工程投入生产；

（2）该公司部分生产废水未经处理通过厂区内雨水沟外排；

（3）执法人员对该公司外排废水进行了采样监测，赣州市环境监测站监测报告（赣市环监测字[2015]第 W0332 号）结果显示，该公司外排废水化学需氧量（COD）、生化需氧量（BOD）均超标。

根据《环境保护法》第四十五条“国家依法实行排污许可管理制，未取得排污许可证不得排污”的规定和《建设项目环境保护管理条例》第二十三条“建设项目需要配套建设的环境保护设施经验收合格，该建设项目方可正式投入生产或者使用” 的规定，2015 年 3 月 23 日赣州市环保局依法向该公司下达了《责令改正违法行为决定书》（赣市环责改[2015]01 号），责令其立即停止生产，停止排污。同时对该公司投料车间投料口、配电设备张贴了封条。2015 年 3 月 27 日，环境执法人员对该公司落实停止生产，停止排污情况检查时发现，该公司已擅自撕毁投料车间投料口、配电设备封条，并恢复生产。据调查，该公司在公司副董事长谢瑞鸿（现场负责人）的要求下撕毁封条，擅自恢复生产，并表示如涉及违法行为将会承担相应法律责任。对此，环境执法人员取证后，依照《环境保护法》第六十三条第一款第二项和《行政主管部门移送适用行政拘留环境违法案件暂行办法》相关规定，决定将案件主要责任人谢瑞鸿按程序移送公安部门适用行政拘留处罚。

四、处理和履行结果

2015 年 4 月 9 日，赣州市环境保护局将赣州菊隆高科技实业有限公司“未取得排污许可证、被责令停止排污，拒不执行的”环境违法案卷（赣县公（治）受

案字[2015]006 号）移交给赣县公安局治安大队，该局经审查后同意受理。

赣州菊隆高科技实业有限公司副董事长谢瑞鸿系赣州市四届人大代表，2015 年 4 月 28 日赣县公安局按有关程序向赣州市人大常委会报告，并经赣州市人大常委会批准许可后于 2015 年 5 月 6 日对谢瑞鸿做出了行政拘留 5 日的行政处罚决定（赣县公（治）决字[2015]0171 号），处罚已执行到位。

同时，赣州市环保局已对该公司环保设施不正常使用、废水超标排放的环境违法行为依法进行了查处。

五、公司整改情况

环境保护部门下达行政处罚和整改要求后，赣州菊隆高科技实业有限公司进行了停产整治，筹措资金 500 多万元，完善了污染处理工艺和环保设施。

（1）关于污水处理工艺与原环评报告不一致的问题，公司于 2015 年 6 月 10 日委托赣州市环境科学研究所编制了《关于赣州菊隆高科技实业有限公司年产 1 800 吨甜菊糖甙及其深加工项目变更废水处理工艺及锅炉煤改气的环境影响变更说明》。

（2）关于污水处理设施运行不正常，污染物长期超标排放的问题，公司于 2015 年 4 月委托江苏哈宜环保研究院有限公司制定了《赣州菊隆高科技实业有限公司 1 500 t/d 甜菊糖甙生产废水改造项目设计方案》，6 月 28 日公司污水处理站的技术改造工程施工结束，现污水处理设施的日处理能力为 1 500 t。

（3）关于部分生产废水及废渣淋溶水未经处理直接经雨水沟外排的问题，公司 2015 年 5 月对厂区的雨水管道进行了逐一排查，现已经将发生泄漏的管道进行了封堵。

（4）关于固体废物（叶渣、滤泥）露天堆放的问题，公司新建了专门的固废贮存场所，并对地面进行了硬化，且在叶渣、滤泥堆放前使用两台压滤机进行压滤，产生的滤液集中收集后通过管道排放至污水处理站进行处理，其产生的固废外售给赣州绿之源公司。

（5）为彻底解决二氧化硫、烟尘等废气污染问题，公司决定实施煤改气工程，并于 2015 年 4 月 29 日与江西特富锅炉有限公司签订了燃气锅炉采购合同，2015

年5月3日与赣县深燃天然气有限公司签订了天然气材料、施工、管道安装合同，公司煤改气工程预计2015年10月完成。

六、案例启示

这是新《环境保护法》实施以来赣州市环境保护部门移送公安机关第一案，这一案件对于赣州市贯彻落实新《环境保护法》具有重要意义。通过该案的处理，我们得出以下启示：

（一）新《环境保护法》的实施极大地提升了环保执法威慑力和影响力，是环保执法的一个有力武器

赣州菊隆高科技实业有限公司自2010年开工建设以来，多次因环境违法行为被省、市、县环境保护部门行政处罚，但问题得不到根本解决。新《环境保护法》、国务院办公厅印发的《关于加强环境监管执法的通知》、环境保护部出台的《实施按日连续处罚办法》《实施查封扣押办法》等都成为加强环境保护提供强大武器。特别是新《环境保护法》将行政拘留处罚引入环境行政执法，是环保执法的一个有力武器，有效弥补环境执法困难、执法偏软的问题，对违法排污行为适用行政拘留处罚能够强烈威慑环境违法分子，快速解决一些久拖不决的突出环境问题。新《环境保护法》实施以来，赣州市共责令停产（建）企业82家、责令限期改正（治理）企业242家、关停取缔企业32家，立案查处22家，移送公安机关处理1件。今后，环境保护部门要利用好法律利剑，依法严厉打击环境违法犯罪行为，多措并举，铁腕执法，打出组合拳，力求环保工作在新常态下取得新突破。

（二）加强环境保护行政执法与刑事司法衔接配合，是整治环境违法行为的有力保证

在环保执法层面，这一案例为环境保护部门积极联合公安部门对违法排污、破坏环境现象重拳出击树立了典范。但在案件的办理中出现一些问题，如：移送案件程序还不完善，当我局将案件移交给市公安局时，被告知案件属地管理，由市环保局直接移交给县公安局；公安部门在办理案件过程中信息不能共享，使环

境保护部门很难掌握案情进展；公安部门在做出的具体拘留期限没有征求环境保护部门意见等。同时，一些非法律的因素也在影响着环保法的执行，公安部门在办理案件过程中，考虑了维稳因素和政府领导态度等因素。因此，我们要强化与刑事司法的联动，健全行政执法和刑事司法衔接机制，建立与公安机关、人民检察院、人民法院打击环境违法犯罪的联席会议制度，完善案件移送标准和程序，建立行政执法机关、公安机关、检察机关、审判机关信息共享、案情通报、案件移送制度、紧急案件联合调查机制等，理顺执法关系，明确工作责任，实现行政处罚和刑事处罚无缝对接。

（三）提高环境执法人员素质，是完成环境监督执法的关键所在

在本案的移送过程中，公安部门认为移送证据链不够完整，要求环境保护部门补充了废水监测报告、现场检查（勘察）记录、当地环境保护部门未核发排污许可证的证明、环保执法人员信息等证据材料。同时，环境保护部门调查笔录还存在询问思路及过程不够清楚、书写不工整、措辞不严谨等问题。环境行政处罚案件与刑事案件在办案水平、案卷水平上的差距比较明显。新《环境保护法》一方面授予对各级政府、环境保护部门许多新的监管权力；另一方面，它也规定了对环境保护部门自身的严厉行政问责措施，对环保监管职权是一把“双刃剑”，这就对环保执法人员素质提出了更高的要求。但是由于环保执法部门编制缺乏问题，造成不能引进环保专业人员承担执法工作，严重影响环保执法工作的开展。打铁还需自身硬，提高环保执法队伍的素质是一个亟待解决的问题，是完成环境监督执法的关键所在。

（四）企业严格遵守环保法律法规，是企业生存的基本条件

赣州菊隆高科技实业有限公司长期对依法履行环保法律没有清醒的认识，有得过且过、蒙混过关的想法。如果公司从项目建设之初就能严格遵守环保法律法规，进行科学、系统的环保治理，就不会出现因要完成订单而挑战“史上最严”环保法，撕毁封条恢复生产，导致责任人触犯法律而锒铛入狱。此案对心存侥幸的违法企业敲响了警钟，起到了有力的威慑效果，维护了史上最严《环境保护法》的权威。新《环境保护法》强化了各方主体的法律责任，加大了违法处罚力度，

推动了企业环保意识的提高，从而使企业和企业法定代表人面临更大的法律风险，对违法违规带来的风险必须有清醒的认识。企业决策层尤其是企业法定代表人，必须牢固树立环保优先、法律至上的治厂理念，时刻把环保法律风险放在突出位置，痛下决心根治环保问题。

郑州市环保局执行新《环境保护法》的典型案例分析

——郑州新力电力有限公司超标排放大气污染物行政处罚案

河南省郑州市环境保护局 张建国

摘 要：郑州新力电力有限公司生产过程中氮氧化物超标排放。因该公司属于居民冬季集中供暖的企业，郑州市环境保护局没有对该公司实施停产整治，而是对其超标行为实施了按日连续处罚。供暖期结束后，该公司超标设施陆续自行停运，按日连续处罚终止。

关键词：超标排放 大气污染物 行政处罚 新《环境保护法》

一、案情概况

郑州新力电力有限公司共有5个发电机组。按照2014年7月1日执行的《火电厂大气污染物排放标准》，该单位的5个机组均应执行氮氧化物新的排放标准，其中1#、2#机组执行100 mg/m^3，3#、4#、5#机组执行200 mg/m^{3}的标准。该单位于2014年完成了1#、2#机组的脱硝治理任务，生产过程中达标排放。3#、4#、5#机组一直未实施脱硝工程，生产过程中氮氧化物超标排放。

2015年1月1日，新《环境保护法》实施后，针对该单位3#、4#、5#机组超标排放违法行为，郑州市环保局实施了行政处罚。其中3#机组罚款4万元，4#、5#机组分别罚款3万元。2015年1月15日，郑州市环保局分别向该公司3#、4#、5#机组超标排放违法行为下达了责令改正违法行为决定书，要求该单位立即停止超标排污行为，否则承担按日连续处罚的责任。同时根据新《环境保护法》的规定，针对企业超标排污的行为，环境保护部门可实施限制生产、停产整治等措施。但该公司是负责郑州市西区居民冬季集中供暖的企业，属于《环境保护主管部门实施限制生产、停产整治办法》第七条第二项“生产经营业务涉及基本民生、公共利益”的情形，可不予实施停产整治。根据以上规定，郑州市环保局没有对该公司实施停产整治，对超标行为实施按日连续处罚。3#机组按日连续罚款 330 万元，4#机组共按日连续罚款 228 万元，5#机组共按日连续罚款 328 万元，累计郑州新力电力公司超标排污按日连续处罚 886 万元。3 月 15 日郑州市冬季供暖期结束后，该公司超标的 3#、4#、5#机组陆续自行停运，按日连续处罚终止。

二、适用的法律条款

（1）《环境保护法》第五十九条：“企业事业单位和其他生产经营者违法排放污染物，受到罚款处罚，被责令改正，拒不改正的，依法作出处罚决定的行政机关可以自责令改正之日的次日起，按照原处罚数额按日连续处罚。

前款规定的罚款处罚，依照有关法律法规按照防治污染设施的运行成本、违法行为造成的直接损失或者违法所得等因素确定的规定执行。”

第六十条：“企业事业单位和其他生产经营者超过污染物排放标准或者超过重点污染物排放总量控制指标排放污染物的，县级以上人民政府环境保护主管部门可以责令其采取限制生产、停产整治等措施；情节严重的，报经有批准权的人民政府批准，责令停业、关闭。”

（2）《大气污染防治法》第四十八条：“违反本法规定，向大气排放污染物超过国家和地方规定排放标准的，应当限期治理，并由所在地县级以上地方人民政府环境保护行政主管部门处一万元以上十万元以下罚款。限期治理的决定权限和违反限期治理要求的行政处罚由国务院规定。”

（3）《环境保护主管部门实施限制生产、停产整治办法》第七条：“具备下列情形之一的排污者，超过污染物排放标准或者超过重点污染物排放总量控制指标排放污染物的，环境保护主管部门应当按照有关环境保护法律法规予以处罚，可以不予实施停产整治：

① 城镇污水处理、垃圾处理、危险废物处置等公共设施的运营单位；

② 生产经营业务涉及基本民生、公共利益的；

③ 实施停产整治可能影响生产安全的。”

（4）《环境保护主管部门实施按日连续处罚办法》第十条：“环境保护主管部门应当在送达责令改正违法行为决定书之日起三十日内，以暗查方式组织对排污者违法排放污染物行为的改正情况实施复查。”

第十一条：“排污者在环境保护主管部门实施复查前，可以向作出责令改正违法行为决定书的环境保护主管部门报告改正情况，并附具相关证明材料。”

第十二条：“环境保护主管部门复查时发现排污者拒不改正违法排放污染物行为的，可以对其实施按日连续处罚。”

环境保护主管部门复查时发现排污者已经改正违法排放污染物行为或者已经停产、停业、关闭的，不启动按日连续处罚。

三、涉及的法律问题

（一）超标排污违法行为的行政处罚

污染物排放应当符合国家或者地方的规定，超过国家或者地方排放标准的，应当承担相应的法律责任。本案件中郑州新力电力有限公司 3 个机组均超过了国家大气污染物排放标准，依据《大气污染防治法》第四十八条的规定，分别给予了行政处罚。

（二）对拒不改正违法排污行为的实施按日连续处罚

本案件中 3 个机组氮氧化物持续超标，经责令改正后，拒不停止超标排污行为，根据《环境保护法》第五十九条“企业事业单位和其他生产经营者违法排放污染物，受到罚款处罚，被责令改正，拒不改正的，依法做出处罚决定的行政机关可以自责令改正之日的次日起，按照原处罚数额按日连续处罚。”环境保护部门对该公司三个机组分别实施了按日连续处罚。

（三）涉及民生的项目不实施停产整治

针对超标排污企业，在按日连续处罚的同时，依据《环境保护法》第六十条“企业事业单位和其他生产经营者超过污染物排放标准或者超过重点污染物排放总量控制指标排放污染物的，县级以上人民政府环境保护主管部门可以责令其采取限制生产、停产整治等措施；情节严重的，报经有批准权的人民政府批准，责令停业、关闭。”可以对当事人采取限制生产、停产整治等措施。但该公司承担郑州市西区冬季供暖任务，属于民生项目，如采取限制生产、停产整治等措施，势必影响人民群众的正常生活。《环境保护主管部门实施限制生产、停产整治办法》第七条第三项规定：“生产经营业务涉及基本民生、公共利益的，可以不予实施停产整治。”在本案中，环境保护部门未对该公司采取停产整治措施。

四、本案的启示

（一）按日连续处罚程序问题

《环境保护主管部门实施按日连续处罚办法》规定了基本程序，但具体的程序未明确。本案中，郑州市环境保护局采用的是启动一次按日连续处罚，按照行政处罚一般程序，经立案、调查、听证告知等程序后，下达一次处罚决定。本案中，3个机组一共下达了7份按日连续行政处罚决定书。

按日连续处罚程序，在下达处罚决定前，按照行政处罚法的规定实施事先告知和听证告知程序即可，无须立案程序。同一违法行为，多次启动按日连续处罚，无须多次下达处罚决定书。应当按照《环境保护主管部门实施按日连续处罚办法》第十七条的规定，计罚日数累计执行，只下达一份按日连续行政处罚决定书。如本案，3个机组只需下达3份行政处罚决定书。

（二）应当加大复查的频次，确保违法行为尽快停止

针对违法排污行为，行政处罚不是目的，重要的是要求停止违法行为。执法人员应当加大复查频次，确保违法行为尽快停止。《环境保护主管部门实施按日连

续处罚办法》规定在30日内复查，在不能确定排污者何时停止排污的情况下，应当加大复查的频次。如果当事人25日停止违法行为，26日以后复查就不能实施按日连续处罚，而当事人已违法排污25日，如5日一复查，就能启动按日连续处罚，甚至多次按日处罚，充分发挥了按日连续处罚的威慑作用。

（三）自动监控企业，改正违法行为可以自动监控数据为依据

自动监控企业，环境保护部门随时掌握企业生产运行及排污情况，无须暗访就能证明企业是否改正违法行为。因此，对该类企业实施按日连续处罚，计罚日期可累计到停止排污的前一天。

（四）涉及基本民生的项目，慎用取停产整治等措施

《环境保护主管部门实施按日连续处罚办法》和《环境保护主管部门实施查封、扣押办法》都规定了："生产经营业务涉及基本民生、公共利益的"可以不采取相应措施。在执法实践中，要切实把握好各种措施的实施，防止引起其他严重的后果。

（五）实施按日连续处罚要考虑企业自身因素

要按照《环境保护法》第五十九条第二款"前款规定的罚款处罚，依照有关法律法规按照防治污染设施的运行成本、违法行为造成的直接损失或者违法所得等因素确定的规定执行。"适当实施按日连续处罚，防止出现脱离客观实际的行政处罚。

环境监管执法案例分析

贵州省安顺市环境保护局　张洪龙

摘　要：贵州省贵阳市互强药业有限公司车队经理韦波擅自联系无危险废物处理资质的村民违法处置废弃药品 13.211 3 t。根据《最高人民法院、最高人民检察院关于办理环境污染刑事案件适用法律若干问题的解释》，安顺市环境保护局将该案件于2015年3月移交至公安部门立案处理。但由于案件性质难以界定、法律法规不够完善、司法联动机制不够完善等原因，该案件提交检察院进行诉讼后，至今未果。

该案件折射出，在处置重大环境违法事件过程中，环境行政执法部门与公安司法部门对案件的定性、证据的收集标准上存在一定分歧，容易造成案件侦办质量不高，不可避免地影响了司法机关及时、准确地打击环境犯罪。

关键词：环境违法事件　调查取证　处置　司法联动

一、基本案情简介

贵州省贵阳市互强药业有限公司委托该公司车队经理韦波处理公司仓库被水淹过的废弃药品。韦波自行联系安顺市紫云自治县松山镇红岩村个别村民处置，村民将废弃药品拉至紫云自治县松山镇中心村骂柱塘组大坡脚处焚烧。2015年1月8日运输一车废弃药品进行焚烧，1月9日运输两车废弃药品进行焚烧，1月11日再次运输五车废弃药品待焚烧时，被紫云自治县环境保护局依法查扣。

经市、县监察人员查实，该批药品为《国家危险废物名录》中明文规定的危险废物。废物类别为HW03，行业来源为：非特定行业，废物代码为900-002-03，该危险废物为生产、销售及使用过程中产生的失效、变质、不合格、淘汰、伪劣的药物和药品（不包括 HW01、HW02、900-999-49 类），其危险特征为 T。经环境保护部门依法调查取证，并对被查扣的、未焚烧的五车废弃药品称重统计，查扣废弃药品共 9.211 3 t；据测算，已焚烧的三车废弃药品约 4 t，两项合计 13.211 3 t。

根据《最高人民法院、最高人民检察院关于办理环境污染刑事案件适用法律若干问题的解释》（法释[2013]15 号）第一条第二款之“实施刑法第三百三十八条规定的行为，具有下列情形之一的，应当认定为‘严重污染环境’：非法排放、倾倒、处置危险废物三吨以上的”规定和《中华人民共和国固体废物污染环境防治法》第八十三条规定“违反本法规定，收集、贮存、利用、处置危险废物，造成重大环境污染事故，构成犯罪的，依法追究刑事责任”。贵阳市互强药业有限公司，擅自处置该公司被水淹过的 13.211 3 t 报废药品的行为，明显构成犯罪，应依法追究刑事责任。

该案件于 2015 年 3 月移交至公安部门立案处理，公安部门于 2015 年 6 月补侦后提交检察院进行诉讼，至今未果。

二、存在的主要问题

（一）案件性质界定不一致

在办案过程中，行政执法机关与公安司法机关对案件的定性、证据的收集标准上存在一定分歧，造成案件侦办质量不高，不可避免地影响了司法机关及时、准确地打击犯罪。该案件在 2015 年 1 月中旬环境保护部门已基本查处完毕的情况下，在 3 月才移交至公安部门。

在该案中，紫云自治县环境保护局在发现后立即开展现场调查工作，同时，安顺市环境监察支队按照《安顺市环境保护部门和公安部门环境执法联动制度》，立即联系安顺市公安局生态保卫支队赶赴现场进行调查取证。但在对剩余的 5 车未焚烧的药品是否为危险废物上，公安部门和环境保护部门存在不同意见。公安部门认为未焚烧的药品需要进行鉴定，出具该药品为危险废物的认定报告等证据。但作为环境保护部门的认定一般按照《国家危险废物名录》进行认定。同时在重量上是否达到《最高人民法院、最高人民检察院关于办理环境污染刑事案件适用法律若干问题的解释》的相关要求也存在着一定的分歧。

《刑事诉讼法》第五十条第二款规定“行政机关在行政执法和查办案件过程中收集的物证、书证、视听资料、电子数据等证据材料，在刑事诉讼中可以作为证据使用。”但该规定仅仅是原则性的条文规定，对行政执法证据的运用、审查等均无细则规定，无法达到预期效果。也就是环境保护部门在实际调查中取得的物证、书证、视听资料、电子数据等证据是否真的可作为刑事证据？

（二）法律法规不够完善

在实际执法中，对破坏环境犯罪以及司法联动等工作，缺乏实务性、可操作性强的法律法规。环境保护部、公安部《关于加强环境保护与公安部门执法衔接配合工作的意见》规定，环保和公安部门衔接配合的重点领域是涉嫌环境污染犯罪案件的办理工作。环境保护部门在涉嫌犯罪的案件办理过程中主要是发现、调查取证、查处并依法移送涉嫌犯罪的行为的案卷，以及后续配合协调工作。在两部门衔接配合的过程中，公安机关的主要任务是对违反治安管理规定的行为立案查处，对涉嫌环境犯罪的案件立案侦查，排除环境执法阻挠因素，保障执法顺利进行，从而达到严处环境违法行为的目的。

环境保护行政机关对社会的管理渗透到生活的方方面面，为实现有序的环境保护管理，依法对违反法律法规的行为进行处罚。司法机关是具体运用法律处理案件的部门，通过强制性对违法人员实行限制自由等方式对社会进行管理。行政违法与刑事犯罪在社会危害程度上有逐步递进的关系。行政违法、刑事犯罪，两者对社会危害性程度不同。环境保护行政法规中存在着较多“构成犯罪的，依法追究刑事责任”的条款表述，但一般先由环境保护行政机关查处发现，认为构成犯罪后移交公安、检察等司法机关。同时对环境犯罪的刑事追究，直接涉及公民的罪与罚，其证据标准、司法程序远高于普通的环保行政处罚。而环境保护行政机关在行政执法过程中为证明行政相对人违法已经提取了相关证据，提取的物证、询问记录等客观存在，如不符合司法证据的相关的证明标准要求而不采用，二次取证，势必造成资源的浪费。部分证据随着时间推移可能会灭失或不可再取，证据资源有限，尤其是涉及环境犯罪的案件，往往会导致环境犯罪人员逃脱法律制裁。

（三）司法联动机制有待完善

由于司法机关与行政机关性质不同，互不隶属，往往形成司法与行政各司其职，在环境违法案件的处置中，仅有环保一家单独取证难以完成，导致部分严重环境违法行为无法追究其刑事、民事责任，法律权威难以维护。

三、完善行政执法证据在司法中运用的几点建议

（1）进一步完善行政执法与司法联动的法律法规体系，对行政部门和司法部门联动的相关法律条文进行修订，作为统一行政执法与司法联动的执法依据。

（2）建立自上而下的司法提前介入制度。通过提前介入方式引导行政机关对证据的收集、固定，保证行政执法证据质量，提高诉讼效率。诸如环境污染案件一般先经环境保护部门查处后移交公安机关，环境保护部门查处时存在着制作的现场勘察笔录简单、污染物提取方式不规范等问题，且事后无法弥补。公安机关可通过提前介入方式引导环境保护部门规范勘察笔录的制作及鉴定物的提取，保证证据质量。对于违法行为严重、群众反映强烈、造成较大社会影响的案件，检察机关要主动提前介入环境行政执法活动，到环境保护部门调阅相关执法材料，参与案件讨论，帮助环境行政执法人员解决其在证据收集中的误区，正确把握罪与非罪的标准。

（3）建立信息共享机制。司法机关应与行政机关建立信息共享平台，通过信息公开平台促使行政机关完善行政公开制度，便于司法机关及时了解行政执法信息及检察机关监督。司法机关应完善案件信息公开制度，及时将案件处理信息反馈给行政机关，实现信息联动。同时通过建立信息平台逐步实现行政执法案件的网上移送、受理，进行执法动态交流和业务衔接研讨。

（4）完善激励机制，把移送案件数量与质量作为评先评优的相关依据，对在行政执法与司法联动工作中做出突出成绩的单位和个人给予表彰奖励。逐步建立相应的目标责任考核制度，将环保、法院、检察、公安等部门是否依法移送、受理、立案、办案等情况，纳入依法行政考核的综合考核评价体系。同时强化业务培训、提高执法人员业务素质是一项最为紧迫的基础工作。

贵阳味莼园股份有限公司环境违法案

——移送公安机关行政拘留案件解析

贵州省黔南布依族苗族自治州环境保护局　孙志清

摘　要：2015年2月3日，环保现场检查发现，贵阳味莼园股份有限公司惠水分公司超标排放水污染物、工业固体废物露天无序堆放、超期试生产。省环保厅、州环保局依法对以上环境违法行为做出了责令改正违法行为、限期改正的决定，并处以相应罚款。2015年3月4日，省环境监察局再次对该公司进行现场复查，发现该公司私设暗管超标排污。省环保厅除对该公司环境违法行为处罚款外，并将案件移送公安机关。惠水县公安局对2名直接责任人处以5日行政拘留。

关键词：味莼园股份有限公司　环境违法行政拘留

一、案情介绍

2015年2月3日，贵州省环境监察局、黔南州环境监察支队、惠水县环保局三级环境保护部门对辖区内贵阳味莼园股份有限公司惠水分公司进行现场检查，发现该公司存在以下三项环境违法行为：

（1）调味品生产基地生产线正处于生产状态，环保设施未停运，有生产废水外排，执法人员对其外排水进行了采样送贵州省环境监测中心站监测，检查结果显示COD为810 mg/L（《污水综合排放标准》（GB 8978—1996）规定COD为100 mg/L），超过国家标准8.1倍，属于超标排放污染物行为。

（2）未按规定建设工业固体废物储存设施，大量工业固体废物露天无序堆放。

（3）该公司调味品生产基地建设项目由州环保局 2013 年 8 月以“黔南环审[2013]8 号”文件通过环评审批，于 2014 年 9 月获得黔南州环保局试生产批复“黔南环函[2014]102 号”，试生产时间为 2014 年 9 月 9 日至 11 月 9 日。但该公司在为期 3 个月的试生产期限过后，并未申请试生产延期或环保验收，存在超期试生产的违法行为。

省环保厅、州环保局对该公司上述违法行为进行了立案调查处罚。该公司第一项环境违法行为违反了《贵州省环境保护条例》第三十八条；该公司第二项环境违法行为违反了《中华人民共和国固体废物污染环境防治法》第三十三条第一款；该公司第三项环境违法行为违反了《建设项目环境保护管理条例》第二十条第二款。

省环保厅于 2015 年 2 月 11 日下达了《责令改正违法行为决定书》（黔环责改字[2015]10 号）该公司立即停止排放生产废水，并限于 2015 年 3 月 12 日前对环保设施进行整改。州环保局针对该公司超期试生产的违法行为，于 2015 年 3 月 12 日对该公司下达了《环境违法行为限期改正通知书》（黔南限改[2015]1 号），要求该公司立即申请环保验收。

以上三项违法行为的处罚相关问题，经集体讨论，根据《贵州省环境保护条例》第六十三条，拟对该公司超标排放污染物的违法行为处以 15 万元的罚款；根据《中华人民共和国固体废物污染环境防治法》第六十八条规定，拟对该公司违法堆放废渣行为处以 5 万元的罚款。该公司对省环保厅 2015 年 3 月 12 日下达的《行政处罚事先（听证）告知书》（黔环罚告字[2015]06 号）无异议，未提出陈述和申辩、未提出听证申请。2015 年 3 月 25 日，省环保厅对该公司下达了《行政处罚决定书》（黔环罚字[2015]06 号），按照以上两项违法行为的处罚决定，对该公司共计处以罚款 20 万元。

2015 年 3 月 4 日，贵州省环监局再次对贵阳味莼园股份有限公司惠水分公司进行现场复查，发现该公司擅自在污水处理站生物接触氧化池工段设置消防泵袋管将未经完全处理的生产废水引出直接排入外环境，经执法人员现场采样监测，外排废水严重超标。违反了《中华人民共和国水污染防治法》第二十二条、《中华人民共和国环境保护法》第六十三条第三项。

贵州省环保厅拟对该公司 3 月 4 日的私设暗管超标排污的违法行为拟处以 8

万元罚款，并将案件移送公安机关，对其直接负责的主管人员和其他直接责任人员，处以行政拘留。该公司对省环保厅2015年3月12日下达的《行政处罚事先（听证）告知书》（黔环罚告字[2015]07号）无异议，未提出陈述和申辩、未提出听证申请。2015年3月25日，省环保厅对该公司下达了《行政处罚决定书》（黔环罚字[2015]07号）按照上述处罚决定，对该公司3月4日私设暗管超标外排生产废水的环境违法行为罚款8万元，惠水县环保局于2015年3月6日将案件移送惠水县公安局并抄送同级检察院惠水县人民检察院进行监督。惠水县公安局对2名直接责任人处以5日的行政拘留。

二、案例分析

该案是环境监察人员在例行检查中，发现贵阳味莼园股份有限公司惠水分公司生产厂区内，污水排放口有大量未经处理的废水排出，执法人员当即通知企业相关人员立即停止排污，并拍摄了排放口照片，同时采取了水样。经监测，外排废水中COD超过国家标准的8.1倍。

对于超标排放污染物的行为，《贵州省环境保护条例》第六十三条规定："违反本条例第三十八条规定超过国家、地方污染物排放标准排放污染物的，处应缴纳排污费2倍以上5倍以下罚款；应缴纳排污费数额不能计算的，处20万元以下罚款"。该企业属于未正常使用水污染处理设施，超标排污行为，由县级以上环境保护主管部门责令限期改正。环境保护部门对贵阳味莼园股份有限公司惠水分公司处以15万元的罚款是适当的。

对于同一次例行检查发现的另一违法行为：大量工业固体废物露天无序堆放，《中华人民共和国固体废物污染环境防治法》第六十八条规定："违反本法规定，有下列行为之一的，由县级以上人民政府环境保护行政主管部门责令停止违法行为，限期改正，处以罚款：（二）对暂时不利用或者不能利用的工业固体废物未建设贮存的设施、场所安全分类存放，或者未采取无害化处置措施的；有前款第一项、第八项行为之一的，处五千元以上五万元以下的罚款；有前款第二项、第三项、第四项、第五项、第六项、第七项行为之一的，处一万元以上十万元以下的罚款"。环境保护部门对该公司违法堆放废渣行为处以5万元的罚款也是适当的。

对于该公司超期试生产的违法行为，违反了《建设项目环境保护管理条例》第二十条第二款（环境保护设施竣工验收，应当与主体工程竣工验收同时进行。需要进行试生产的建设项目，建设单位应当自建设项目投入试生产之日起 3 个月内，向审批该建设项目环境影响报告书、环境影响报告表或者环境影响登记表的环境保护行政主管部门，申请该建设项目需要配套建设的环境保护设施竣工验收）。根据《建设项目环境保护管理条例》第二十七条“违反本条例规定，建设项目投入试生产超过 3 个月，建设单位未申请环境保护设施竣工验收的，由审批该建设项目环境影响报告书、环境影响报告表或者环境影响登记表的环境保护行政主管部门责令限期办理环境保护设施竣工验收手续；逾期未办理的，责令停止试生产，可以处 5 万元以下的罚款”，下达了《环境违法行为限期改正通知书》（黔南限改[2015]1 号）要求该公司立即申请环保验收。根据以上条例，针对该超期试生产的违法行为，环境保护部门下达限期改正通知书也是适当的。

该公司在以上违法行为整改期间，环境保护部门 2015 年 3 月 4 日复查时发现有违法行为，违法排污形式较 2015 年 2 月 3 日有所变化，该公司擅自在污水处理站生物接触氧化池工段设置消防泵袋管将未经完全处理的生产废水引出直接排入外环境，属于私设暗管，逃避环境保护部门检查。外排废水经现场采样监测，严重超过国家排放标准。对于复查时发现的超标排污行为，《中华人民共和国水污染防治法》第二十二条规定：“向水体排放污染物的企业事业单位和个体工商户，应当按照法律、行政法规和国务院环境保护主管部门的规定设置排污口；在江河、湖泊设置排污口的，还应当遵守国务院水行政主管部门的规定。”依据《中华人民共和国水污染防治法》第七十五条第二款 “除前款规定外，违反法律、行政法规和国务院环境保护主管部门的规定设置排污口或者私设暗管的，由县级以上地方人民政府环境保护主管部门责令限期拆除，处二万元以上十万元以下的罚款；逾期不拆除的，强制拆除，所需费用由违法者承担，处十万元以上五十万元以下的罚款；私设暗管或者有其他严重情节的，县级以上地方人民政府环境保护主管部门可以提请县级以上地方人民政府责令停产整顿。”环境保护部门对该公司私设排污管行为处以 8 万元的罚款并要求立即拆除排污管是适当的。上述违法行为同时适用于我国 2015 年 1 月 1 日颁布实施的新《环境保护法》，新《环境保护法》第六十三条第三项规定“通过暗管、渗井、渗坑、灌注或者篡改、伪造监测数据，或者不正常运行防治污染设施等逃避监管的方式违法排放污染物的，尚不构成犯罪的，除依照有关法律法规规定予以处罚外，由县级以上人民政府环境保护主管部门或者其他有关部门将案件移送公安机关，对其直接负责的主管人员和其他直接责任人员，处十日以上十五日以下拘留；情节较轻的，处五日以上十日以下拘留”。在省环保厅、州环保局对该公司现场调查中发现该公司2015年3月4日私设暗管外排的违法行为是为了解决整改期间的施工问题，酌情认定，情节较轻，所以由惠水县环保局移交惠水县公安局后，对2名直接责任人处以5日行政拘留，是适当的。

三、执法关键点提示

（一）超标排污即是环境违法行为

《中华人民共和国水污染防治法》第九条规定，排放水污染物，不得超过国家和地方规定的水污染物排放标准和重点水污染物排放总量控制标准。2000年修订的《中华人民共和国大气污染防治法》第十三条规定，向大气排放污染物的，其污染物排放浓度不得超过国家和地方规定的排放标准。从法律上规定了必须达标排放污染物，超标即是环境违法行为。

（二）准确理解排放标准

《污水综合排放标准》规定了污染物最高允许排放浓度（mg/L）、最高允许排水量和最低允许水重复使用率。只有满足排放标准的两项规定时才能认定排污者是达标排放的，而只满足一项标准要求不能认为排污者符合标准要求。

（三）精准适用法律条款

私设暗管的行为是不正常使用污染治理设施的极端情况，主观恶意明显，对环境的影响和危害比较大，《中华人民共和国水污染防治法》处罚精准有力。2015年1月1日颁布实施的新《中华人民共和国环境保护法》，更将违法行为入刑，其目的在于加大对该种行为的惩处力度。

（四）心理战术与执法人员业务水平同样重要

检查时，心理战术很重要。在检查询问时，观察被询问人是否有眼神恍惚、游移不定等动作，对被询问人进行内心心理分析和把握。通过对污水处理设施的检查和企业生产状况的检查，要做出基本判断，水量与处理能力是否匹配？水量与污泥是否匹配？类似定性判断是执法人员是否要对该企业深层次仔细检查的前提。在面对企业负责人热心的带路时，要跳出企业的固定路线，找出排污管道途径异常所在，并盯紧企业工作人员，防止通风报信、现场弄虚作假等行为。